Auto CAD 2022

建筑设计实战从入门到精通

布克科技 姜勇 周克媛 刘超◎编著

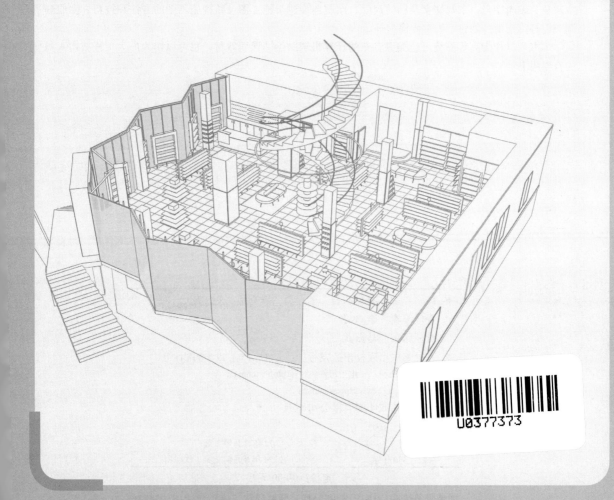

U0377373

人民邮电出版社

北京

图书在版编目（CIP）数据

AutoCAD 2022建筑设计实战从入门到精通 / 布克科
技等编著. -- 北京 : 人民邮电出版社，2024. -- ISBN
978-7-115-64828-0

Ⅰ．TU201.4

中国国家版本馆 CIP 数据核字第 2024K2M372 号

内 容 提 要

本书将学以致用的思想作基础，采用"知识点+上机实践"的方式编排各章内容，旨在将理论知识与实际操作有机融合，重点培养读者的 AutoCAD 应用技能，提高读者解决实际问题的能力。

全书共 14 章，主要内容包括 AutoCAD 2022 用户界面及基本操作、创建及设置图层、绘制二维基本对象、编辑图形、书写文字及标注尺寸、绘制典型建筑施工图及结构施工图的方法和技巧、生成轴测图、打印图形及创建三维实体模型等。

本书可以作为高等院校土建类等专业的计算机辅助绘图课程教材，也可以作为广大工程技术人员的自学用书。

◆ 编　著　布克科技　姜　勇　周克媛　刘　超
　　责任编辑　李永涛
　　责任印制　马振武

◆ 人民邮电出版社出版发行　　北京市丰台区成寿寺路 11 号
　　邮编　100164　电子邮件　315@ptpress.com.cn
　　网址　https://www.ptpress.com.cn
　　固安县铭成印刷有限公司印刷

◆ 开本：787×1092　1/16
　　印张：21.5　　　　　　　2024 年 8 月第 1 版
　　字数：550 千字　　　　　2024 年 8 月河北第 1 次印刷

定价：99.90 元

读者服务热线：(010)81055410　印装质量热线：(010)81055316
反盗版热线：(010)81055315
广告经营许可证：京东市监广登字 20170147 号

前　言

　　AutoCAD 是美国 Autodesk 公司推出的集二维绘图、三维设计、参数化设计、协同设计、通用数据库管理及互联网通信等功能于一体的计算机辅助设计软件包，其应用范围遍及机械、建筑、航空航天、轻工及军事等领域，已经成为计算机辅助设计系统中应用非常广泛的设计软件之一。

　　近年来，随着我国社会经济的迅猛发展，市场上急需一大批懂技术、懂设计、懂软件、会操作的应用型高技能人才。依据时代对人才的要求，本书按照"边学边练"的理念设计框架结构，内容突出实用性，注重培养读者的实践能力。

内容和特点

　　(1) 以实用、够用为原则，精心挑选 AutoCAD 的常用功能及与建筑绘图密切相关的知识构成全书主要内容。

　　(2) 围绕学以致用的思想，采用"知识点+上机实践"的方式编排各章内容，既介绍 AutoCAD 基础理论知识，又提供丰富多样的绘图练习，可以实现"边学边练"。

　　(3) 以绘图实例贯穿全书，将理论知识融入大量的实例中，读者可以在实际绘图过程中潜移默化地掌握理论知识，提高绘图能力。

　　(4) 本书专门安排两章内容来介绍用 AutoCAD 绘制建筑施工图及结构施工图的方法。通过这部分内容的学习，读者可以了解用 AutoCAD 绘制建筑图的特点，并掌握一些实用的作图技巧，从而提高解决实际问题的能力。

　　本书作者长期从事计算机辅助设计的应用、开发及教学工作，并且一直在跟踪计算机辅助设计技术的发展，对 AutoCAD 软件的功能、特点及应用有较深的理解和体会。作者对本书的结构体系做了精心安排，力求系统、清晰地介绍使用 AutoCAD 绘制建筑图的方法与技巧。

　　全书分为 14 章，主要内容如下。

- 第 1 章：介绍 AutoCAD 2022 用户界面及基本操作。
- 第 2 章：介绍创建及设置图层、线型、线宽及颜色的方法。
- 第 3 章：介绍线段、平行线、圆及圆弧连接的绘制方法。
- 第 4 章：介绍绘制矩形、正多边形、椭圆及填充剖面图案的方法。
- 第 5 章：介绍多段线、点对象及面域的绘制方法。
- 第 6 章：通过实例介绍绘制复杂平面图形的方法与技巧。
- 第 7 章：介绍如何添加文字。
- 第 8 章：介绍标注各种类型尺寸的方法。
- 第 9 章：介绍查询图形信息、图块及设计工具。

- 第 10 章：通过实例介绍绘制建筑施工图的方法和技巧。
- 第 11 章：通过实例介绍绘制结构施工图的方法。
- 第 12 章：介绍轴测图。
- 第 13 章：介绍打印图形的方法。
- 第 14 章：介绍创建三维实体模型的方法。

配套资源

本书配套资源主要包括以下两部分。

1. ".dwg" 图形文件

本书所有练习需要用到的文件及典型实例完成后的 ".dwg" 图形文件都收录在配套资源的 "dwg" 文件夹下，读者可以调用和参考这些文件。

2. ".mp4" 视频文件

本书典型实例的绘制过程都录制成了 ".mp4" 视频文件，并收录在配套资源的 "mp4" 文件夹下。

除封面署名人员，参与本书编写工作的还有沈精虎、宋一兵、冯辉、董彩霞、管振起等。由于编者水平有限，书中难免存在疏漏之处，敬请读者批评指正（电子邮箱：liyongtao@ptpress.com.cn）。

布克科技

2024 年 4 月

目　录

第1章 AutoCAD 2022 用户界面及基本操作

【学习目标】
- 熟悉 AutoCAD 2022 的用户界面。
- 掌握调用 AutoCAD 命令的方法。
- 掌握选择对象的常用方法。
- 掌握删除对象、撤销和重复命令、取消已执行操作的方法。
- 掌握快速缩放、移动图形的方法。
- 掌握设定绘图区域大小的方法。
- 掌握新建、打开及保存图形文件的方法。

本章主要介绍 AutoCAD 2022 用户界面的组成及与 AutoCAD 进行交互的一些基本操作。

1.1 初步了解 AutoCAD 2022 绘图环境

下面通过操作练习来熟悉 AutoCAD 2022 绘图环境。

【练习1-1】： 了解 AutoCAD 2022 绘图环境。

1. 启动 AutoCAD 2022，显示【开始】选项卡，如图 1-1 所示。该选项卡主要包括打开、新建、最近使用的文件、Autodesk 账户、学习资源及联机资源等项目。

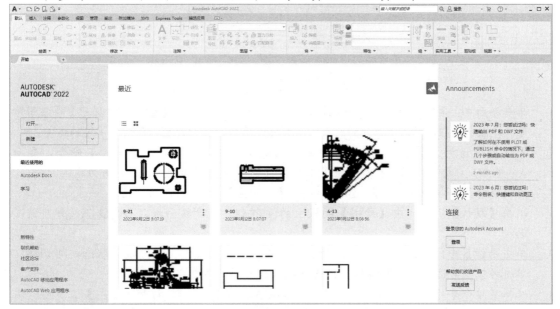

图1-1 【开始】选项卡

- 打开：打开图形文件、已安装的样例文件或图纸集文件。
- 新建：基于默认样板文件创建新图形，或者以指定的样板文件新建图形。
- 最近使用的文件：以图像或文件名的形式显示最近使用的文件，可以单击图像右下方的 ▬ 按钮使某个文件一直处于显示状态。该项目中还包括产品更新公告、连接 Autodesk 账户等内容。
- Autodesk Docs：登录 Autodesk 账户，访问和管理上传的文件，也可以与他人共享图形文件。
- 学习：访问各类学习资源。
- 重要的联机资源：包括新特性、联机帮助、社区论坛及客户支持等。

2. 选择【新建】选项，创建新图形，进入 AutoCAD 2022 用户界面，如图 1-2 所示。该界面包含快速访问工具栏、功能区、绘图窗口、命令提示窗口及状态栏等组成部分。绘图窗口中显示了栅格，单击状态栏上的 ▦ 按钮，可以隐藏栅格。

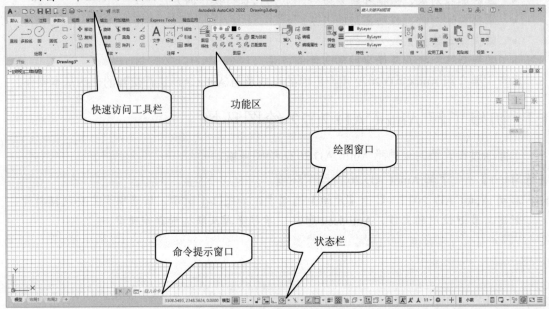

图1-2　AutoCAD 2022 用户界面

3. 单击界面左上角的 ▲ 按钮，弹出下拉菜单，该菜单包含【新建】【打开】【保存】等常用命令。单击 🗋 按钮，显示已打开的所有图形文件；单击 🗋 按钮，显示最近使用过的文件。

4. 单击快速访问工具栏中的 ▼ 按钮，在弹出的菜单中选择【显示菜单栏】命令，显示 AutoCAD 主菜单。选择菜单命令【工具】/【选项板】/【功能区】，关闭功能区。

5. 再次选择菜单命令【工具】/【选项板】/【功能区】，则又打开功能区。

6. 单击【默认】选项卡中【绘图】面板上的 ▼ 按钮，展开该面板。再单击 🖈 按钮，固定面板。

7. 单击功能区中间上方的 ▱ 按钮，使功能区在最小化、最大化及隐藏等状态之间切换。单击该按钮右边的三角形按钮，弹出功能区显示形式列表。

8. 选择菜单命令【工具】/【工具栏】/【AutoCAD】/【绘图】，打开【绘图】工具栏。用户可以调整工具栏的位置。将鼠标指针移动到工具栏标题处，按住鼠标左键并移动鼠标指针，工具栏就随鼠标指针移动。

9. 在功能区的任一选项卡标签上单击鼠标右键，弹出快捷菜单，选择【显示选项卡】/【注释】命令，关闭【注释】选项卡。

10. 单击功能区中的【参数化】选项卡，在该选项卡的任一面板上单击鼠标右键，弹出快捷菜单，选择【显示面板】/【管理】命令，关闭【管理】面板。

11. 在功能区的任一选项卡标签上单击鼠标右键，在弹出的快捷菜单中选择【浮动】命令，则功能区变为可动。将鼠标指针放在功能区的标题栏上，按住鼠标左键并移动鼠标指针，可改变功能区的位置。

12. 绘图窗口是用户绘图的工作区域，该区域无限大，其左下角有一个表示坐标系的图标，图标中的线条分别指示 x 轴和 y 轴的正方向。在绘图区域中移动十字光标，状态栏上将显示十字光标所在位置的坐标。单击坐标区可以改变坐标的显示方式。

13. AutoCAD 提供了模型空间和图纸空间两种绘图环境。单击绘图窗口左下角的 布局1 按钮，切换到图纸空间；单击 模型 按钮，切换到模型空间。默认情况下，AutoCAD 的绘图环境是模型空间，用户在这里按实际尺寸绘制二维图形或三维图形。图纸空间提供了一张虚拟图纸（与人工绘图时的图纸类似），用户可以在这张图纸上将模型空间中的图样按不同缩放比例布置在图纸上。

14. 绘图窗口上方布置了文件选项卡，单击选项卡右边的 + 按钮，可以创建新图形文件。单击选项卡标签可以在不同文件之间切换。用鼠标右键单击标签，弹出快捷菜单，该菜单包含【新建】【打开】【关闭】等命令。将鼠标指针悬停在文件选项卡处，会显示模型空间及图纸空间的预览图。

15. 绘图窗口下方的状态栏上布置了许多命令按钮，它们用于设置绘图环境及打开或关闭各类绘图辅助功能，如对象捕捉、极轴追踪等。单击状态栏最右边的 ☰ 按钮，弹出快捷菜单，利用菜单中的命令可以自定义按钮的显示。

16. AutoCAD 的绘图环境一般称为工作空间，单击状态栏上的 ✿ ▾ 按钮，弹出菜单，若该菜单中的【草图与注释】命令被选中，则表明现在处于二维草图与注释工作空间。

17. 单击绘图窗口左上角的【俯视】控件，在弹出的菜单中选择【西南等轴测】命令，切换观察视点，可以发现绘图窗口变成了三维绘图空间。再次单击该控件，在弹出的菜单中选择【俯视】命令，切换回俯视图。

18. 用鼠标右键单击界面的不同区域，都会弹出快捷菜单，不过菜单中的命令各不相同。

19. 命令提示窗口位于 AutoCAD 界面的底部，用户输入的命令、系统的提示信息等都反映在此窗口中。在窗口左边的标题条上按住鼠标左键并拖动鼠标，可以移动它。将鼠标指针放在窗口的上边缘，鼠标指针变成双向箭头，按住鼠标左键并向上拖动鼠标指针可以增加命令提示窗口显示的行数。按 F2 键将打开命令提示窗口，再次按 F2 键可以关闭此窗口。

1.2 AutoCAD 2022 用户界面的组成

AutoCAD 2022 用户界面如图 1-3 所示，主要由应用程序按钮、快速访问工具栏、功能区、绘图窗口、命令提示窗口、导航栏和状态栏等部分组成，下面分别介绍它们的功能。

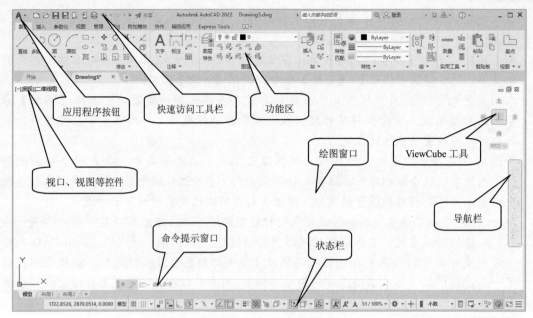

图1-3　AutoCAD 2022 用户界面

1.2.1　应用程序按钮

单击应用程序按钮![A]，打开应用程序菜单，如图 1-4 所示。该菜单包含【新建】【打开】【保存】等常用命令。在应用程序菜单顶部的搜索栏中输入关键字，就可以定位相应的菜单命令。选择搜索结果，即可执行命令。

图1-4　应用程序菜单

单击![按钮]按钮，显示最近使用的文件。单击![按钮]按钮，显示已打开的所有图形文件。将鼠标指针悬停在文件名上时，将显示预览图文件路径及修改日期等信息。也可以单击![三▼]按钮，在弹出的菜单中选择【小图像】或【大图像】等命令来显示文件的预览图。

1.2.2　快速访问工具栏及其他工具栏

快速访问工具栏用于存放经常访问的命令按钮，在按钮上单击鼠标右键，弹出快捷菜单，如图 1-5 所示。在该菜单中，选择【自定义快速访问工具栏】命令可以向工具栏中添加命令按钮，选择【从快速访问工具栏中删除】命令可以将命令按钮从工具栏中删除。

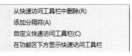

图1-5　快捷菜单

若要将功能区的某按钮添加到快速访问工具栏中，可以用鼠标右键单击该按钮，在弹出的快捷菜单中选择【添加到快速访问工具栏】命令。

单击快速访问工具栏上的▼按钮，选择【显示菜单栏】命令，显示 AutoCAD 主菜单。

除快速访问工具栏外，系统还提供了许多其他的工具栏。在【工具】/【工具栏】/【AutoCAD】菜单命令下选择子命令，即可打开相应的工具栏。

1.2.3　功能区

功能区由【默认】【插入】【注释】等选项卡组成，如图 1-6 所示。每个选项卡又由多个面板组成，如【默认】选项卡是由【绘图】【修改】【图层】等面板组成的。面板上布置了许多命令按钮及控件。

图1-6　功能区

单击功能区中间上方的▲按钮，可以最小化、最大化或隐藏功能区。单击该按钮右边的三角形按钮，会弹出功能区显示形式列表。

单击某面板上的▼按钮，可展开该面板。单击▣按钮，可固定该面板。用鼠标右键单击任一面板，弹出快捷菜单，选择【显示面板】中的面板名称，就可以关闭或打开相应的面板。

用鼠标右键单击任一选项卡标签，弹出快捷菜单，选择【显示选项卡】中的选项卡名称，可以关闭或打开相应的选项卡。

选择菜单命令【工具】/【选项板】/【功能区】，可以打开或关闭功能区，对应的命令为 RIBBON 及 RIBBONCLOSE。

在功能区的顶部单击鼠标右键，弹出快捷菜单，选择【浮动】命令，可以移动功能区，还能改变功能区的形状。

1.2.4　绘图窗口

绘图窗口是用户绘图的工作区域，类似于人工作图时的图纸，该区域是无限大的。其左下角有一个表示坐标系的图标，此图标指示了绘图区域的方位。图标中的线条分别指示 x 轴和 y 轴的正方向，z 轴的方向垂直于当前视口。

虽然 AutoCAD 提供的绘图区域是无限大的，但用户可以根据需要自行设定显示在屏幕上的绘图区域的大小，即长、宽各是多少数量单位。

移动鼠标时，绘图区域中的十字光标会跟随移动，与此同时，底部的状态栏中将显示十字光标所在位置的坐标。单击坐标区可以改变坐标的显示方式。

坐标的显示方式有以下 3 种。

- 坐标随十字光标移动而变化——动态显示，坐标值显示形式是"x,y,z"。
- 仅显示用户指定点的坐标——静态显示，坐标值显示形式是"x,y,z"。例如，使用 LINE 命令绘制线时，系统只显示线段端点的坐标值。
- 坐标随十字光标移动而以极坐标形式（相对上一点的距离<角度）显示，这种显示方式只在系统提示"指定下一点"时才出现。

绘图窗口包含两种绘图环境，一种为模型空间，另一种为图纸空间。绘图窗口底部有 3 个选项卡 模型 布局1 布局2 。默认情况下，【模型】选项卡是被选择的，表明当前绘图环境是模型空间，用户一般在这里按实际尺寸绘制二维图形或三维图形。当选择【布局 1】或【布局 2】选项卡时，会切换至图纸空间。用户可以将图纸空间想象成一张图纸（系统提供的模拟图纸），可以将模型空间中的图样按不同缩放比例布置在图纸上。

绘图窗口上边布置了文件选项卡，单击选项卡可以在不同文件之间切换。用鼠标右键单击选项卡，弹出快捷菜单，该菜单包含【新建】【打开】【保存】【关闭】等命令。将鼠标指针悬停在文件选项卡处，将显示模型空间及图纸空间的预览图，再把鼠标指针移动到预览图上，则绘图窗口中会临时显示对应的图形。

1.2.5 视口、视图及视觉样式控件

绘图窗口左上角显示视口、视图及视觉样式控件，它们分别用于设定视口形式、控制观察方向及模型显示方式。

(1) 视口控件。

[-]：单击此控件，弹出菜单，用于最大化视口、创建多视口及控制绘图窗口右边的 ViewCube 工具和导航栏的显示。

(2) 视图控件。

[俯视]：单击此控件，弹出菜单，其中包含设定标准视图（如前视图、俯视图等）的命令。

(3) 视觉样式控件。

[二维线框]：单击此控件，弹出菜单，其中包含用于设定视觉样式的命令。视觉样式决定三维模型的显示方式。

1.2.6 ViewCube 工具

ViewCube 工具是用于控制观察方向的可视化工具，用法如下。

- 单击或拖动立方体的面、边、角点、周围文字及箭头等改变视点。
- 单击"ViewCube"左上角的 图标，切换到西南等轴测视图。
- 单击"ViewCube"右上角的 图标，将视图旋转 90°。
- 单击"ViewCube"右下角的 图标，显示【平行】【透视】等选项。
- 单击"ViewCube"下方的 wcs ▾ 图标，切换到其他坐标系。

1.2.7　导航栏

导航栏中主要有以下几种导航工具。

- 平移：用于平移视图。
- 缩放工具：用于增大或减小当前视图比例。
- 动态观察工具：用于旋转模型视图。

1.2.8　命令提示窗口

命令提示窗口位于 AutoCAD 用户界面的底部，用户输入的命令、系统的提示及相关信息都反映在此窗口中。默认情况下，该窗口仅显示一行。在窗口左边的标题条上按住鼠标左键并拖动鼠标，可以移动它。将鼠标指针放在窗口的上边缘，鼠标指针变成双向箭头，按住鼠标左键并向上拖动鼠标可以增加命令窗口显示的行数。

按 F2 键可以打开命令提示窗口，再次按 F2 键可以关闭此窗口。

1.2.9　状态栏

状态栏中显示了十字光标的坐标值，还布置了各类绘图辅助工具。用鼠标右键单击这些工具，弹出快捷菜单，可以利用快捷菜单中的命令对其进行设置。下面简要介绍这些工具的功能。

- 模型：单击此按钮会切换到图纸空间，按钮也变为 图纸；再次单击它，则进入浮动模型视口（具有视口的模型空间）。浮动模型视口是指在图纸空间的模拟图纸上创建的可移动视口，通过该视口可以观察到模型空间的图形，并能进行绘图及编辑操作。用户可以改变浮动模型视口的大小，还可以将其复制到图纸的其他地方。
- 栅格 ⊞：控制栅格的显示。当显示栅格时，绘图区域会出现类似方格纸的图形，这有助于绘图定位。栅格的间距可以通过右键快捷菜单中的命令设定。
- 捕捉 ⊞▼：打开或关闭捕捉功能。单击三角形按钮，可以设定根据栅格点捕捉或沿极轴追踪方向、对象捕捉追踪方向以设定的增量值进行捕捉。
- 自动约束 ⊡：在创建或编辑几何图形时自动添加重合、水平及垂直等几何约束。
- 动态输入 ┿▄：打开或关闭动态输入。打开动态输入时，将在鼠标指针位置附近显示命令提示信息、命令选项及输入框。
- 正交 ⌐：打开或关闭正交模式。打开正交模式，就只能绘制出水平或竖直线段。
- 极轴追踪 ⌖▼：打开或关闭极轴追踪模式。打开极轴追踪模式，可以沿一系列极轴角方向进行追踪。单击三角形按钮，可以设定追踪的增量角度或对追踪模式进行设置。
- 等轴测 ⬈▼：绘制轴测图时，打开等轴测模式，鼠标指针的形状将与轴测轴方向对齐。单击三角形按钮，可以设定鼠标指针位于左轴测面、右轴测面或顶轴测面内。
- 对象捕捉追踪 ∠：打开或关闭对象捕捉追踪模式。打开对象捕捉追踪模式，启动绘图命令后，可以自动从端点、圆心等几何点处沿正交方向或极轴角方向追踪。使用此项功能时，必须打开对象捕捉模式。

- 对象捕捉▢▾：打开或关闭对象捕捉模式。打开对象捕捉模式，启动绘图命令后，可以自动捕捉端点、圆心等几何点。
- 线宽▤：打开或关闭线宽显示。
- 透明度▨：打开或关闭对象的透明度特性。
- 选择循环▥：将鼠标指针移动到对象重叠处时，鼠标指针的形状会发生变化，单击某点，弹出【选择集】列表框，可以从中选择某一对象。
- 三维对象捕捉▨▾：捕捉三维对象的顶点、面中心点及边中点等。单击三角形按钮，可以指定捕捉点的类型及对捕捉模式进行设置。
- 动态 UCS▨：在绘图及编辑过程中，用户坐标系自动与三维对象平面对齐。
- 子对象选择过滤器▨▾：利用过滤器选择三维对象的顶点、边或面等。单击三角形按钮，可以设置要选择的对象类型。
- 显示控件▨▾：打开或关闭控件显示。单击三角形按钮，可以指定选择实体、曲面、顶点、实体面、边等对象时显示哪种控件，以及在移动、旋转及缩放控件之间切换。
- 显示注释对象▨：显示所有注释性对象或仅显示具有当前注释比例的注释性对象。
- 添加注释比例▨：改变当前注释比例时，将新的比例值赋予所有注释性对象。
- 注释比例▨ 1:1/100%▾：设置当前注释比例，也可以自定义注释比例。
- 工作空间▨▾：切换工作空间。工作空间包括草图与注释、三维基础及三维建模等。
- 注释监视器▨：设置是否对非关联的注释性对象（尺寸标注等）进行标记。
- 单位▨ 小数 ▾：单击三角形按钮，在弹出的菜单中设定单位显示形式。
- 快捷特性▨：打开此项功能，选择对象后，会显示对象属性列表。
- 锁定▨▾：单击三角形按钮，在弹出的菜单中选择要锁定或解锁的对象类型，如窗口、面板及工具栏等。
- 隔离或隐藏▨：单击此按钮，弹出菜单，利用相关命令可以隔离或隐藏对象，也可以解除这些操作。
- 全屏显示▨：打开全屏显示。
- 自定义▨：自定义状态栏上的按钮。

一些按钮的激活与取消激活可以通过相应的快捷键来实现，如表 1-1 所示。

表 1-1 按钮及相应的快捷键

按钮	快捷键	按钮	快捷键
对象捕捉▢▾	F3	正交▨	F8
三维对象捕捉▨▾	F4	捕捉▨▾	F9
等轴测▨▾	F5	极轴追踪▨▾	F10
动态 UCS▨	F6	对象捕捉追踪▨	F11

8

续　表

按钮	快捷键	按钮	快捷键
栅格	F7	动态输入	F12

要点提示 正交按钮 和极轴追踪按钮 是互斥的，若激活其中一个按钮，另一个则自动取消激活。

1.3 学习基本操作

下面介绍 AutoCAD 常用基本操作。

1.3.1 使用 AutoCAD 绘图的基本过程

【练习1-2】： 了解使用 AutoCAD 绘图的基本过程。

1. 启动 AutoCAD 2022。
2. 打开【新建】下拉列表，如图 1-7 所示。选择【浏览模板】选项，利用 "acadiso.dwt" 模板新建图形文件。
3. 单击状态栏上的 按钮，隐藏栅格。单击状态栏上的 、 、 按钮。注意，不要单击 按钮。
4. 单击【默认】选项卡中【绘图】面板上的 按钮，系统提示如下。

   命令：_line
   指定第一个点：　　　　　　　　　　　//单击点 A，如图 1-8 所示
   指定下一点或 [放弃(U)]：400　　　　 //向右移动十字光标，输入线段长度并按 Enter 键
   指定下一点或 [放弃(U)]：600　　　　 //向上移动十字光标，输入线段长度并按 Enter 键
   指定下一点或 [闭合(C)/放弃(U)]：500//向右移动十字光标，输入线段长度并按 Enter 键
   指定下一点或 [闭合(C)/放弃(U)]：800//向下移动十字光标，输入线段长度并按 Enter 键
   指定下一点或 [闭合(C)/放弃(U)]：　　//按 Enter 键结束命令

   结果如图 1-8 所示。

要点提示 为简化说明，仅将命令序列的部分选项罗列出来。

5. 按 Enter 键重复画线命令，绘制线段 *BC*，结果如图 1-9 所示。

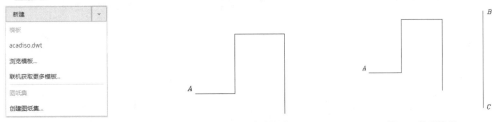

图1-7　新建下拉列表　　　　　图1-8　绘制连续折线　　　　　图1-9　绘制线段 *BC*

6. 单击快速访问工具栏上的 按钮，线段 *BC* 消失，再次单击该按钮，连续折线也消失。单击 按钮，连续折线显示出来，继续单击该按钮，线段 *BC* 也显示出来。

7. 输入绘制圆命令（CIRCLE，简写为 C），系统提示如下。

命令：CIRCLE   //输入命令，按 Enter 键确认

指定圆的圆心或 [三点(3P)/两点(2P)/切点、切点、半径(T)]：

          //单击点 D，指定圆心，如图 1-10 所示

指定圆的半径或 [直径(D)]: 100   //输入圆的半径，按 Enter 键确认

结果如图 1-10 所示。

8. 单击【默认】选项卡中【绘图】面板上的 按钮，系统提示如下。

命令：_circle

指定圆的圆心或 [三点(3P)/两点(2P)/切点、切点、半径(T)]：

   //将十字光标移动到端点 A 处，系统自动捕捉该点，单击确认，如图 1-11 所示

指定圆的半径或 [直径(D)] <100.0000>: 160   //输入圆的半径，按 Enter 键

结果如图 1-11 所示。

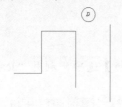

图1-10　绘制圆（1）

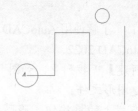

图1-11　绘制圆（2）

9. 单击导航栏上的 按钮，鼠标指针变成手的形状，按住鼠标左键并向右拖动鼠标，直至图形不可见。按 Esc 键或 Enter 键退出。

10. 双击鼠标滚轮或单击导航栏上的 按钮，图形又全部显示在绘图窗口中，如图 1-12 所示。

11. 单击鼠标右键，在弹出的快捷菜单中选择【缩放】命令，鼠标指针变成放大镜的形状，此时按住鼠标左键并向下拖动鼠标，图形缩小，如图 1-13 所示。按 Esc 键或 Enter 键退出。也可以单击鼠标右键，在弹出的快捷菜单中选择【退出】命令。该菜单中的【范围缩放】命令可以使图形充满整个绘图窗口。

12. 单击鼠标右键，在弹出的快捷菜单中选择【平移】命令，再次单击鼠标右键，在弹出的快捷菜单中选择【窗口缩放】命令，按住鼠标左键并拖动鼠标，使矩形框包含图形的一部分，松开鼠标左键，矩形框内的图形被放大。继续单击鼠标右键，在弹出的快捷菜单中选择【缩放为原窗口】命令，则又返回原来的显示。

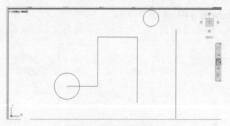

图1-12　显示全部图形

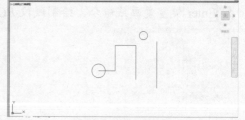

图1-13　缩小图形

13. 单击【默认】选项卡中【修改】面板上的 按钮，系统提示如下。

命令：_erase

选择对象：   //单击点 A，如图 1-14 左图所示

指定对角点：找到 1 个　　//向右下方移动十字光标，出现一个实线矩形框

　　　　　　　　　　　　　//在点 B 处单击，矩形框内的圆被选中，被选中的对象变为浅色

选择对象：　　　　　　　　//按 Enter 键删除圆

命令：ERASE　　　　　　　 //按 Enter 键重复命令

选择对象：　　　　　　　　//单击点 C

指定对角点：找到 4 个　　//向左下方移动十字光标，出现一个虚线矩形框

　　　　　　　　　　　　　//在点 D 处单击，矩形框内及与该框相交的所有对象都被选中

选择对象：　　　　　　　　//按 Enter 键删除圆和线段

结果如图 1-14 右图所示。

14. 单击 按钮，在弹出的菜单中选择【另存为】命令（或单击快速访问工具栏上的 按钮），弹出【图形另存为】对话框，在该对话框的【文件名】文本框中输入新文件名。文件类型默认为 "dwg"，若想更改，可以在【文件类型】下拉列表中选择其他类型。

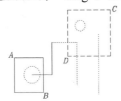

图1-14　删除对象

1.3.2　切换工作空间

利用状态栏上的 按钮可以切换工作空间。工作空间是 AutoCAD 用户界面中工具栏、面板和选项板等界面元素的组合。绘制二维图形或三维图形时，就需要切换到其相应的工作空间，此时系统仅显示与绘图任务密切相关的工具栏和面板等，隐藏一些不必要的界面元素。

单击 按钮，弹出菜单，该菜单中列出了 AutoCAD 工作空间的名称，选择其中之一，就切换到相应的工作空间。AutoCAD 提供的默认工作空间有以下 3 个。

- 草图与注释。
- 三维基础。
- 三维建模。

1.3.3　调用命令

调用 AutoCAD 命令的方法一般有两种，一种是在命令行中输入命令，另一种是用鼠标在菜单栏、功能区或工具栏中选择菜单命令或单击命令按钮。

在命令行中输入命令并按 Enter 键就可以让系统执行相应的命令。

一个典型的命令执行过程如下。

命令：circle　　　　　　　　　　　　//输入命令 circle 或它的简写形式 C，按 Enter 键

指定圆的圆心或 [三点(3P)/两点(2P)/切点、切点、半径(T)]：　90,100

　　　　　　　　　　　　　　　　　　　　　　　　　　//输入圆心坐标，按 Enter 键

指定圆的半径或 [直径(D)] <50.7720>：70　　　　 //输入圆的半径，按 Enter 键

(1) 方括号 "[]" 中以 "/" 隔开的内容表示各个选项，若要选择某个选项，则需输入

圆括号中的字符，其中的英文可以是大写形式也可以是小写形式。例如，若想通过 3 点绘制圆，就输入"3P"。

(2) 单击亮显的命令选项可以执行相应的功能。

(3) 尖括号"<>"中的内容是当前的默认值。

AutoCAD 的命令执行过程是交互式的，用户输入命令后，只有按 Enter 键（或按空格键）确认，系统才会执行该命令。而执行过程中，有时用户需要输入必要的绘图参数，如输入命令选项、点的坐标或其他几何数据等，并按 Enter 键（或按空格键），系统才会执行下一步操作。

在命令行中输入命令的第 1 个或前几个字符并停留片刻后，系统自动弹出一份清单，该清单列出了相同字符开头的命令名称、系统变量和命令别名。再将鼠标指针移动到命令名上，系统会显示该命令的说明文字及搜索按钮。单击命令或利用方向键、Enter 键选择命令将其启动。

 当使用某一命令时按 F1 键，系统将显示该命令的帮助信息。

1.3.4 鼠标操作

用鼠标在菜单栏、功能区或工具栏中选择菜单命令或单击命令按钮，系统将执行相应的命令。利用 AutoCAD 绘图时，多数情况下用户是通过鼠标发出指令的。鼠标各按键定义如下。

- 左键：拾取键，用于单击工具栏上的按钮、选择菜单命令以发出指令，也可以在绘图过程中指定点、选择对象等。
- 右键：一般作为 Enter 键使用，命令执行完成后，常通过单击鼠标右键来结束命令。在有些情况下，单击鼠标右键将弹出快捷菜单，菜单中有【确认】命令。右键的功能是可以设定的，选择绘图窗口右键快捷菜单中的【选项】命令，打开【选项】对话框，如图 1-15 所示，在【用户系统配置】选项卡的【Windows 标准操作】分组框中可以自定义右键的功能。例如，设置右键仅相当于 Enter 键。

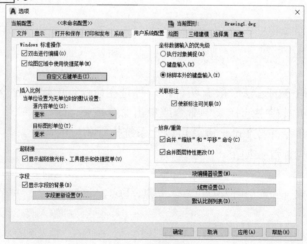

图1-15 【选项】对话框

- 滚轮：向前转动滚轮，放大图形；向后转动滚轮，缩小图形。缩放基点为十字光标的中心点。默认情况下，缩放增量为 10％。按住滚轮并拖动鼠标，平移图形；双击滚轮，显示全部图形。

1.3.5　选择对象的常用方法

使用编辑命令时需要先选择对象，被选对象构成一个选择集。系统提供了多种构造选择集的方法。默认情况下，用户能够逐个拾取对象，也可以利用矩形框、交叉框一次性选择多个对象。

一、　利用矩形框选择对象

当系统提示"选择对象"时，在要编辑的图形元素的左上角或左下角单击，然后向右下方或右上方移动十字光标，系统将显示一个实线矩形框，让此框完全包含要编辑的图形实体，再单击，矩形框中的所有对象（不包括与矩形边相交的对象）被选中，被选中的对象以淡显形式表示。

下面通过 ERASE 命令演示这种选择方法。

【练习1-3】：　利用矩形框选择对象。

打开素材文件"dwg\第 1 章\1-3.dwg"，如图 1-16 左图所示，使用 ERASE 命令将左图修改为右图。

```
命令:_erase
选择对象:                          //在点 A 处单击，如图 1-16 左图所示
指定对角点: 找到 9 个               //在点 B 处单击
选择对象:                          //按 Enter 键结束
```

结果如图 1-16 右图所示。

> **要点提示**　只有当 HIGHLIGHT 系统变量处于打开状态（等于 1）时，系统才以高亮度形式显示被选择的对象。

二、　利用交叉框选择对象

当系统提示"选择对象"时，在要编辑的图形元素的右上角或右下角单击，然后向左下方或左上方移动十字光标，此时出现一个虚线矩形框，使该矩形框包含要编辑对象的一部分或全部，再单击，则框内的对象及与框边相交的对象全部被选中。

下面使用 ERASE 命令演示这种选择方法。

【练习1-4】：　利用交叉框选择对象。

打开素材文件"dwg\第 1 章\1-4.dwg"，如图 1-17 左图所示，使用 ERASE 命令将左图修改为右图。

```
命令: _erase
选择对象:                          //在点 C 处单击，如图 1-17 左图所示
指定对角点: 找到 14 个              //在点 D 处单击
选择对象:                          //按 Enter 键结束
```

结果如图 1-17 右图所示。

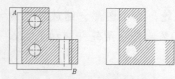

图1-16　利用矩形框选择对象

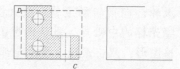

图1-17　利用交叉框选择对象

三、　给选择集添加或删除对象

编辑过程中，用户构造选择集常常不能一次完成，需向选择集里面添加或删除对象。添加对象时，可以直接选择或利用矩形框、交叉框选择要加入的对象。若要删除对象，可以先按住 Shift 键，再从选择集中选择要删除的对象。

下面通过 ERASE 命令演示修改选择集的方法。

【练习1-5】：　修改选择集。

打开素材文件 "dwg\第 1 章\1-5.dwg"，如图 1-18 左图所示，使用 ERASE 命令将左图修改为右图。

```
命令: _erase
选择对象:                    //在点 C 处单击，如图 1-18 左图所示
指定对角点: 找到 8 个        //在点 D 处单击
选择对象: 找到 1 个，删除 1 个，总计 7 个
                             //按住 Shift 键，选择矩形 A，将该矩形从选择集中删除
选择对象:找到 1 个，总计 8 个 //选择圆 B，如图 1-18 中图所示
选择对象:                    //按 Enter 键结束
```

结果如图 1-18 右图所示。

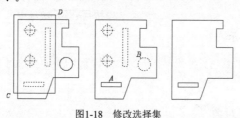

图1-18　修改选择集

1.3.6　删除对象

ERASE 命令用来删除对象，该命令没有任何选项。要删除一个对象，用户可以先选中该对象，然后单击【修改】面板上的 按钮，或者在命令行键入命令 ERASE（简写为 E）；也可以先执行删除命令，再选择要删除的对象。

此外，选择对象后按 Delete 键，或者利用右键快捷菜单中的【删除】命令也可以删除对象。

1.3.7　终止和重复命令

发出某个命令后，可以随时按 Esc 键终止该命令，此时系统又返回到命令行。

有时在图形区域内偶然选中了对象，该对象上出现了一些高亮的小框，这些小框被称为关键点，关键点可用于编辑对象（4.5 节将详细介绍），要取消这些关键点，按 Esc 键即可。

在绘图过程中，有时需要经常重复使用某个命令，重复刚使用过的命令的方法是直接按 Enter 键或空格键。

1.3.8　取消已执行的操作

在使用 AutoCAD 绘图的过程中，难免会出现错误。要修正错误，可以使用 UNDO 命令或单击快速访问工具栏上的 ⬅ 按钮。如果想要取消前面执行的多个操作，可以反复使用 UNDO 命令或反复单击 ⬅ 按钮。此外，也可以单击 ⬅ 按钮右边的 ▪ 按钮，在弹出的菜单中选择要放弃的操作。

当取消一个或多个操作后，若又想恢复原来的效果，可以使用 REDO 命令或单击快速访问工具栏上的 ➡ 按钮。此外，也可以单击 ➡ 按钮右边的 ▪ 按钮，在弹出的菜单中选择要恢复的操作。

1.3.9　快速缩放及移动图形

AutoCAD 的图形缩放及移动功能是很完备的，使用起来也很方便。绘图时，经常通过导航栏上的 🔍、✋ 按钮来完成这两项功能。此外，单击鼠标右键，弹出快捷菜单，该菜单中的【缩放】及【平移】命令也能实现同样的功能。

【练习1-6】：　观察图形。

1.　打开素材文件 "dwg\第 1 章\1-6.dwg"，如图 1-19 所示。

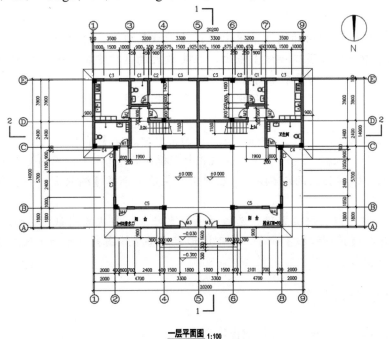

一层平面图 1:100

图1-19　观察图形

2.　将鼠标指针移动到要缩放的区域，向前转动滚轮放大图形，向后转动滚轮缩小图形。

3.　按住滚轮，鼠标指针变成手的形状，拖动鼠标，则平移视图。

4.　双击鼠标滚轮，显示全部图形。

5. 单击导航栏中 按钮上的 按钮，在弹出的菜单中选择【窗口缩放】命令，在主视图左上角的空白处单击，向右下方移动十字光标，出现矩形框，再单击，系统把矩形框内的图形放大以充满整个绘图窗口。

6. 单击导航栏上的 按钮，系统进入实时平移状态，鼠标指针变成手的形状，此时按住鼠标左键并拖动鼠标，就可以平移视图。单击鼠标右键，弹出快捷菜单，然后选择【退出】命令。

7. 单击鼠标右键，在弹出的快捷菜单中选择【缩放】命令，进入实时缩放状态，鼠标指针变成放大镜形状。此时按住鼠标左键并向上拖动鼠标，放大图形；向下拖动鼠标，缩小图形。单击鼠标右键，然后在弹出的快捷菜单中选择【退出】命令。

8. 单击鼠标右键，在弹出的快捷菜单中选择【平移】命令，切换到实时平移状态，平移图形，按 Esc 键或 Enter 键退出。

9. 单击导航栏中 按钮上的 按钮，在弹出的菜单中选择【缩放上一个】命令，返回上一次的显示。

不要关闭文件，1.3.10 小节将继续用该文件进行练习。

1.3.10　窗口放大图形及返回上一次的显示

在绘图过程中，用户经常要将图形的局部区域放大，以方便绘图。绘制完成后，又要返回上一次的显示，以观察绘图效果。利用右键快捷菜单上的【缩放】命令或导航栏中的 、 按钮可以轻松完成上述操作。

继续前面的练习。

1. 单击鼠标右键，在弹出的快捷菜单中选择【缩放】命令。再次单击鼠标右键，在弹出的快捷菜单中选择【窗口缩放】命令，在要放大的区域中拖出一个矩形框，该矩形框内的图形被放大至充满整个绘图窗口。

2. 按住鼠标滚轮，拖动鼠标，平移视图。单击鼠标右键，在弹出的快捷菜单中选择【缩放为原窗口】命令，返回上一步的视图。

3. 单击导航栏中 按钮上的 按钮，在弹出的菜单中选择【窗口缩放】命令，指定矩形框的第一个角点，再指定另一个角点，系统把矩形框内的图形放大以充满整个绘图窗口。

4. 单击导航栏中 按钮上的 按钮，在弹出的菜单中选择【缩放上一个】命令，返回上一次的显示。

5. 单击鼠标右键，弹出快捷菜单，选择【缩放】命令。再次单击鼠标右键，在弹出的快捷菜单中选择【范围缩放】命令，全部图形充满整个绘图窗口显示（双击鼠标滚轮也可以实现这一操作）。

1.3.11　显示全部图形

双击鼠标滚轮，将所有图形充满绘图窗口显示。

单击导航栏中 按钮上的 按钮，在弹出的菜单中选择【范围缩放】命令，则全部图形充满整个绘图窗口显示。

单击鼠标右键，在弹出的快捷菜单中选择【缩放】命令。再次单击鼠标右键，在弹出的快捷菜单中选择【范围缩放】命令，则全部图形充满整个绘图窗口显示。

1.3.12　设定绘图区域的大小

AutoCAD 的绘图空间是无限大的，但用户可以设定绘图区域的大小。作图时，事先对绘图区域的大小进行设定，将有助于了解图形分布的范围。当然，也可以在绘图过程中随时缩放（通过转动滚轮等方法）图形，以控制其在屏幕上的显示范围。

设定绘图区域的大小有以下两种方法。

【方法 1】将一个圆（或竖直线段）充满整个绘图窗口，依据圆的尺寸就能轻易地估计出当前绘图区域的大小了。

【练习1-7】：　设定绘图区域的大小。

1.　单击【绘图】面板上的　按钮，系统提示如下。

> 命令：_circle
> 指定圆的圆心或 [三点(3P)/两点(2P)/切点、切点、半径(T)]：
> 　　　　　　　　　　　　　　//在绘图区域的适当位置单击一点
> 指定圆的半径或 [直径(D)]：50　　　　//输入圆的半径

2.　双击鼠标滚轮，直径为 100 的圆充满整个绘图窗口，如图 1-20 所示。

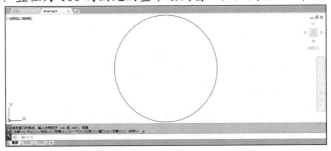

图1-20　设定绘图区域的大小（1）

【方法 2】使用 LIMITS 命令设定绘图区域的大小。该命令可以改变栅格的位置和尺寸。栅格是许多个小矩形按行、列形式均布形成的图案。当栅格在绘图窗口中显示后，用户就可以根据栅格分布的范围估算出当前绘图区域的大小了，如图 1-21 所示。

【练习1-8】：　使用 LIMITS 命令设定绘图区域的大小。

1.　选择菜单命令【格式】/【图形界限】，系统提示如下。

> 命令：'_limits
> 指定左下角点或 [开(ON)/关(OFF)] <0.0000,0.0000>:100,80
> 　　　　　　　//输入点 A 的 x、y 坐标值，或者任意单击一点，如图 1-21 所示
> 指定右上角点 <420.0000,297.0000>: @150,200
> 　　　　　　　//输入点 B 相对于点 A 的坐标，按 Enter 键

2.　将十字光标移动到绘图窗口下方的　按钮上，单击鼠标右键，在弹出的快捷菜单中选择【网格设置】命令，打开【草图设置】对话框，取消对【显示超出界限的栅格】复选框的勾选。

3.　关闭【草图设置】对话框，单击　按钮，打开栅格显示，再双击鼠标滚轮，使矩形栅格充满整个绘图窗口。

4.　单击鼠标右键，在弹出的快捷菜单中选择【缩放】命令，按住鼠标左键并向下拖动鼠

标，使矩形栅格缩小，如图 1-21 所示。该栅格的尺寸是 150×200，且左下角点 A 的坐标为（100,80）。

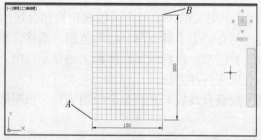

图1-21 设定绘图区域的大小（2）

1.3.13 预览打开的文件及在文件之间切换

AutoCAD 是一个多文档环境，用户可以同时打开多个图形文件。要预览打开的文件及在不同文件之间切换，可以采用以下方法。

（1）将鼠标指针悬停在绘图窗口上部某一文件的选项卡上，显示出该文件的预览图，如图 1-22 所示，单击其中之一，就切换到该图形。

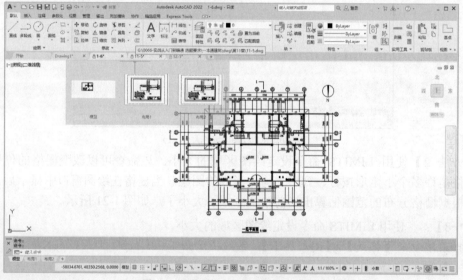

图1-22 预览文件或在不同文件之间切换

（2）切换到【开始】选项卡，该选项卡的【最近使用的】区域中显示了已打开文件的缩略图。

（3）打开多个图形文件后，可以利用【视图】选项卡中【界面】面板上的相关按钮来控制多个文件的显示方式。例如，可以将它们以层叠、水平或竖直排列等形式布置在绘图窗口中。

多文档设计环境具有 Windows 窗口的剪切、复制和粘贴等功能，因而可以快捷地在各个图形文件之间复制、移动对象。如果要复制的对象需要在其他的图形中准确定位，那么可以在粘贴对象的同时指定基准点。

1.3.14　上机练习——布置用户界面及设定绘图区域的大小

【练习1-9】：　布置用户界面，设定绘图区域的大小。

1. 启动 AutoCAD 2022，创建新图形，隐藏栅格，显示主菜单，打开【绘图】及【修改】工具栏并调整工具栏的位置，如图 1-23 所示。

2. 在功能区的选项卡上单击鼠标右键，在弹出的快捷菜单中选择【浮动】命令，调整功能区的位置，如图 1-23 所示。

图1-23　布置用户界面及设定绘图区域的大小

3. 切换到【三维基础】工作空间，再切换到【草图与注释】工作空间。

4. 用鼠标右键单击文件选项卡，利用快捷菜单中的【新建】命令创建新文件，采用的样板文件为 "acadiso.dwt"。

5. 设定绘图区域的大小为 1500×1200，并显示该区域范围内的栅格。单击鼠标右键，在弹出的快捷菜单中选择【缩放】命令。再次单击鼠标右键，在弹出的快捷菜单中选择【范围缩放】命令，使栅格充满整个绘图窗口。

6. 单击【绘图】面板上的 按钮，系统提示如下。

```
命令: _circle
指定圆的圆心或 [三点(3P)/两点(2P)/切点、切点、半径(T)]:
                                    //在绘图区域的适当位置单击一点
指定圆的半径或 [直径(D)] <30.0000>: 1      //输入圆的半径
命令:
CIRCLE                              //按 Enter 键重复上一个命令
指定圆的圆心或 [三点(3P)/两点(2P)/切点、切点、半径(T)]:
                                    //在绘图区域的适当位置单击一点
指定圆的半径或 [直径(D)] <1.0000>: 5       //输入圆的半径
命令:
CIRCLE                              //按 Enter 键重复上一个命令
指定圆的圆心或 [三点(3P)/两点(2P)/切点、切点、半径(T)]: *取消*
                                    //按 Esc 键取消命令
```

7. 单击导航栏上的 🔍 按钮，或者双击鼠标滚轮，使圆充满整个绘图窗口。

8. 单击鼠标右键，在弹出的快捷菜单中选择【选项】命令，打开【选项】对话框，在【显示】选项卡的【圆弧和圆的平滑度】文本框中输入"10000"。

9. 利用导航栏上的 🖐、🔍 按钮移动和缩放图形。

10. 单击鼠标右键，利用快捷菜单中的命令平移、缩放图形，并使图形充满整个绘图窗口。

11. 以文件名"User.dwg"保存图形。

1.4 模型空间及图纸空间

AutoCAD 提供了模型空间和图纸空间两种绘图环境。

一、 模型空间

默认情况下，AutoCAD 的绘图环境是模型空间。新建或打开图形文件后，绘图窗口中仅显示模型空间中的图形。此时，可以在绘图区域的左下角看到世界坐标系的图标，图标中只显示了 x 轴、y 轴。实际上，模型空间是一个三维空间，可以设置不同的观察方向，从而获得不同方向的视图。默认情况下，绘图窗口左上角的视图控件的选项为【俯视】，表明当前绘图窗口处于 xy 平面，因而坐标系图标只有 x 轴、y 轴。若将视图控件的选项设定为【西南等轴测】，则绘图窗口中会显示 3 个坐标轴。

在模型空间中作图时，一般按 1∶1 的比例绘制图形，绘制完成后，再把图样以放大或缩小的比例打印出来。

二、 图纸空间

图纸空间是二维绘图空间。通过切换绘图窗口左下角的【模型】或【布局 1】选项卡可以在图纸空间与模型空间之间进行切换。

如果处于图纸空间，绘图区域左下角的图标将变为 ◣，如图 1-24 所示。可以将图纸空间看作一张"虚拟图纸"，当在模型空间中按 1∶1 的比例绘制图形后，就可以切换到图纸空间，把模型空间中的图样按所需的比例布置在"虚拟图纸"上，最后以 1∶1 的出图比例将"图纸"打印出来。

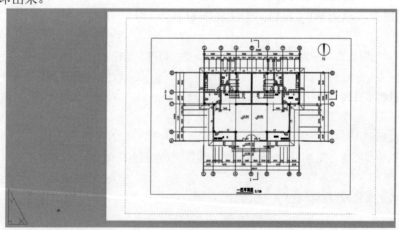

图1-24 图纸空间

1.5　图形文件管理

图形文件管理一般包括创建新文件、打开已有的图形文件、保存文件、浏览和搜索图形文件，以及输入、输出不同格式的文件等，下面分别进行介绍。

1.5.1　新建、打开及保存图形文件

一、　建立新图形文件

命令启动方法

- 菜单命令：【文件】/【新建】。
- 工具栏：快速访问工具栏上的 按钮。
- ：【新建】/【图形】。
- 命令：NEW。

启动新建图形文件命令后，系统打开【选择样板】对话框，如图 1-25 所示。在该对话框中，用户可以选择样板文件或基于公制、英制测量系统创建新图形。

AutoCAD 中有许多标准的样板文件，它们都保存在 AutoCAD 安装目录的"Template"文件夹中，扩展名为".dwt"，用户也可以根据需要建立自己的标准样板。

样板文件包含许多标准设置，如单位、精度、图形界限（绘图区域的大小）、标注样式及文字样式等，以样板文件为原型新建图样后，该图样就具有与样板文件相同的作图设置。

常用的样板文件有"acadiso.dwt"和"acad.dwt"。前者是公制样板，图形界限为420×300；后者是英制样板，图形界限为 12×9。

在【选择样板】对话框的 打开(Q) 按钮旁边有一个带箭头的按钮，单击此按钮，弹出下拉列表，该列表中有以下两个选项。

- 【无样板打开-英制】：基于英制测量系统创建新图形，系统使用内部的默认值控制文字、标注、默认线型和填充图案文件等。
- 【无样板打开-公制】：基于公制测量系统创建新图形，系统使用内部的默认值控制文字、标注、默认线型和填充图案文件等。

二、　打开图形文件

命令启动方法

- 菜单命令：【文件】/【打开】。
- 工具栏：快速访问工具栏上的 按钮。
- ：【打开】/【图形】。
- 命令：OPEN。

启动打开图形文件命令后，系统打开【选择文件】对话框，如图 1-26 所示。该对话框与微软公司 Office 软件中相应对话框的样式及操作方式类似，用户可以直接在对话框中选择要打开的文件，或者在【文件名】下拉列表框中输入要打开文件的名称（可以包含路径）。此外，还可以在文件列表框中双击文件名打开文件。该对话框顶部有【查找范围】下拉列表，左边有文件位置列表，用户可以利用它们确定要打开文件的位置。

图1-25 【选择样板】对话框

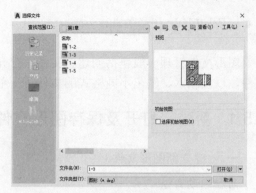

图1-26 【选择文件】对话框

三、 保存图形文件

将图形文件存入磁盘时，一般采取两种方式，一种是以当前文件名快速保存图形文件，另一种是以新名称保存图形文件。

(1) 快速保存命令启动方法。

- 菜单命令：【文件】/【保存】。
- 工具栏：快速访问工具栏上的  按钮。
- ：【保存】。
- 命令：QSAVE。

启动快速保存命令后，系统将当前图形文件以原文件名直接存入磁盘。若当前图形文件名是默认名且是第一次存储文件，则系统弹出【图形另存为】对话框，如图 1-27 所示，在该对话框中用户可以指定文件的存储位置、文件类型及文件名。

图1-27 【图形另存为】对话框

(2) 换名保存命令启动方法。

- 菜单命令：【文件】/【另存为】。
- 工具栏：快速访问工具栏上的 按钮。
- ：【另存为】。
- 命令：SAVEAS。

启动换名保存命令后，系统打开【图形另存为】对话框，如图 1-27 所示。在该对话框的【文件名】下拉列表框中输入新文件名，在【保存于】及【文件类型】下拉列表中分别设定文件的保存路径和类型。

1.5.2　输入、输出不同格式的文件

AutoCAD 2022 提供了图形的输入与输出接口，这不仅可以将其他应用程序中处理好的数据传送给 AutoCAD 以显示图形，还可以把 AutoCAD 中的图形信息传送给其他应用程序。

一、　输入不同格式的文件

命令启动方法

- 菜单命令：【文件】/【输入】。
- 面板：【插入】选项卡中【输入】面板上的 按钮。
- : 【输入】。
- 命令：IMPORT。

启动输入命令后，打开【输入文件】对话框，如图 1-28 所示，在【文件类型】下拉列表中可以看到系统允许输入"图元文件""ACIS""3D Studio"等格式的文件。

二、　输出不同格式的文件

命令启动方法

- 菜单命令：【文件】/【输出】。
- : 【输出】。
- 命令：EXPORT。

启动输出命令后，打开【输出数据】对话框，如图 1-29 所示。可以在【保存于】下拉列表中设置文件的输出路径，在【文件名】下拉列表中输入文件名称，在【文件类型】下拉列表中选择文件的输出类型，如"图元文件""ACIS""平板印刷""封装 PS""DXX 提取""位图""块"等。

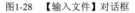

图1-28　【输入文件】对话框

图1-29　【输出数据】对话框

1.6　习题

1. 重新布置用户界面及切换工作空间。

　　(1)　移动功能区并改变功能区的形状，如图 1-30 所示。

　　(2)　打开【绘图】【修改】【对象捕捉】【建模】工具栏，调整工具栏的位置，并调整【建模】工具栏的形状，如图 1-30 所示。

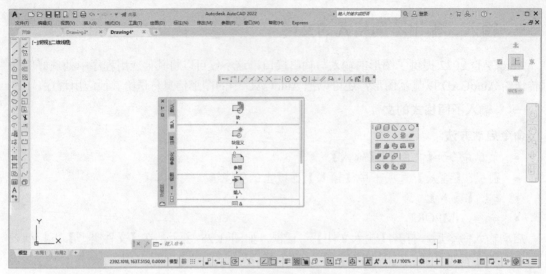

图1-30　重新布置用户界面

（3）　先切换到【三维基础】工作空间，再切换到【草图与注释】工作空间。

2.　创建及保存图形文件、熟悉 AutoCAD 命令执行过程及快速查看图形等。

（1）　利用 AutoCAD 提供的样板文件"acadiso.dwt"创建新文件。

（2）　使用 LIMITS 命令设定绘图区域的大小为 1000×1000。

（3）　仅显示绘图区域范围内的栅格，并使栅格充满整个绘图窗口。

（4）　单击【绘图】面板上的⊘按钮，系统提示如下。

命令：_circle

指定圆的圆心或 [三点(3P)/两点(2P)/切点、切点、半径(T)]：　　　//在绘图窗口中单击一点

指定圆的半径或 [直径(D)] <30.0000>: 50　　　　　　　　　　　//输入圆的半径

命令：

CIRCLE　　　　　　　　　　　　　　　　　　　　//按 Enter 键重复上一个命令

指定圆的圆心或 [三点(3P)/两点(2P)/切点、切点、半径(T)]：

　　　　　　　　　　　　　　　　　　　　　　　　//在绘图窗口中单击一点

指定圆的半径或 [直径(D)] <50.0000>: 100　　　　　　　　　　//输入圆的半径

命令：

CIRCLE　　　　　　　　　　　　　　　　　　　　//按 Enter 键重复上一个命令

指定圆的圆心或 [三点(3P)/两点(2P)/切点、切点、半径(T)]：*取消*

　　　　　　　　　　　　　　　　　　　　　　　//按 Esc 键取消命令

（5）　单击导航栏上的🔍按钮，使图形充满整个绘图窗口。

（6）　利用导航栏上的✋、🔍按钮来移动和缩放图形。

（7）　单击鼠标右键，利用快捷菜单上中的命令平移、缩放图形，然后使图形充满整个绘图窗口。

（8）　以文件名"User.dwg"保存图形文件。

第2章 设置图层、线型、线宽及颜色

【学习目标】
- 掌握创建及设置图层的方法。
- 掌握如何控制及修改图层状态。
- 熟悉切换当前图层、使某对象所在图层成为当前图层的方法。
- 熟悉修改已有对象的所在图层、颜色、线型及线宽的方法。
- 了解如何排序图层、删除图层、合并图层及重命名图层。
- 掌握如何修改非连续线型的外观。

本章主要介绍图层、线型、线宽和颜色的设置方法。

2.1 创建及设置图层

可以将 AutoCAD 图层想象成透明胶片，用户把各种图形元素绘制在上面，系统再将它们叠加在一起显示出来。如图 2-1 所示，图层 *A* 上绘有挡板，图层 *B* 上绘有支架，图层 *C* 上绘有螺钉，最终的显示结果是各层内容叠加在一起的效果。

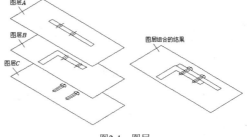

图2-1 图层

用 AutoCAD 绘图时，图形元素处于某个图层上。默认情况下，当前图层是 0 层，若没有切换至其他图层，则所绘图形在 0 层上。每个图层都有与其相关联的颜色、线型和线宽等属性信息，用户可以对这些信息进行设定或修改。在某一图层上作图时，生成图形元素的颜色、线型和线宽等属性就与当前图层的设置完全相同（默认情况下）。对象的颜色将有助于辨别图样中的相似实体，而线型、线宽等特性用来表示不同类型的图形元素。

【练习2-1】： 创建及设置图层。

名称	颜色	线型	线宽
轮廓线层	白色	Continuous	0.5
中心线层	红色	CENTER	默认
剖面线层	绿色	Continuous	默认
虚线层	黄色	DASHED	默认
尺寸标注层	绿色	Continuous	默认
文字说明层	绿色	Continuous	默认

一、 创建图层

1. 单击【默认】选项卡中【图层】面板上的 按钮，打开【图层特性管理器】面板，再单击 按钮，列表框中显示出名为"图层1"的图层。

2. 为便于区分不同的图层，用户应取一个能体现图层上图元特性的名字来取代默认名称。这里将名称设为"轮廓线层"，继续创建其他图层，结果如图 2-2 所示。
   请注意，图层"0"前有绿色标记"√"，表示该图层是当前图层。

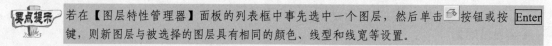
若在【图层特性管理器】面板的列表框中事先选中一个图层，然后单击 按钮或按 Enter 键，则新图层与被选择的图层具有相同的颜色、线型和线宽等设置。

二、 指定图层颜色

1. 在【图层特性管理器】面板中选中图层。

2. 单击图层列表中与所选图层关联的图标■白，打开【选择颜色】对话框，如图 2-3 所示。在该对话框中可以设置图层颜色。

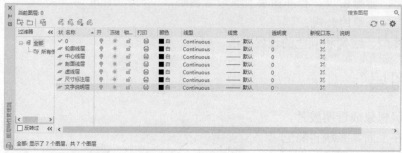

图2-2　创建图层　　　　　　　　　　　　　　　　　图2-3　【选择颜色】对话框

三、 给图层分配线型

1. 在【图层特性管理器】面板中选中图层。

2. 该面板图层列表的【线型】列中显示了与图层相关联的线型。默认情况下，图层线型是【Continuous】。单击【Continuous】，打开【选择线型】对话框，如图 2-4 所示，可以从中选择一种线型或从线型库文件中加载更多的线型。

3. 单击 加载(L)... 按钮，打开【加载或重载线型】对话框，如图 2-5 所示。该对话框列出了线型库文件中包含的所有线型，用户可以在列表框中选择一种或几种所需的线型，再单击 确定 按钮，这些线型就被加载到系统中。当前线型库文件是"acadiso.lin"，单击 文件(F)... 按钮，可以选择其他的线型库文件。

图2-4　【选择线型】对话框　　　　　　　　　　　　图2-5　【加载或重载线型】对话框

四、 设定线宽

1. 在【图层特性管理器】面板中选中图层。
2. 单击图层列表【线宽】列中的 ▭ 默认 按钮，打开【线宽】对话框，如图 2-6 所示，在该对话框中可以设置线宽。

如果要使对象的线宽在模型空间中显示得更宽或更窄一些，可以调整线宽比例。在状态栏的 ▦ 按钮上单击鼠标右键，弹出快捷菜单，选择【线宽设置】命令，打开【线宽设置】对话框，如图 2-7 所示，在该对话框的【调整显示比例】分组框中拖动滑块就可以改变显示比例值。

图2-6 【线宽】对话框

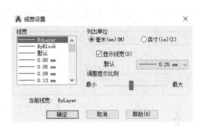
图2-7 【线宽设置】对话框

五、 在不同的图层上绘图

1. 指定当前图层。在【图层特性管理器】面板中选中【轮廓线层】，单击 按钮，该图层前出现绿色标记"√"，说明【轮廓线层】变为当前图层。
2. 关闭【图层特性管理器】面板，单击【绘图】面板上的 ∕ 按钮，任意绘制几条线段，这些线段的颜色为白色，线宽为 0.5mm。单击状态栏上的 ▦ 按钮，使这些线条显示出线宽。
3. 设定【中心线层】或【虚线层】为当前图层，绘制线段，观察效果。

中心线及虚线中的短横线及空格的大小可以通过线型全局比例因子（LTSCALE）调整，详见 2.6 节。

2.2 控制图层状态

图层状态主要包括打开与关闭、冻结与解冻、锁定与解锁、打印与不打印等，AutoCAD 用不同形式的图标表示这些状态。可以通过【图层特性管理器】面板或【图层】面板上的【图层控制】下拉列表对图层状态进行控制，如图 2-8 所示。

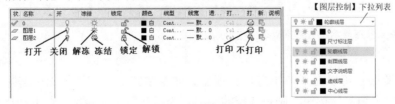
图2-8 控制图层状态

下面对图层状态作详细说明。

(1) 打开/关闭：单击 ●/● 图标，将关闭或打开某图层。打开的图层是可见的，而关闭的图层不可见，也不会被打印。重新生成图形时，被关闭的图层将一起生成。

（2）解冻/冻结：单击 ☀/❄ 图标，将冻结或解冻某图层。解冻的图层是可见的，若冻结某个图层，则该图层变为不可见，也不会被打印。重新生成图形时，系统将不再重新生成该图层上的对象，因而冻结一些图层后，可以加快 ZOOM、PAN 等命令和其他操作的运行速度。

> **要点提示** 解冻一个图层将引起整个图形重新生成，而打开一个图层则不会（只是重绘这个图层上的对象）。因此，如果需要频繁地改变图层的可见性，应关闭图层而不应冻结。

（3）解锁/锁定：单击 🔓/🔒 图标，将锁定或解锁某图层。被锁定的图层是可见的，但图层上的对象不能被编辑。用户可以将锁定的图层设置为当前图层，并能向它添加对象。

（4）打印/不打印：单击 🖨/🖨 图标，可以设定某图层是否被打印。指定某图层不打印后，该图层上的对象仍会显示出来。图层的不打印设置只对图样中的可见图层（图层是打开的并且是解冻的）有效。若图层设为可打印但该图层是冻结或关闭的，系统便不会打印该图层。

2.3 有效地使用图层

控制图层的一种方法是单击【图层】面板上的 按钮，打开【图层特性管理器】面板，通过该面板进行需要的设置。此外，还有另一种更便捷的方法——使用【图层】面板上的【图层控制】下拉列表，如图 2-9 所示。该下拉列表中包含了当前图形中的所有图层，并显示了各图层的状态图标。该下拉列表主要包含以下 3 项功能。

- 切换当前图层。
- 设置图层状态。
- 修改已有对象所在的图层。

【图层控制】下拉列表有 3 种显示模式。

图2-9 【图层控制】下拉列表

- 若用户没有选择任何对象，则该下拉列表显示当前图层。
- 若用户选择了一个或多个对象，而这些对象又同属一个图层，则该下拉列表显示该图层。
- 若用户选择了多个对象，而这些对象不属于同一图层，则该下拉列表显示空白。

2.3.1 切换当前图层

要在某图层上绘图，必须先使该图层成为当前图层。通过【图层控制】下拉列表，可以快速地切换当前图层，方法如下。

1. 单击【图层控制】下拉列表右边的箭头，打开列表。
2. 选择欲设置成当前图层的图层名称，操作完成后，该下拉列表自动关闭。

> **要点提示** 此方法只能在当前没有对象被选择的情况下使用。

切换当前图层也可以在【图层特性管理器】面板中完成。在该面板中选择某一图层，然后单击面板左上角的 按钮，则被选择的图层变为当前图层。显然，此方法比前一种要烦琐一些。

在【图层特性管理器】面板中选择某图层，然后单击鼠标右键，弹出快捷菜单，如图 2-10 所示，利用此菜单可以设置当前图层、新建图层和删除图层等。

图2-10　快捷菜单

2.3.2　使某对象所在的图层成为当前图层

有两种方法可以将某对象所在的图层设为当前图层。

(1)　先选择对象，【图层控制】下拉列表中将显示该对象所在的图层，再按 Esc 键取消选择，然后通过【图层控制】下拉列表切换当前图层。

(2)　选择对象，单击【图层】面板上的 按钮，此对象所在的图层成为当前图层。显然，此方法更便捷一些。

2.3.3　修改图层状态

【图层控制】下拉列表中显示了图层状态图标，单击图标可以切换图层状态。修改图层状态时，该下拉列表将保持打开状态，用户能一次性在列表中修改多个图层的状态。

修改图层状态也可以通过【图层】面板中的命令按钮完成，如表 2-1 所示。

表 2-1　　　　　　　　　　　　　修改图层状态的命令按钮

按钮	功能	按钮	功能
	单击此按钮，选择对象，则对象所在的图层被关闭		单击此按钮，解冻所有图层
	单击此按钮，打开所有图层		单击此按钮，选择对象，则对象所在的图层被锁定
	单击此按钮，选择对象，则对象所在的图层被冻结		单击此按钮，解锁所有图层

2.3.4 修改图层透明度

打开【图层特性管理器】面板，该面板图层列表的【透明度】列中显示了各图层的透明度值。默认情况下，所有图层的透明度值为【0】。单击【0】，打开【图层透明度】对话框，如图 2-11 所示，在该对话框中可以改变图层的透明度。单击状态栏上的▨按钮可以观察相应的效果。

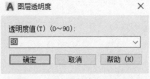

图2-11 【图层透明度】对话框

2.3.5 修改已有对象所在的图层

如果用户想把某个对象放到其他图层上，可以先选择该对象，然后在【图层控制】下拉列表中选择要放置的图层名称。

单击【图层】面板中的▨按钮，选择对象，然后通过选择对象或图层名指定目标图层，所选对象转移到目标图层上。

选择对象，单击【图层】面板中的▨按钮，所选对象转移到当前图层上。

选择对象，单击【图层】面板中的▨按钮，再指定目标对象，所选对象复制到目标图层上，且可指定复制的距离及方向。

2.3.6 动态查看图层上的对象

单击【图层】面板中的▨按钮，打开【图层漫游】对话框，如图 2-12 所示，该对话框列出了图形中的所有图层，选择其中之一，则绘图窗口中仅显示被选图层上的对象。

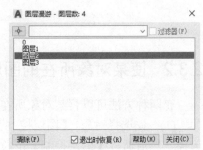

图2-12 【图层漫游】对话框

2.3.7 隔离图层

图层被隔离后，只有被隔离的图层可见，其他图层被关闭。选择对象，单击【图层】面板中的▨按钮隔离图层，再单击▨按钮解除隔离。

2.4 改变对象的颜色、线型及线宽

通过【特性】面板可以方便地设置对象的颜色、线型及线宽等。默认情况下，该面板上的【颜色控制】【线型控制】【线宽控制】3 个下拉列表中均显示【ByLayer】，如图 2-13 所示。"ByLayer"的意思是所绘对象的颜色、线型和线宽等属性与当前图层所设定的完全相同。本节将介绍怎样临时设置这些特性，以及如何修改已有对象的这些特性。

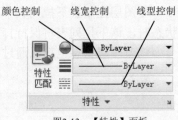

图2-13 【特性】面板

2.4.1 修改对象颜色

要修改已有对象的颜色，可以通过【特性】面板上的
【颜色控制】下拉列表实现，具体步骤如下。

1. 选择要修改颜色的对象。
2. 在【特性】面板上打开【颜色控制】下拉列表，然
   后从列表中选择所需的颜色。
3. 如果选择【更多颜色】选项，则打开【选择颜色】
   对话框，如图 2-14 所示。通过该对话框，可以选择
   更多种类的颜色。

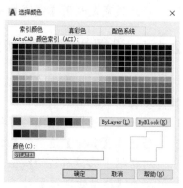

图2-14　【选择颜色】对话框

2.4.2 设置当前颜色

默认情况下，在某图层上创建的对象都将使用图层所设置的颜色。若想改变当前的颜色
设置，可以通过【特性】面板上的【颜色控制】下拉列表实现，具体步骤如下。

1. 打开【特性】面板上的【颜色控制】下拉列表，从列表中选择一种颜色。
2. 选择【选择颜色】选项，系统打开【选择颜色】对话框，在该对话框中可做更多选择。

2.4.3 修改对象的线型和线宽

修改对象线型、线宽的方法与修改对象颜色的方法类似，具体步骤如下。

1. 选择要修改线型的对象。
2. 在【特性】面板上打开【线型控制】下拉列表，从列表中选择所需的线型。
3. 选择【其他】选项，系统打开【线型管理器】对话框，如图 2-15 所示。在该对话框中
   可以选择某种线型或加载更多种线型。

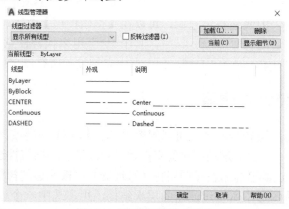

图2-15　【线型管理器】对话框

要点提示　可以利用【线型管理器】对话框中的 [删除] 按钮删除不需要的线型。

4. 单击【线型管理器】对话框右上角的 [加载(L)...] 按钮，打开【加载或重载线型】对话框。
   该对话框列出了当前线型库文件中的所有线型，可以从中选择一种或几种所需的线型，

再单击 确定 按钮，这些线型就被加载到 AutoCAD 中。

5. 修改线宽是利用【线宽控制】下拉列表完成的，操作步骤与上述类似。

2.4.4 设置当前线型和线宽

默认情况下，绘制的对象采用当前图层设置的线型、线宽。改变当前线型、线宽设置的具体步骤如下。

1. 打开【特性】面板上的【线型控制】下拉列表，从列表中选择一种线型。
2. 若选择【其他】选项，则弹出【线型管理器】对话框，如图 2-15 所示。用户可以在该对话框中选择所需的线型或加载更多种类的线型。
3. 单击【线型管理器】对话框右上角的 加载(L)... 按钮，打开【加载或重载线型】对话框。该对话框列出了当前线型库文件中的所有线型，可以从中选择一种或几种所需的线型，再单击 确定 按钮，这些线型就被加载到 AutoCAD 中。
4. 在【线宽控制】下拉列表中可以方便地改变当前线宽的设置，步骤与上述类似。

2.5 管理图层

管理图层主要包括排序图层、显示所需的一组图层、删除不再使用的图层及重命名图层等，下面介绍管理图层的相关操作。

2.5.1 排序图层及按名称搜索图层

在【图层特性管理器】面板的列表框中可以很方便地对图层进行排序，单击列表框顶部的【名称】标题，系统会将所有图层以字母顺序排列，再次单击【名称】标题，排列顺序就会颠倒。单击列表框顶部的其他标题，也有类似的作用。

假设有几个图层名称均以某字母开头，如 D-wall、D-door、D-window 等，若想从【图层特性管理器】面板的列表中快速找出它们，可以在【搜索图层】文本框中输入要寻找的图层名称，名称中可以包含通配符"*"和"？"，其中"*"用来代替任意数目的字符、"？"用来代替任意一个字符。例如，输入"D*"，列表框中立刻显示所有以字母"D"开头的图层。

2.5.2 使用图层特性过滤器

如果图形中包含的图层较少，那么可以很容易地找到某个图层或具有某种特征的一组图层。但当图层数目有几十个时，这项工作就变得相当困难了。图层特性过滤器可以帮助用户轻松地完成这一任务。该过滤器显示在【图层特性管理器】面板左边的树状图中，如图 2-16 所示。树状图表明了当前图形中所有过滤器的层次结构，用户选中一个过滤器，系统就在【图层特性管理器】面板右边的列表框中列出所有满足过滤条件的图层。默认情况下，系统提供以下 4 个过滤器。

- 【全部】: 显示当前图形中的所有图层。
- 【所有非外部参照层】: 不显示外部参照图形的图层。
- 【所有使用的图层】: 显示当前图形中所有对象所在的图层。

- 【外部参照】：显示外部参照图形的所有图层。

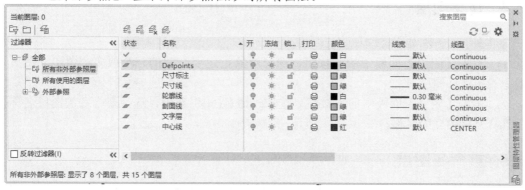

图2-16　【图层特性管理器】面板

【练习2-2】：　创建及使用图层特性过滤器。

1. 打开素材文件"dwg\第 2 章\2-2.dwg"。
2. 单击【图层】面板上的 ![按钮] 按钮，打开【图层特性管理器】面板，单击该面板左上角的 ![按钮] 按钮，打开【图层过滤器特性】对话框，如图 2-17 所示。
3. 在【过滤器名称】文本框中输入新过滤器的名称"名称和颜色过滤器"。
4. 在【过滤器定义】列表框的【名称】列中输入"no*"，在【颜色】列中选择红色，此时符合这两个过滤条件的 3 个图层显示在【过滤器预览】列表框中，如图 2-17 所示。
5. 单击 确定 按钮，返回【图层特性管理器】面板。在该面板左边的树状图中选择新建的过滤器，此时右边列表框中列出所有满足过滤条件的图层。

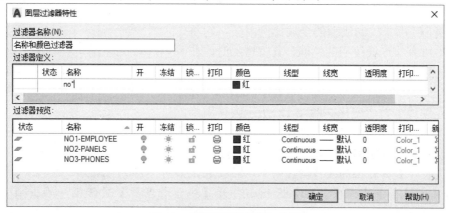

图2-17　【图层过滤器特性】对话框

2.5.3　删除图层

单击【图层】面板中的 ![按钮] 按钮，选择对象，则该对象所在的图层及图层上的所有对象被删除。此操作对当前图层无效。

删除图层的另一个方法是在【图层特性管理器】面板中选择图层名称，然后单击 ![按钮] 按钮，但当前图层、0 层、定义点层（Defpoints）及包含对象的图层不能被删除。

2.5.4 合并图层

合并图层的方法如下。

(1) 单击【图层】面板中的 按钮，选择对象指定要合并的一个或多个图层，然后选择对象设定目标图层。

(2) 单击【图层】面板中的 按钮，选择"命名(N)"选项，选择要合并的图层名称，然后选择目标图层的名称。

2.5.5 重命名图层

要重命名图层，可以打开【图层特性管理器】面板，选中要修改的图层名称，该名称周围出现一个矩形框，在矩形框内单击一点，图层名称高亮显示。此时，用户可以输入新的图层名称，输入完成后，按 Enter 键结束。

2.6 修改非连续线型外观

非连续线型是由短横线、空格等构成的重复图案，图案中的短横线长度、空格大小是由线型比例控制的。绘图时常会遇到以下情况，本来想画虚线或点画线，但最终绘制出的线看上去和连续线一样，其原因是线型比例设置得太大或太小。

2.6.1 改变全局比例因子以修改线型外观

LTSCALE 用于控制线型的全局比例因子，它将影响图样中所有非连续线型的外观。其值增加时，非连续线中的短横线及空格加长；其值减小时，它们缩短。修改全局比例因子后，系统将重新生成图形，并使所有非连续线型发生变化。图 2-18 所示为使用不同全局比例因子时非连续线型的外观。

改变全局比例因子的方法如下。

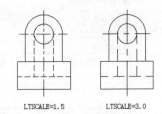

LTSCALE=1.5   LTSCALE=3.0

图2-18 不同全局比例因子对非连续线型外观的影响

1. 打开【特性】面板上的【线型控制】下拉列表，如图 2-19 所示。
2. 在此下拉列表中选择【其他】选项，打开【线型管理器】对话框，单击 显示细节(D) 按钮，该对话框底部出现【详细信息】分组框，如图 2-20 所示。

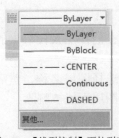

图2-19 【线型控制】下拉列表

图2-20 【线型管理器】对话框

3.　在【详细信息】分组框的【全局比例因子】文本框中输入新的比例值。

2.6.2　改变当前对象的线型比例

有时需要为不同的对象设置不同的线型比例，为此，就需单独控制对象的比例因子。当前对象的线型比例是由系统变量 CELTSCALE 来设定的，调整该值后新绘制的非连续线均会受到它的影响。

默认情况下，CELTSCALE=1，该因子与 LTSCALE 同时作用在线型对象上。例如，将 CELTSCALE 设置为 4、LTSCALE 设置为 0.5，那么系统最终显示线型时采用的缩放比例将为 2，即最终显示比例 =CELTSCALE × LTSCALE。图 2-21 所示的是 CELTSCALE 分别为 1 和 2 时虚线及中心线的外观。

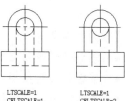

图2-21　设置当前对象的线型比例因子

设置当前线型比例因子的方法与设置全局比例因子类似，具体步骤参见 2.6.1 小节。该比例因子也是在【线型管理器】对话框中设定。用户可以在该对话框的【当前对象缩放比例】文本框中输入新的比例值。

2.7　习题

1.　创建图层、控制图层状态、将对象修改到其他图层上、改变对象的颜色及线型。

(1)　打开素材文件"dwg\第 2 章\2-3.dwg"。

(2)　创建以下图层。

- 轮廓线。
- 尺寸线。
- 中心线。

(3)　将图形的外轮廓线、对称轴线及尺寸标注分别修改到【轮廓线】【中心线】【尺寸线】图层上。

(4)　把尺寸标注及对称轴线修改为蓝色。

(5)　关闭或冻结【尺寸线】图层。

2.　修改图层名称、利用图层特性过滤器查找图层。

(1)　打开素材文件"dwg\第 2 章\2-4.dwg"。

(2)　找到图层【LIGHT】和【DIMENSIONS】，将图层名称分别改为"照明"和"尺寸标注"。

(3)　创建图层特性过滤器，利用该过滤器查找所有颜色为黄色的图层，然后将这些图层锁定，并将颜色修改为红色。

第3章 基本绘图与编辑（1）

【学习目标】

- 学会通过输入点的绝对坐标或相对坐标绘制线段的方法。
- 掌握结合对象捕捉、极轴追踪及对象捕捉追踪功能绘制线段的方法。
- 掌握修剪、打断线条及调整线条长度的方法。
- 熟练绘制平行线及任意角度的斜线。
- 能够绘制圆、切线及圆弧连接。
- 掌握移动及复制对象的方法。
- 学会如何倒圆角及倒角。

本章主要介绍绘制和编辑由线段、圆弧构成的平面图形的方法，并给出相应的平面绘图练习。

3.1 绘制线段的方法

本节主要介绍绘制线段、调整线条长度、修剪线条的方法。

3.1.1 输入点的坐标绘制线段

LINE 命令用于在二维空间或三维空间中创建线段。发出命令后，用户通过十字光标指定线段的端点或利用键盘输入端点坐标，系统就将这些点连接成线段。

常用的点坐标形式如下。

- 绝对直角坐标或相对直角坐标。绝对直角坐标的输入格式为 "X,Y"，相对直角坐标的输入格式为 "@X,Y"。X 表示点的 x 坐标值，Y 表示点的 y 坐标值，两坐标值之间用 "," 分隔开。例如，（–60,30）、（40,70）分别表示图 3-1 中的点 A、B。

- 绝对极坐标或相对极坐标。绝对极坐标的输入格式为 "R<α"，相对极坐标的输入格式为 "@R<α"。R 表示点到原点的距离，α表示极轴

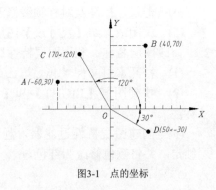

图3-1 点的坐标

方向与 x 轴正向之间的夹角。若从 x 轴正向逆时针旋转到极轴方向，则α角为正，否则α角为负。例如，（70<120）、（50<–30）分别表示图 3-1 中的点 C、D。

绘制线段时若只输入 "<α"，而不输入 "R"，则表示沿α角度方向绘制任意长度的线段，这种绘制线段的方式称为角度覆盖方式。

一、 命令启动方法

- 菜单命令：【绘图】/【直线】。
- 面板：【默认】选项卡中【绘图】面板上的 按钮。
- 命令：LINE（简写为 L）。

【练习3-1】： 图形左下角点的绝对坐标及图形尺寸如图 3-2 所示，下面使用 LINE 命令绘制此图形。

1. 设定绘图区域的大小为 80×80，该区域左下角点的坐标为（190,150），右上角点的相对坐标为（@80,80）。双击鼠标滚轮，使绘图区域充满整个绘图窗口。

2. 单击【绘图】面板上的 按钮（或输入命令 LINE），启动绘制线段命令。

```
命令：_line
指定第一个点：200,160                        //输入点 A 的绝对直角坐标
指定下一点或 [放弃(U)]：@66,0                 //输入点 B 的相对直角坐标
指定下一点或 [放弃(U)]：@0,48                 //输入点 C 的相对直角坐标
指定下一点或 [闭合(C)/放弃(U)]：@-40,0       //输入点 D 的相对直角坐标
指定下一点或 [闭合(C)/放弃(U)]：@0,-8        //输入点 E 的相对直角坐标
指定下一点或 [闭合(C)/放弃(U)]：@-17,0       //输入点 F 的相对直角坐标
指定下一点或 [闭合(C)/放弃(U)]：@26<-110     //输入点 G 的相对极坐标
指定下一点或 [闭合(C)/放弃(U)]：c            //使线框闭合
```

结果如图 3-3 所示。

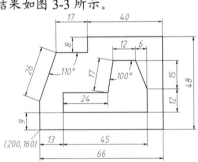

图3-2 输入点的坐标画线

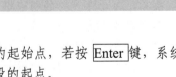

图3-3 绘制线段 AB、BC 等

3. 绘制图形的其余部分。

> **要点提示** 标注尺寸的方法将在第 8 章详细介绍，第 8 章以前涉及标注尺寸的操作，读者可以暂时忽略。

二、 命令选项

- 指定第一个点：在此提示下，用户需指定线段的起始点，若按 Enter 键，系统将以上一次所绘制线段或圆弧的终点作为新线段的起点。
- 指定下一点：在此提示下，输入线段的端点，按 Enter 键后，系统继续提示"指定下一点"，用户可以输入下一个端点。若在"指定下一点"提示下按 Enter 键，则命令结束。
- 放弃(U)：在"指定下一点"提示下，输入字母"U"，将删除上一条线段，多次输入"U"，则会删除多条线段。该选项可以及时纠正绘图过程中出现的错误。

- 闭合(C): 在 "指定下一点" 提示下, 输入字母 "C", 系统将使连续折线自动
  封闭。

3.1.2 使用对象捕捉精确绘制线段

使用 LINE 命令绘制线段的过程中, 可以启动对象捕捉功能, 以拾取一些特殊的几何点, 如端点、圆心、切点等。调用对象捕捉功能的方法有以下 3 种。

(1) 绘图过程中, 当系统提示输入一个点时, 单击捕捉按钮或直接输入捕捉代号启动对象捕捉功能, 将十字光标移动到要捕捉的特征点附近, 系统会自动捕捉该点。

(2) 利用快捷菜单。发出 AutoCAD 命令后, 按住 Shift 键并单击鼠标右键, 在弹出的快捷菜单中选择捕捉何种类型的点, 如图 3-4 所示。

(3) 前面所述的捕捉方式仅对当前操作有效, 命令结束后, 捕捉模式会自动关闭, 这种捕捉方式称为覆盖捕捉方式。除此之外, 还可以采用自动捕捉方式来定位点, 单击状态栏上的 按钮就可以打开此方式。单击此按钮右边的三角箭头, 弹出菜单, 如图 3-5 所示, 通过此菜单可以设定自动捕捉点的类型。

图3-4 【对象捕捉】快捷菜单

图3-5 菜单

常用对象捕捉方式的功能介绍如下。

- 【端点】: 捕捉线段、圆弧等几何对象的端点, 捕捉代号为 END。启动端点捕捉后, 将十字光标移动到目标点附近, 系统会自动捕捉该点, 单击确认。
- 【中点】: 捕捉线段、圆弧等几何对象的中点, 捕捉代号为 MID。启动中点捕捉后, 将十字光标的拾取框与线段、圆弧等几何对象相交, 系统会自动捕捉这些对象的中点, 单击确认。
- 【圆心】: 捕捉圆、圆弧、椭圆的中心点, 捕捉代号为 CEN。启动圆心捕捉后, 将十字光标的拾取框与圆弧、椭圆等几何对象相交, 系统会自动捕捉这些对象的中心点, 单击确认。

> **要点提示** 捕捉圆心时, 只有当十字光标与圆、圆弧相交时才有效。

- 【几何中心】: 捕捉封闭多段线 (如多边形等) 的形心。启动几何中心捕捉后, 将十字光标的拾取框与封闭多段线相交, 系统会自动捕捉该对象的形心,

单击确认。

- 【节点】：捕捉 POINT 命令创建的点对象，捕捉代号为 NOD。操作方法与端点捕捉类似。
- 【象限点】：捕捉圆、圆弧、椭圆在 0°、90°、180°、270° 处的点（象限点），捕捉代号为 QUA。启动象限点捕捉后，将十字光标的拾取框与圆弧、椭圆等几何对象相交，系统会显示出与拾取框最近的象限点，单击确认。
- 【交点】：捕捉几何对象间真实的或延伸的交点，捕捉代号为 INT。启动交点捕捉后，将十字光标移动到目标点附近，系统会自动捕捉该点，单击确认。若两个对象没有直接相交，可以先将十字光标的拾取框放在其中一个对象上，单击，然后把拾取框移到另一对象上再单击，系统会自动捕捉到两个对象延伸的交点。
- 【延伸】（延长线）：捕捉延伸点，捕捉代号为 EXT。把十字光标从几何对象的端点开始移动，此时系统沿该对象显示出捕捉辅助线及捕捉点的相对极坐标，如图 3-6 所示。输入捕捉距离后，系统定位一个新点。
- 【插入】：捕捉图块、文字等对象的插入点，捕捉代号为 INS。
- 【垂足】：绘制垂直的几何关系时，该捕捉方式让用户可以捕捉到对象的垂足，捕捉代号为 PER。启动垂足捕捉后，将十字光标的拾取框与线段、圆弧等几何对象相交，系统会自动捕捉垂足点，单击确认。
- 【切点】：绘制相切的几何关系时，该捕捉方式使用户可以捕捉到对象的切点，捕捉代号为 TAN。启动切点捕捉后，将十字光标的拾取框与圆弧、椭圆等几何对象相交，系统会显示出相切点，单击确认。
- 【最近点】：捕捉距离十字光标中心最近的几何对象上的点，捕捉代号为 NEA。操作方法与端点捕捉类似。
- 【外观交点】：在二维空间中与"交点"功能相同，该捕捉方式还可以在三维空间中捕捉两个对象的视图交点（投影视图中显示相交，但实际上并不一定相交），捕捉代号为 APP。
- 【平行】：平行捕捉，可以用于绘制平行线，命令简写为 PAR。如图 3-7 所示，使用 LINE 命令绘制线段 AB 的平行线 CD。发出 LINE 命令后，首先指定线段的起点 C，然后选择【平行】捕捉命令。移动十字光标到线段 AB 上，此时该线段上出现平行线符号，表示线段 AB 已被选定。再移动十字光标到要创建平行线的位置，此时系统显示出平行线，输入该线的长度，就绘制出平行线。
- 【临时追踪点】：打开自动追踪功能后，利用捕捉代号 TT 创建临时追踪参考点。
- 【自】（正交偏移捕捉）：该捕捉方式可以使用户相对于一个已知点定位另一点，捕捉代号为 FRO。下面的例子用来说明正交偏移捕捉的用法，已经绘制了一个矩形，现在想从点 B 开始绘制线段，点 B 与点 A 的关系如图 3-8 所示。

```
命令：_line                          //启动绘制线段命令
指定第一个点：_from                  //启动正交偏移捕捉
基点：_int                           //捕捉交点 A 作为偏移的基点
于<偏移>：@10,8                       //输入点 B 对于点 A 的相对坐标
指定下一点或 [放弃(U)]：              //拾取下一个端点
```

指定下一点或 [放弃(U)]:　　　　　　　　　　　//按 Enter 键结束

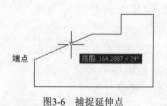

图3-6　捕捉延伸点

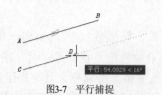

图3-7　平行捕捉

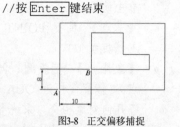

图3-8　正交偏移捕捉

要点提示　为简化说明，仅将 LINE 命令的部分选项罗列出来。这种讲解方式在后续的例题中也将采用。

- **【两点之间的中点】**：捕捉代号为 M2P。使用这种捕捉方式时，用户先指定两个点，系统将捕捉这两点连线的中点。
- **【点过滤器】**：提取点的 x 坐标值、y 坐标值及 z 坐标值，利用这些坐标值指定新的点。捕捉代号为 ".x" ".y" ".z" 等。

【练习3-2】：打开素材文件 "dwg\第 3 章\3-2.dwg"，如图 3-9 左图所示，使用 LINE 命令将左图修改为右图。

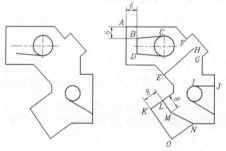

图3-9　捕捉几何点

1. 单击状态栏上的 按钮，打开自动捕捉方式，在此按钮上单击鼠标右键，弹出快捷菜单，选择【对象捕捉设置】命令，打开【草图设置】对话框，在【对象捕捉】选项卡中设置自动捕捉类型为【端点】【中点】【交点】，如图 3-10 所示。

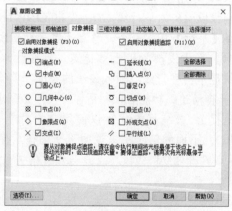

图3-10　【草图设置】对话框

2. 绘制线段 BC、BD。点 B 的位置用正交偏移捕捉确定。

命令: _line

指定第一个点：from	//输入正交偏移捕捉代号"from"，按 Enter 键
基点：	//将十字光标移动到点 A 处，系统自动捕捉该点，单击确认
<偏移>：@6,-6	//输入点 B 的相对坐标
指定下一点或 [放弃(U)]：tan 到	//输入切点捕捉代号"tan"并按 Enter 键，捕捉切点 C
指定下一点或 [放弃(U)]：	//按 Enter 键结束
命令：	
LINE	//重复命令
指定第一个点：	//自动捕捉端点 B
指定下一点或 [放弃(U)]：	//自动捕捉端点 D
指定下一点或 [放弃(U)]：	//按 Enter 键结束

3.　绘制线段 *EH*、*IJ*。

命令：_line	
指定第一个点：	//自动捕捉中点 E
指定下一点或 [放弃(U)]：m2p	//输入捕捉代号"m2p"，按 Enter 键
中点的第一点：	//自动捕捉端点 F
中点的第二点：	//自动捕捉端点 G
指定下一点或 [放弃(U)]：	//按 Enter 键结束
命令：	
LINE	//重复命令
指定第一个点：qua	//输入象限点捕捉代号"qua"
于	//捕捉象限点 I
指定下一点或 [放弃(U)]：per 到	//输入垂足捕捉代号"per"，捕捉垂足 J
指定下一点或 [放弃(U)]：	//按 Enter 键结束

4.　绘制线段 *LM*、*MN*。

命令：_line	
指定第一个点：EXT	//输入延伸点捕捉代号"ext"并按 Enter 键
于 8	//从点 K 开始沿线段进行追踪，输入点 L 与点 K 的距离
指定下一点或 [放弃(U)]：PAR	//输入平行偏移捕捉代号"par"并按 Enter 键
到 8	//将十字光标从线段 KO 处移动到线段 LM 处，再输入线段 LM 的长度
指定下一点或 [放弃(U)]：	//自动捕捉端点 N
指定下一点或 [闭合(C)/放弃(U)]：	//按 Enter 键结束

结果如图 3-9 右图所示。

3.1.3　利用正交模式辅助绘制线段

单击状态栏上的 按钮，打开正交模式。在正交模式下，十字光标只能沿水平或竖直方向移动。绘制线段时若打开该模式，则只需输入线段的长度，系统会自动绘制出水平或竖直线段。

调整水平或竖直方向线段的长度时，可以利用正交模式限制十字光标的移动方向。选择线段，线段上出现关键点（实心矩形点），选中端点处的关键点后，移动十字光标，系统就沿水平或竖直方向改变线段的长度。

3.1.4 结合对象捕捉、极轴追踪及对象捕捉追踪功能绘制线段

首先简要说明 AutoCAD 极轴追踪及对象捕捉追踪功能，然后通过练习掌握它们。

一、 极轴追踪

打开极轴追踪功能并执行 LINE 命令后，十字光标会沿用户设定的极轴方向移动，系统在该方向上显示一条追踪辅助线及光标点的极坐标值，如图 3-11 所示。输入线段的长度后，按 Enter 键，系统会自动绘制出指定长度的线段。

二、 对象捕捉追踪

对象捕捉追踪是指系统从一点开始自动沿某方向进行追踪，在追踪方向上将显示一条追踪辅助线及光标点的极坐标值。输入追踪距离，按 Enter 键，就可以确定新的点。在使用对象捕捉追踪功能时，必须打开对象捕捉功能。系统首先捕捉一个几何点作为追踪参考点，然后沿水平方向、竖直方向或设定的极轴方向自动进行追踪，如图 3-12 所示。

图3-11 极轴追踪　　　　　　　　　　　　　图3-12 对象捕捉追踪

【练习3-3】： 打开素材文件"dwg\第 3 章\3-3.dwg"，如图 3-13 左图所示，使用 LINE 命令并结合极轴追踪、对象捕捉及对象捕捉追踪功能将左图修改为右图。

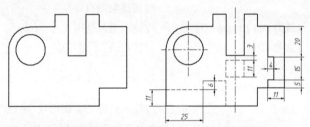

图3-13 利用极轴追踪、对象捕捉及对象捕捉追踪功能绘制线段

1. 打开对象捕捉功能，设置自动捕捉类型为【端点】【中点】【圆心】【交点】，再设定线型全局比例因子为【0.2】。
2. 在状态栏的 按钮上单击鼠标右键，在弹出的快捷菜单中选择【正在追踪设置】命令，打开【草图设置】对话框，进入【极轴追踪】选项卡，在【增量角】下拉列表中设定极轴增量角为【90】，如图 3-14 所示。此后，若用户打开极轴追踪功能绘制线段，则十字光标将自动沿 0°、90°、180° 及 270° 方向进行追踪，再输入线段的长度，系统就在该方向上绘制线段。最后单击 确定 按钮，关闭【草图设置】对话框。
3. 单击状态栏上的 、 及 按钮，打开极轴追踪、对象捕捉及对象捕捉追踪功能。
4. 切换到轮廓线图层，绘制线段 *BC*、*EF* 等，如图 3-15 所示。

```
命令: _line
指定第一个点:                      //从中点 A 向上追踪到点 B
指定下一点或 [放弃(U)]:            //从点 B 向下追踪到点 C
指定下一点或 [放弃(U)]:            //按 Enter 键结束
```

命令：

LINE   //重复命令

指定第一个点：11   //从点 D 向上追踪并输入追踪距离

指定下一点或 [放弃(U)]：25   //从点 E 向右追踪并输入追踪距离

指定下一点或 [放弃(U)]：6   //从点 F 向上追踪并输入追踪距离

指定下一点或 [闭合(C)/放弃(U)]：   //从点 G 向右追踪并以点 I 为追踪参考点确定点 H

指定下一点或 [闭合(C)/放弃(U)]：   //从点 H 向下追踪并捕捉交点 J

指定下一点或 [闭合(C)/放弃(U)]：   //按 Enter 键结束

结果如图 3-15 所示。

图3-14　【草图设置】对话框

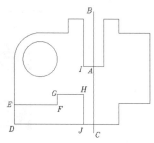

图3-15　绘制线段 *BC*、*EF* 等

5. 绘制图形的其余部分，然后修改某些对象所在的图层。

3.1.5　利用动态输入及动态提示功能绘制线段

单击状态栏上的≡按钮，在弹出的菜单中选择【动态输入】命令，状态栏上显示 按钮。单击该按钮，打开动态输入及动态提示功能。此时，若启动 AutoCAD 命令，则系统将在十字光标附近显示命令提示信息、光标点的坐标值，以及线段的长度和角度等。用户可以直接在信息栏中选择命令选项或输入新坐标值、线段长度、段角度等参数。

一、动态输入

动态输入包含以下两项功能。

- 指针输入：十字光标附近的信息栏中显示点的坐标值。默认情况下，第一点显示为绝对直角坐标，第二点及后续点显示为相对极坐标。用户可以在信息栏中输入新坐标来定位点。输入坐标时，先在第一个框中输入数值，再按 Tab 键进入下一个框中继续输入数值。每次切换坐标框时，前一个框中的数值将被锁定，框中显示 图标。

- 标注输入：在十字光标附近显示线段的长度及角度，按 Tab 键可以在长度值及角度值之间切换，并可以输入新的长度值及角度值。

二、动态提示

十字光标附近会显示命令提示信息，用户可以直接在信息栏（而不是在命令行）中输入所需的命令参数。若命令中包含多个选项，信息栏中将出现 图标，单击该图标，弹出菜单，菜单上显示命令所包含的所有选项，选择其中之一就执行相应的功能。

【练习3-4】：　打开动态输入及动态提示功能，使用 LINE 命令绘制图 3-16 所示的图形。

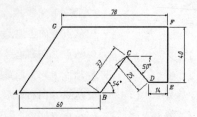

图3-16　利用动态输入及动态提示功能绘制线段

1.　用鼠标右键单击状态栏上的 按钮，弹出快捷菜单，选择【动态输入设置】命令，打开【草图设置】对话框。进入【动态输入】选项卡，勾选【启用指针输入】【可能时启用标注输入】【在十字光标附近显示命令提示和命令输入】复选框，如图 3-17 所示。

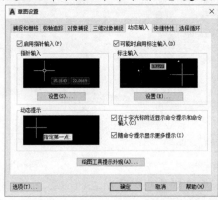

图3-17　【草图设置】对话框

2.　单击 按钮，打开动态输入及动态提示功能。执行 LINE 命令，系统提示如下。

```
命令：_line
指定第一个点：260,120              //输入点 A 的 x 坐标值
                                  //按 Tab 键，输入点 A 的 y 坐标值，按 Enter 键
指定下一点或 [放弃(U)]：0          //输入线段 AB 的长度 60
                                  //按 Tab 键，输入线段 AB 的角度 0°，按 Enter 键
指定下一点或 [放弃(U)]：54         //输入线段 BC 的长度 33
                                  //按 Tab 键，输入线段 BC 的角度 54°，按 Enter 键
指定下一点或 [闭合(C)/放弃(U)]：50 //输入线段 CD 的长度 25
                                  //按 Tab 键，输入线段 CD 的角度 50°，按 Enter 键
指定下一点或 [闭合(C)/放弃(U)]：0  //输入线段 DE 的长度 14
                                  //按 Tab 键，输入线段 DE 的角度 0°，按 Enter 键
指定下一点或 [闭合(C)/放弃(U)]：90 //输入线段 EF 的长度 40
                                  //按 Tab 键，输入线段 EF 的角度 90°，按 Enter 键
指定下一点或 [闭合(C)/放弃(U)]：180    //输入线段 FG 的长度 78
                                  //按 Tab 键，输入线段 FG 的角度 180°，按 Enter 键
指定下一点或 [闭合(C)/放弃(U)]：c  //按 ↓ 键，选择"闭合(C)"选项
```

结果如图 3-16 所示。

3.1.6 调整线条长度

调整线条长度，可以采取以下 3 种方法。

(1) 打开极轴追踪或正交模式，选择线段，线段上出现关键点（实心矩形点），选中端点处的关键点后，移动十字光标，系统就会沿水平或竖直方向改变线段的长度。

(2) 选择线段，线段上出现关键点（实心矩形点），将十字光标悬停在端点处的关键点上，弹出菜单，选择【拉长】命令并移动十字光标调整线段的长度。操作时，也可以直接输入数值以改变线段长度。

(3) LENGTHEN 命令可以用于测量对象的尺寸，也可以一次性改变线段、圆弧、椭圆弧等多个对象的长度。使用此命令时，经常使用的选项是"动态(DY)"，即直接拖动对象来改变其长度。此外，也可以利用"增量(DE)"选项按指定值编辑线段的长度，或者通过"总计(T)"选项设定对象的总长度。

一、 命令启动方法

- 菜单命令：【修改】/【拉长】。
- 面板：【默认】选项卡中【修改】面板上的 ✏ 按钮。
- 命令：LENGTHEN（简写为 LEN）。

【练习3-5】： 打开素材文件"dwg\第 3 章\3-5.dwg"，如图 3-18 左图所示，使用 LENGTHEN 等命令将左图修改为右图。

1. 使用 LENGTHEN 命令调整线段 *A*、*B* 的长度，如图 3-19 左图所示。

   命令：_lengthen
   选择要测量的对象或 [增量(DE)/百分比(P)/总计(T)/动态(DY)] <总计(T)>: dy
   　　　　　　　　　　　　　　　　//选择"动态(DY)"选项
   选择要修改的对象或 [放弃(U)]: 　　//在线段 *A* 的上端选中对象
   指定新端点: 　　　　　　　　　　//向下移动十字光标，单击一点
   选择要修改的对象或 [放弃(U)]: 　　//在线段 *B* 的上端选中对象
   指定新端点: 　　　　　　　　　　//向下移动十字光标，单击一点
   选择要修改的对象或 [放弃(U)]: 　　//按 Enter 键结束

   结果如图 3-19 右图所示。

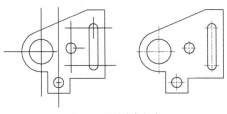

图3-18 调整线条长度

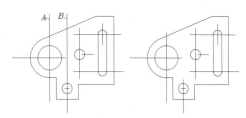

图3-19 调整线段 *A*、*B* 的长度

2. 使用 LENGTHEN 命令调整其他定位线的长度，然后将定位线修改到中心线图层上。

二、 命令选项

- 选择要测量的对象：显示对象的长度。
- 增量(DE)：以指定的增量值改变线段或圆弧的长度。对于圆弧，还可以通过

设定角度增量来改变其长度。

- 百分比(P)：以对象总长度的百分比形式改变对象的长度。
- 总计(T)：通过指定线段或圆弧的新长度来改变对象总长。
- 动态(DY)：拖动十字光标就可以动态地改变对象长度。

3.1.7　修剪线条

使用 TRIM 命令可将多余线条修剪掉，该命令目前提供了以下两种使用模式。

(1) 标准模式。启动命令后，用户首先指定一个或几个对象作为剪切边（可以想象为剪刀），然后选择被修剪的部分。剪切边可以是线段、圆弧、样条曲线等对象，剪切边本身也可作为被修剪的对象。

(2) 快速模式。启动该命令后，用户直接点选要修剪的对象，或者通过单击两点绘制线段、拖动光标绘制线段来选择剪裁对象。

除修剪功能外，TRIM 命令也可将某个剪切边延伸到另一剪切边。按住 Shift 键进行操作就可以实现这一功能。

一、　命令启动方法

- 菜单命令：【修改】/【修剪】。
- 面板：【默认】选项卡中【修改】面板上的 按钮。
- 命令：TRIM 或简写 TR。

【练习3-6】：　练习 TRIM 命令的使用。

1. 打开素材文件 "dwg\第 3 章\3-6.dwg"，如图 3-20 左图所示，使用 TRIM 命令将左图修改为右图。
2. 单击【修改】面板上的 按钮，启动修剪命令。利用快速模式直接选择要裁剪的对象，修剪结果如图 3-21 左图所示。
3. 切换到标准模式，假想将线段 *A*、*B*、*C*、*D* 延长后修剪对象。

```
命令：_trim
当前设置：投影=UCS,边=无,模式=快速
选择要修剪的对象，或按住 Shift 键选择要延伸的对象或
[剪切边(T)/窗交(C)/模式(O)/投影(P)/删除(R)]：O        //选择"模式(O)"选项
输入修剪模式选项 [快速(Q)/标准(S)] <快速(Q)>：S        //选择"标准(S)"选项
选择要修剪的对象
[剪切边(T)/栏选(F)/窗交(C)/模式(O)/投影(P)/边(E)/删除(R)/放弃(U)]：E
                                                     //选择"边(E)"选项
输入隐含边延伸模式 [延伸(E)/不延伸(N)] <不延伸>：E     //选择"延伸(E)"选项
选择要修剪的对象：                         //选择要修剪的对象
选择要修剪的对象：                   //按 Enter 键结束
```

结果如图 3-21 右图所示。

为简化说明，仅将 TRIM 命令与当前操作相关的提示信息罗列出来，而将其他信息省略，这种讲解方式在后续的例题中也将采用。

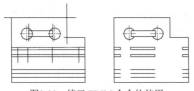

图3-20　练习 TRIM 命令的使用

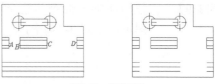

图3-21　修剪对象

二、 命令选项

- 按住 Shift 键选择要延伸的对象：将选定的对象延伸至剪切边。
- 栏选(F)：绘制连续折线，与折线相交的对象被修剪。
- 窗交(C)：利用交叉框选择对象。
- 投影(P)：可以使用户指定执行修剪的空间。例如，三维空间中的两条线段呈交叉关系，用户可以利用该选项假想将其投影到某一平面上再执行修剪操作。
- 边(E)：如果剪切边太短，没有与被修剪的对象相交，就利用此选项假想将剪切边延长，然后执行修剪操作。
- 删除(R)：不退出 TRIM 命令就能删除选定的对象。
- 放弃(U)：若修剪有误，可以输入字母 "U"，撤销修剪。

3.1.8　上机练习——绘制线段的方法

【练习3-7】：　输入相对坐标及利用对象捕捉功能绘制线段，如图 3-22 所示。

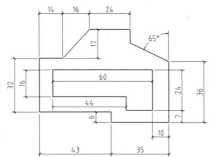

图3-22　使用相对坐标及对象捕捉功能绘制线段

【练习3-8】：　输入点的坐标及利用极轴追踪、对象捕捉及对象捕捉追踪功能绘制线段，如图 3-23 所示。

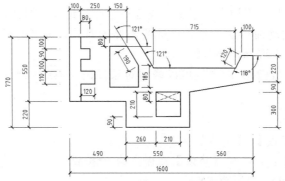

图3-23　输入坐标及利用辅助工具绘制线段

【练习3-9】： 使用 LINE 命令并结合极轴追踪、对象捕捉及对象捕捉追踪功能绘制平面图形，如图 3-24 所示。

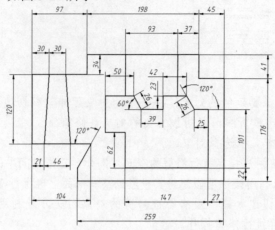

图3-24 利用极轴追踪、对象捕捉追踪等功能绘图

主要作图步骤如图 3-25 所示。

图3-25 主要作图步骤

3.2 延伸、打断线条

下面介绍延伸线条、打断线条的方法。

3.2.1 延伸线条

使用 EXTEND 命令可以将线段、曲线等对象延伸到一个边界对象，使其与边界对象相交。该命令目前提供了以下两种使用模式。

（1）标准模式。启动命令后，首先指定一个或几个对象作为边界边，然后选择要延伸的对象。延伸后，对象与边界边直接相交，或者与边界的延长线相交。

（2）快速模式。启动命令后，直接点选要延伸的对象，或者通过单击两点绘制线段、拖动十字光标绘制线段来选择延伸对象。

除延伸功能外，EXTEND 命令也可以修剪对象。按住 Shift 键进行操作就可以实现这一功能。

一、 命令启动方法

- 菜单命令：【修改】/【延伸】。
- 面板：【默认】选项卡中【修改】面板上的 ➡ 按钮。
- 命令：EXTEND（简写为 EX）。

【练习3-10】：　练习 EXTEND 命令的使用。

1. 打开素材文件 "dwg\第 3 章\3-10.dwg"，如图 3-26 左图所示，使用 EXTEND 命令将左图修改为右图。
2. 单击【修改】面板上的 ➞ 按钮，启动延伸命令。利用快速模式延伸及修剪对象，结果如图 3-27 左图所示。
3. 切换到标准模式，使对象 A、B、C、D 延伸后与边界的延长线相交，如图 3-27 右图所示。

```
命令: _extend
当前设置: 投影=UCS,边=无,模式=快速
选择要延伸的对象, 或按住 Shift 键选择要修剪的对象或
[边界边(B)/窗交(C)/模式(O)/投影(P)]: O           //选择 "模式(O)" 选项
输入延伸模式选项 [快速(Q)/标准(S)] <快速(Q)>: S    //选择 "标准(S)" 选项
选择要延伸的对象, 或按住 Shift 键选择要修剪的对象或
 [边界边(B)/栏选(F)/窗交(C)/模式(O)/投影(P)/边(E)/放弃(U)]: E
                                            //选择 "边(E)" 选项
输入隐含边延伸模式 [延伸(E)/不延伸(N)] <不延伸>: E   //选择 "延伸(E)" 选项
选择要延伸的对象:                            //在延伸端处选择对象 A、B、C、D
选择要延伸的对象:                            //按 Enter 键结束
```

结果如图 3-27 右图所示。

图3-26　练习 EXTEND 命令的使用

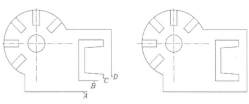
图3-27　延伸及修剪线条

二、命令选项

- 按住 Shift 键选择要修剪的对象：将选择的边界对象修剪到边界边而不是将其延伸。
- 栏选(F)：用户绘制连续折线，与折线相交的对象被延伸。
- 窗交(C)：利用交叉框选择对象。
- 投影(P)：该选项使用户可以指定延伸操作的空间。对于二维绘图来说，延伸操作是在当前用户坐标平面（xy 平面）内进行的。在三维空间作图时，用户可以通过该选项将两个交叉对象投影到 xy 平面或当前视图平面内执行延伸操作。
- 边(E)：当边界边太短且延伸对象后不能与其直接相交时，就打开该选项，此时系统假想将边界边延长，然后延伸线条到边界边。
- 放弃(U)：取消上一次的操作。

3.2.2　打断线条

BREAK 命令可以删除对象的一部分，常用于打断线段、圆、圆弧及椭圆等。此命令既

可以在一个点处打断对象，也可以在指定的两点之间打断对象。

一、 命令启动方法

- 菜单命令：【修改】/【打断】。
- 面板：【默认】选项卡中【修改】面板上的 按钮。
- 命令：BREAK（简写为 BR）。

【练习3-11】： 打开素材文件"dwg\第 3 章\3-11.dwg"，如图 3-28 左图所示，使用 BREAK
等命令将左图修改为右图。

1. 使用 BREAK 命令打断线条，如图 3-29 左图所示。

        命令：_break
        选择对象：   //在点 A 处选择对象，如图 3-29 左图所示
        指定第二个打断点 或 [第一点(F)]： //在点 B 处选择对象
        命令：
        BREAK   //重复命令
        选择对象：   //在点 C 处选择对象
        指定第二个打断点 或 [第一点(F)]： //在点 D 处选择对象
        命令：
        BREAK   //重复命令
        选择对象：   //选择线段 E
        指定第二个打断点 或 [第一点(F)]：f //选择"第一点(F)"选项
        指定第一个打断点：int 于   //捕捉交点 F
        指定第二个打断点：@   //输入相对坐标符号，按 Enter 键，在同一点处打断对象

将线段 E 修改到虚线图层上，结果如图 3-29 右图所示。

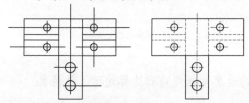

图3-28 打断线条

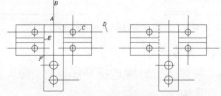

图3-29 打断线条及改变对象所在的图层

2. 使用 BREAK 等命令修改图形的其他部分。

二、 命令选项

- 指定第二个打断点：在对象上选择第二点后，系统将第一个打断点与第二个
  打断点之间的部分删除。
- 第一点(F)：该选项使用户可以重新指定第一个打断点。设定第一个打断点
  后，再输入"@"符号表明第二个打断点与第一个打断点重合。

3.2.3 上机练习——绘制小住宅立面图

绘制图 3-30 所示的小住宅立面图，该立面图由水平线段、竖直线段及倾斜线段构成。
启动 LINE 命令，通过输入点的坐标及利用对象捕捉、极轴追踪和对象捕捉追踪等功能绘制
线段。

【练习3-12】：　绘制小住宅立面图，如图 3-30 所示。

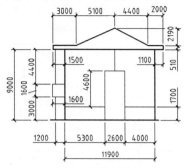

图3-30　小住宅立面图

1. 打开极轴追踪、对象捕捉及对象捕捉追踪功能。设置极轴追踪增量角为【90】，设定对象捕捉方式为【端点】【交点】，设置仅沿正交方向进行对象捕捉追踪。
2. 设定绘图窗口的高度。绘制一条竖直线段，线段长度为 20000。双击鼠标滚轮，使线段充满整个绘图窗口。
3. 使用 LINE 命令，通过输入线段长度绘制线段 AB、CD 等，结果如图 3-31 所示。
4. 利用绘制线段辅助工具绘制线段 KL、LM 等，结果如图 3-32 所示。
5. 使用类似的方法绘制其余线段，结果如图 3-33 所示。

图3-31　绘制线段 AB、CD 等

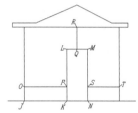

图3-32　绘制线段 KL、LM 等

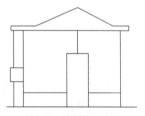

图3-33　绘制其余线段

3.3　绘制平行线

绘制已知线段的平行线，一般采取以下两种方法。

(1) 使用 OFFSET 命令绘制平行线。

(2) 利用平行捕捉"PAR"绘制平行线。

3.3.1　使用 OFFSET 命令绘制平行线

使用 OFFSET 命令可以将对象偏移指定的距离，创建一个与源对象类似的新对象。使用该命令时，用户可以通过两种方式创建平行对象，一种是直接输入平行线之间的距离，另一种是指定新平行线通过的点。

一、　命令启动方法

* 菜单命令:【修改】/【偏移】。
* 面板:【默认】选项卡中【修改】面板上的 ⊂ 按钮。
* 命令: OFFSET（简写为 O）。

【练习3-13】：　打开素材文件"dwg\第 3 章\3-13.dwg"，如图 3-34 左图所示，使用

OFFSET、EXTEND、TRIM 等命令将左图修改为右图。

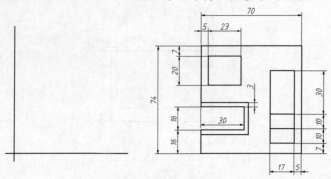

图3-34　绘制平行线

1. 使用 OFFSET 命令偏移线段 *A*、*B*，得到平行线 *C*、*D*，如图 3-35 所示。

```
命令: _offset
指定偏移距离或 [通过(T)/删除(E)/图层(L)] <10.0000>: 70
                                            //输入偏移距离

选择要偏移的对象，或 [退出(E)/放弃(U)] <退出>:　//选择线段 A
指定要偏移的那一侧上的点，或 [退出(E)/多个(M)/放弃(U)] <退出>:
                                            //在线段 A 的右边单击一点
选择要偏移的对象，或 [退出(E)/放弃(U)] <退出>:　//按 Enter 键结束
命令:
OFFSET                                      //重复命令
指定偏移距离或 <70.0000>: 74                 //输入偏移距离
选择要偏移的对象，或 <退出>:                 //选择线段 B
指定要偏移的那一侧上的点:                    //在线段 B 的上边单击一点
选择要偏移的对象，或 <退出>:                 //按 Enter 键结束
```

结果如图 3-35 左图所示。使用 TRIM 命令修剪多余线条，结果如图 3-35 右图所示。

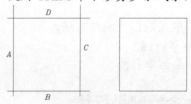

图3-35　绘制平行线及修剪多余线条

2. 使用 OFFSET、EXTEND 及 TRIM 命令绘制图形的其余部分。

二、　命令选项

- 通过(T): 指定通过的点来创建新的偏移对象。
- 删除(E): 偏移源对象后将其删除。
- 图层(L): 将偏移后的新对象放置在当前图层或源对象所在的图层上。
- 多个(M): 在要偏移的一侧单击多次，可创建多个等距对象。

3.3.2　利用平行捕捉"PAR"绘制平行线

过某点作已知线段的平行线，可以利用平行捕捉"PAR"，使用这种绘制平行线的方式可以很方便地绘制倾斜位置的图形结构。

【练习3-14】： 平行捕捉方式的应用。

打开素材文件"dwg\第 3 章\3-14.dwg"，如图 3-36 左图所示，使用 LINE 命令并结合平行捕捉"PAR"将左图修改为右图。

```
命令: _line
指定第一个点: ext                    //利用"ext"捕捉点 C，如图 3-36 右图所示
于 10                                //输入点 C 与点 B 之间的距离
指定下一点或 [放弃(U)]: par           //利用"par"绘制线段 AB 的平行线 CD
到 15                                //输入线段 CD 的长度
指定下一点或 [放弃(U)]: par           //利用"par"绘制平行线 DE
到 30                                //输入线段 DE 的长度
指定下一点或 [闭合(C)/放弃(U)]: per 到  //利用"per"绘制垂线 EF
指定下一点或 [闭合(C)/放弃(U)]:        //按 Enter 键结束
```

结果如图 3-36 右图所示。

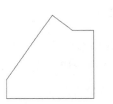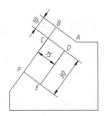

图3-36　利用平行捕捉"PAR"绘制平行线

3.3.3　上机练习——使用 OFFSET、TRIM 命令构图

【练习3-15】： 使用 LINE、OFFSET、TRIM 等命令绘制平面图形，如图 3-37 所示。

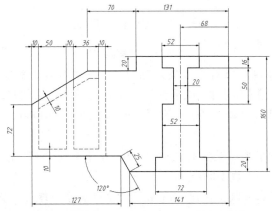

图3-37　使用 LINE、OFFSET、TRIM 等命令绘图

主要作图步骤如图 3-38 所示。

图3-38　主要作图步骤

【练习3-16】：使用 OFFSET、EXTEND、TRIM 等命令绘制平面图形，如图 3-39 所示。

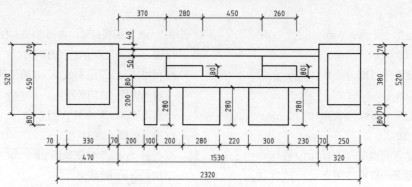

图3-39　使用 OFFSET、EXTEND、TRIM 等命令绘图

3.3.4　上机练习——绘制建筑立面图

绘制图 3-40 所示的建筑立面图，该立面图由水平线段、竖直线段及倾斜线段构成。首先绘制作图基准线，然后使用 OFFSET 和 TRIM 命令快速生成图形。

【练习3-17】：使用 LINE、OFFSET、TRIM 命令绘制建筑立面图，如图 3-40 所示。

图3-40　绘制建筑立面图

1. 打开极轴追踪、对象捕捉及对象捕捉追踪功能。设置极轴追踪增量角为【90】，设定对象捕捉方式为【端点】【交点】，设置仅沿正交方向进行对象捕捉追踪。

2. 设定绘图窗口的高度。绘制一条竖直线段，线段长度为 30000。双击鼠标滚轮，使线段充满整个绘图窗口。

3. 使用 LINE 命令绘制水平及竖直的线段 *A*、*B*，结果如图 3-41 所示。线段 *A* 的长度约为 20000，线段 *B* 的长度约为 10000。

4. 以线段 *A*、*B* 为作图基准线，使用 OFFSET 命令绘制平行线 *C*、*D*、*E*、*F* 等，结果如图 3-42 左图所示。

   向右偏移线段 *B* 至 *C*，偏移距离为 4800。

向右偏移线段 C 至 D，偏移距离为 5600。
向右偏移线段 D 至 E，偏移距离为 7000。
向上偏移线段 A 至 F，偏移距离为 3600。
向上偏移线段 F 至 G，偏移距离为 3600。
修剪多余线条，结果如图 3-42 右图所示。

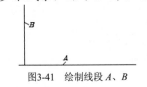

图3-41　绘制线段 A、B

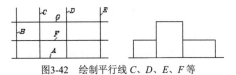

图3-42　绘制平行线 C、D、E、F 等

5. 利用偏移捕捉及输入相对坐标的方法绘制两条倾斜作图基准线，结果如图 3-43 所示。
6. 使用 OFFSET、TRIM 等命令绘制图形细节，结果如图 3-44 所示。

图3-43　绘制两条倾斜作图基准线

图3-44　绘制图形细节

7. 使用同样的方法绘制图形的其余细节。

3.4 绘制垂线、斜线及切线

工程设计中经常要绘制某条线段的垂线、与已知线段形成某一夹角的斜线或与圆弧相切的切线。下面介绍垂线、斜线及切线的绘制方法。

3.4.1 利用垂足捕捉"PER"绘制垂线

若是过线段外的一点 A 作已知线段 BC 的垂线 AD，则可以使用 LINE 命令并结合垂足捕捉"PER"绘制该条垂线，如图 3-45 所示。绘制完成后，可以使用移动命令并结合延伸点捕捉"EXT"将垂线移动到指定的位置。

【练习3-18】：利用垂足捕捉"PER"绘制垂线。

```
命令: _line
指定第一个点:                      //拾取点 A，如图 3-45 所示
指定下一点或 [放弃(U)]: per 到      //利用"per"捕捉垂足 D
指定下一点或 [放弃(U)]:             //按 Enter 键结束
```

结果如图 3-45 所示。

图3-45　绘制垂线

3.4.2 利用角度覆盖方式绘制垂线及斜线

可以使用 LINE 命令沿指定方向绘制任意长度的线段。启动该命令，在系统的输入提示下输入"<"及角度，该角度表明了绘制线的方向，系统将把十字光标锁定在此方向上。移动十字光标，线段的长度就会发生变化，获取适当长度后，单击结束，这种绘制线段的方式

称为角度覆盖。

【练习3-19】：绘制垂线及斜线。

打开素材文件"dwg\第 3 章\3-19.dwg"，如图 3-46 所示，利用角度覆盖方式绘制垂线 *BC* 和斜线 *DE*。

```
命令：_line
指定第一个点：ext              //使用延伸捕捉"ext"
于 20                         //输入点 B 与点 A 之间的距离
指定下一点或 [放弃(U)]：<120   //指定线段 BC 的方向
指定下一点或 [放弃(U)]：       //在点 C 处单击一点
指定下一点或 [放弃(U)]：       //按 Enter 键结束
命令：
LINE                         //重复命令
指定第一个点：ext              //使用延伸捕捉"ext"
于 50                        //输入点 D 与点 A 之间的距离
指定下一点或 [放弃(U)]：<130   //指定线段 DE 的方向
指定下一点或 [放弃(U)]：       //在点 E 处单击一点
指定下一点或 [放弃(U)]：       //按 Enter 键结束
```

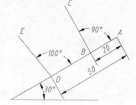

图3-46　绘制垂线及斜线

结果如图 3-46 所示。

3.4.3　使用 XLINE 命令绘制任意角度的斜线

XLINE 命令可以绘制无限长的构造线，利用它能直接绘制出任意方向的直线。作图过程中，采用此命令绘制定位线或绘图辅助线是很方便的。

一、命令启动方法

- 菜单命令:【绘图】/【构造线】。
- 面板:【默认】选项卡中【绘图】面板上的 按钮。
- 命令: XLINE（简写为 XL）。

【练习3-20】：打开素材文件"dwg\第 3 章\3-20.dwg"，如图 3-47 左图所示，使用 LINE、XLINE、TRIM 等命令将左图修改为右图。

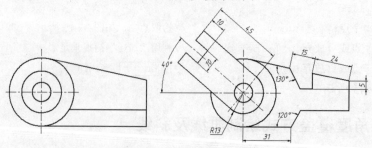

图3-47　绘制任意角度的斜线

1.　使用 XLINE 命令绘制直线 *G*、*H*、*I*，使用 LINE 命令绘制斜线 *J*，如图 3-48 左图所示。

```
命令：_xline
指定点或 [水平(H)/垂直(V)/角度(A)/二等分(B)/偏移(O)]：v
```

	//选择"垂直(V)"选项
指定通过点：ext	//捕捉延伸点 B
于 24	//输入点 B 与点 A 之间的距离
指定通过点：	//按 Enter 键结束
命令：	//重复命令
XLINE 指定点或 [水平(H)/垂直(V)/角度(A)/二等分(B)/偏移(O)]：h	
	//选择"水平(H)"选项
指定通过点：ext	//捕捉延伸点 C
于 5	//输入点 C 与点 A 之间的距离
指定通过点：	//按 Enter 键结束
命令：	//重复命令
XLINE	
指定点或 [水平(H)/垂直(V)/角度(A)/二等分(B)/偏移(O)]：a	
	//选择"角度(A)"选项
输入构造线的角度 (0) 或 [参照(R)]： r	//选择"参照(R)"选项
选择直线对象：	//选择线段 AB
输入构造线的角度 <0>：130	//输入构造线与线段 AB 之间的夹角
指定通过点：ext	//捕捉延伸点 D
于 39	//输入点 D 与点 A 之间的距离
指定通过点：	//按 Enter 键结束
命令：_line	//启动直线命令
指定第一个点：ext	//捕捉延伸点 F
于 31	//输入点 F 与点 E 之间的距离
指定下一点或 [放弃(U)]：<60	//设定绘制倾斜线段的角度
指定下一点或 [放弃(U)]：	//沿 60°方向移动十字光标
指定下一点或 [放弃(U)]：	//单击一点结束

结果如图 3-48 左图所示。修剪多余线条，结果如图 3-48 右图所示。

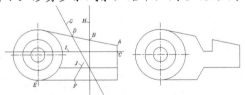

图3-48　绘制斜线及修剪线条

2. 使用 XLINE、OFFSET、TRIM 等命令绘制图形的其余部分。

二、 命令选项

- 水平(H)：绘制水平方向的直线。
- 垂直(V)：绘制竖直方向的直线。
- 角度(A)：通过某点绘制一条与已知直线成一定角度的直线。
- 二等分(B)：绘制一条平分已知角度的直线。
- 偏移(O)：可以直接输入偏移距离来绘制平行线，或者通过指定直线要通过的点来创建新的平行线。

3.4.4 绘制切线

绘制圆的切线的情况一般有以下两种。

(1) 过圆外一点绘制圆的切线。

(2) 绘制两个圆的公切线。

用户可以使用 LINE 命令并结合切点捕捉"TAN"来绘制切线。此外,还有一种切线形式是沿指定的方向与圆或圆弧相切,可以使用 LINE 和 OFFSET 命令来绘制。

【练习3-21】: 绘制圆的切线。

打开素材文件"dwg\第 3 章\3-21.dwg",如图 3-49 左图所示,使用 LINE 命令将左图修改为右图。

命令: _line	
指定第一个点: end	
于	//捕捉端点 *A*,如图 3-49 右图所示
指定下一点或 [放弃(U)]: tan	//启动切点捕捉
到	//捕捉切点 *B*
指定下一点或 [放弃(U)]:	//按 Enter 键结束
命令:	
LINE	//重复命令
指定第一个点: end	//启动端点捕捉
于	//捕捉端点 *C*
指定下一点或 [放弃(U)]: tan	//启动切点捕捉
到	//捕捉切点 *D*
指定下一点或 [放弃(U)]:	//按 Enter 键结束
命令:	
LINE	//重复命令
指定第一个点: tan	//启动切点捕捉
到	//捕捉切点 *E*
指定下一点或[放弃(U)]:tan	//启动切点捕捉
到	//捕捉切点 *F*
指定下一点或 [放弃(U)]:	//按 Enter 键结束
命令:	
LINE	//重复命令
指定第一个点: tan	//启动切点捕捉
到	//捕捉切点 *G*
指定下一点或[放弃(U)]:tan	//启动切点捕捉
到	//捕捉切点 *H*
指定下一点或 [放弃(U)]:	//按 Enter 键结束

结果如图 3-49 右图所示。

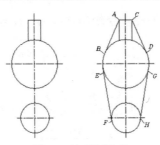

图3-49　绘制圆的切线

3.4.5　上机练习——绘制斜线、切线及垂线

【**练习3-22**】：打开素材文件"dwg\第 3 章\3-22.dwg"，如图 3-50 左图所示，下面将左图修改为右图。

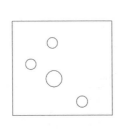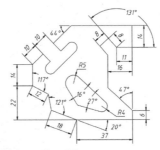

图3-50　绘制斜线、切线及垂线

1. 打开极轴追踪、对象捕捉及对象捕捉追踪功能。设置极轴追踪增量角为【90】，设定对象捕捉方式为【端点】【交点】，设置仅沿正交方向进行对象捕捉追踪。

2. 使用 LINE 命令绘制线段 *BC*，使用 XLINE 命令绘制斜线，结果如图 3-51 所示。修剪多余线条，结果如图 3-52 所示。

3. 绘制切线 *HI*、*JK* 及垂线 *NP*、*MO*，结果如图 3-53 所示。修剪多余线条，结果如图 3-54 所示。

图3-51　绘制线段及斜线　　　　　图3-52　修剪结果（1）　　　　　图3-53　绘制切线和垂线

4. 绘制线段 *FG*、*GH*、*JK*，结果如图 3-55 所示。

5. 使用 XLINE 命令绘制斜线 *O*、*P*、*R* 等，结果如图 3-56 所示。修剪多余线条，结果如图 3-57 所示。

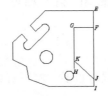

图3-54　修剪结果（2）　　　　　图3-55　绘制线段 *FG*、*GK* 等　　　　　图3-56　绘制斜线 *O*、*P*、*R* 等

6. 使用 LINE、XLINE、OFFSET 等命令绘制切线 G、H 等，结果如图 3-58 所示。修剪多余线条，结果如图 3-59 所示。

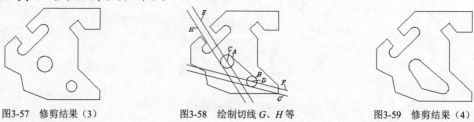

图3-57　修剪结果（3）　　　　　图3-58　绘制切线 G、H 等　　　　　图3-59　修剪结果（4）

【练习3-23】：使用 LINE、XLINE、OFFSET 及 TRIM 等命令绘制平面图形，如图 3-60 所示。

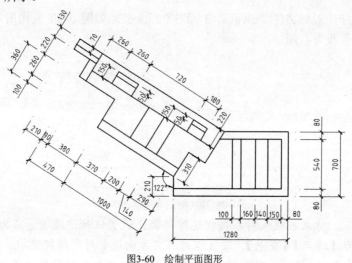

图3-60　绘制平面图形

主要作图步骤如图 3-61 所示。

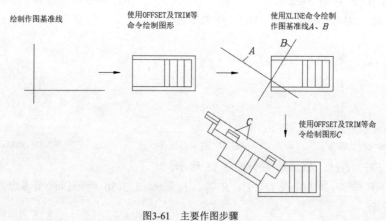

图3-61　主要作图步骤

3.5　绘制圆及圆弧连接

工程图中绘制圆及圆弧连接的情况有很多，本节将介绍绘制圆及圆弧连接的方法。

3.5.1　绘制圆

使用 CIRCLE 命令绘制圆，默认的绘制圆的方法是指定圆心和半径，此外，还可以通过指定两点或三点来绘制圆。

一、　命令启动方法

- 菜单命令：【绘图】/【圆】。
- 面板：【默认】选项卡中【绘图】面板上的 按钮。
- 命令：CIRCLE（简写为 C）。

【练习3-24】：打开素材文件"dwg\第 3 章\3-24.dwg"，如图 3-62 左图所示，使用 CIRCLE 等命令将左图修改为右图。

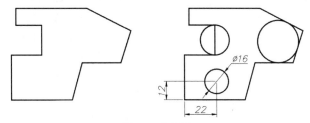

图3-62　绘制圆

```
命令：_circle
指定圆的圆心或 [三点(3P)/两点(2P)/切点、切点、半径(T)]：fro
                                      //使用正交偏移捕捉确定圆心
基点：_int                            //使用交点捕捉
于 <偏移>：@22,12                      //捕捉图形左下角点，并输入圆心的相对坐标
指定圆的半径或 [直径(D)] <9.6835>:8    //输入圆的半径
```

继续使用"三点(3P)""两点(2P)"选项绘制其余两个圆，结果如图 3-62 右图所示。

二、　命令选项

- 指定圆的圆心：默认选项。输入圆心坐标或拾取圆心后，系统提示输入圆的半径或直径。
- 三点(3P)：指定 3 个点绘制圆。
- 两点(2P)：指定直径的两个端点绘制圆。
- 切点、切点、半径(T)：选择与圆相切的两个对象，然后输入圆的半径。

3.5.2　绘制切线、圆及圆弧连接

用户可以使用 LINE 命令并结合切点捕捉"TAN"绘制切线，使用 CIRCLE、TRIM 命令生成各种圆及圆弧连接。

【练习3-25】：打开素材文件"dwg\第 3 章\3-25.dwg"，如图 3-63 左图所示，使用 LINE、CIRCLE 等命令将左图修改为右图。

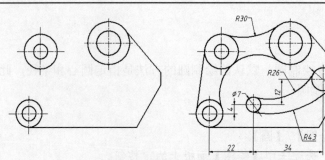

图3-63 绘制切线、圆及圆弧连接等

1. 绘制切线及过渡圆弧，如图 3-64 所示。

命令：_line	//启动直线命令
指定第一个点：tan	//启动切点捕捉
到	//捕捉切点 A
指定下一点或 [放弃(U)]：tan	//启动切点捕捉
到	//捕捉切点 B
指定下一点或 [放弃(U)]：	//按 Enter 键结束
命令：_circle	//启动绘制圆命令
指定圆的圆心或 [三点(3P)/两点(2P)/相切、相切、半径(T)]：3p	
	//选择"三点(3P)"选项
指定圆上的第一个点：tan	//启动切点捕捉
到	//捕捉切点 D
指定圆上的第二个点：tan	//启动切点捕捉
到	//捕捉切点 E
指定圆上的第三个点：tan	//启动切点捕捉
到	//捕捉切点 F
命令：	
CIRCLE	//重复命令
指定圆的圆心或 [三点(3P)/两点(2P)/相切、相切、半径(T)]：t	
	//选择"相切、相切、半径(T)"选项
指定对象与圆的第一个切点：	//捕捉切点 G
指定对象与圆的第二个切点：	//捕捉切点 H
指定圆的半径 <10.8258>:30	//输入圆的半径
命令：	
CIRCLE	//重复命令
指定圆的圆心或 [三点(3P)/两点(2P)/相切、相切、半径(T)]：from	
	//使用正交偏移捕捉
基点：int	//启动交点捕捉
于 <偏移>：@22,4	//捕捉交点 C，并输入相对坐标
指定圆的半径或 [直径(D)] <30.0000>：3.5	//输入圆的半径

结果如图 3-64 左图所示。修剪多余线条，结果如图 3-64 右图所示。

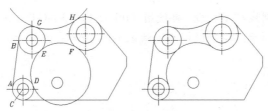

图3-64 绘制切线及过渡圆弧

2. 使用 LINE、CIRCLE、TRIM 等命令绘制图形的其余部分。

3.5.3 上机练习——绘制圆弧连接

【练习3-26】： 使用 LINE、CIRCLE、OFFSET 及 TRIM 等命令绘制图 3-65 所示的图形。

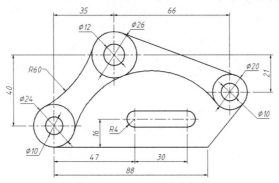

图3-65 使用 LINE、CIRCLE 等命令绘图（1）

1. 创建以下两个图层。

名称	颜色	线型	线宽
轮廓线层	白色	Continuous	0.5
中心线层	红色	CENTER	默认

2. 通过【线型控制】下拉列表打开【线型管理器】对话框，在此对话框中设定线型全局比例因子为【0.2】。

3. 打开极轴追踪、对象捕捉及对象捕捉追踪功能。设置极轴追踪增量角为【90】，设定对象捕捉方式为【端点】【交点】。

4. 设定绘图窗口的高度。绘制一条竖直线段，线段长度为 120。双击鼠标滚轮，使线段充满整个绘图窗口。

5. 切换到中心线层，使用 LINE 命令绘制圆的定位线 A、B，其长度约为 35，再使用 OFFSET 及 LENGTHEN 命令绘制其他的定位线，结果如图 3-66 所示。

6. 切换到轮廓线层，绘制圆、过渡圆弧及切线，结果如图 3-67 所示。

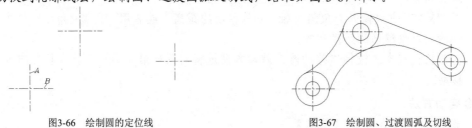

图3-66 绘制圆的定位线　　　　　　　图3-67 绘制圆、过渡圆弧及切线

7. 使用 LINE 命令绘制线段 C、D，再使用 OFFSET、LENGTHEN 命令绘制定位线 E、F 等，如图 3-68 左图所示。绘制线框 G，结果如图 3-68 右图所示。

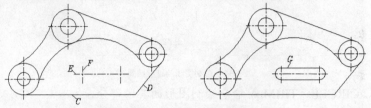

图3-68　绘制线段 C、D，定位线 E、F 及线框 G

【练习3-27】：　使用 LINE、CIRCLE 及 TRIM 等命令绘制图 3-69 所示的图形。

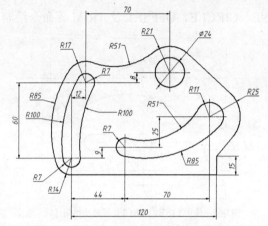

图3-69　使用 LINE、CIRCLE 等命令绘图（2）

3.6　移动及复制对象

移动图形实体的命令是 MOVE，复制图形实体的命令是 COPY，这两个命令都可以在二维空间、三维空间中使用，它们的使用方法相似。

3.6.1　移动对象

启动 MOVE 命令后，先选择要移动的对象，然后指定对象移动的距离和方向，系统会自动将对象从原位置移动到新位置。

可以通过以下方式指明对象移动的距离和方向。

- 在绘图窗口中指定两个点，这两点之间的距离和方向代表了图形实体移动的距离和方向，在指定第二点时，应该采用相对坐标。
- 以 "X,Y" 方式输入对象沿 x 轴、y 轴移动的距离，或者用 "距离<角度" 的方式输入对象移动的距离和方向。
- 打开正交状态或极轴追踪功能，就能方便地将对象只沿 x 轴、y 轴或极轴方向移动。

命令启动方法

- 菜单命令:【修改】/【移动】。

- 面板:【默认】选项卡中【修改】面板上的按钮。
- 命令: MOVE（简写为 M）。

【练习3-28】: 移动对象。

打开素材文件 "dwg\第 3 章\3-28.dwg"，如图 3-70 左图所示，使用 MOVE 命令将左图修改为右图。

命令: _move	
选择对象: 指定对角点: 找到 3 个	//选择圆，如图 3-70 左图所示
选择对象:	//按 Enter 键确认
指定基点或 [位移(D)] <位移>:	//捕捉交点 A
指定第二个点或 <使用第一个点作为位移>:	//捕捉交点 B
命令:	//重复命令
MOVE	
选择对象: 指定对角点: 找到 1 个	//选择小矩形
选择对象:	//按 Enter 键确认
指定基点或 [位移(D)] <位移>: 90,30	//输入沿 x 轴、y 轴移动的距离
指定第二个点或 <使用第一个点作为位移>:	//按 Enter 键结束
命令:	
MOVE	//重复命令
选择对象: 找到 1 个	//选择大矩形
选择对象:	//按 Enter 键确认
指定基点或 [位移(D)] <位移>: 45<-60	//输入移动的距离和方向
指定第二个点或 <使用第一个点作为位移>:	//按 Enter 键结束

结果如图 3-70 右图所示。

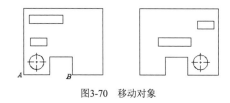

图3-70　移动对象

3.6.2　复制对象

启动 COPY 命令后，首先选择要复制的对象，然后指定对象复制的距离和方向，系统会自动将对象从原位置复制到新位置。

用户可以通过以下方式指明对象复制的距离和方向。

- 在绘图窗口中指定两个点，这两个点之间的距离和方向代表了对象复制的距离和方向，在指定第二点时，应该采用相对坐标。
- 以 "X,Y" 方式输入对象沿 x 轴、y 轴移动的距离，或者用 "距离<角度" 的方式输入对象复制的距离和方向。
- 打开正交状态或极轴追踪功能，就能方便地将对象只沿 x 轴、y 轴或极轴方向复制。

命令启动方法

- 菜单命令:【修改】/【复制】。
- 面板:【默认】选项卡中【修改】面板上的 按钮。
- 命令:COPY(简写为 CO)。

【练习3-29】: 复制对象。

打开素材文件"dwg\第 3 章\3-29.dwg",如图 3-71 左图所示,使用 COPY 命令将左图修改为右图。

```
命令: _copy
选择对象: 指定对角点: 找到 3 个              //选择圆,如图 3-71 左图所示
选择对象:                                //按 Enter 键确认
指定基点或 [位移(D)/模式(O)] <位移>:      //捕捉交点 A
指定第二个点或 [阵列(A)] <使用第一个点作为位移>: //捕捉交点 B
指定第二个点或 [阵列(A)/退出(E)/放弃(U)] <退出>: //捕捉交点 C
指定第二个点或 [阵列(A)/退出(E)/放弃(U)] <退出>: //按 Enter 键结束
命令:
COPY                                    //重复命令
选择对象: 找到 1 个                       //选择矩形
选择对象:                                //按 Enter 键确认
指定基点或 [位移(D) /模式(O)] <位移>:-90,-20 //输入沿 x 轴、y 轴移动的距离
指定第二个点或 [阵列(A)] <使用第一个点作为位移>: //按 Enter 键结束
```

结果如图 3-71 右图所示。

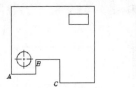

图3-71 复制对象

使用 COPY 命令的"阵列(A)"选项可以在复制对象的同时阵列对象。启动该命令,指定复制的距离、方向及复制方向上的阵列数目,就可以创建出线性阵列,如图 3-72 所示。操作时,用户可以设定两个对象之间的距离,也可以设定阵列的总距离。

图3-72 复制时阵列对象

3.6.3 上机练习——使用 MOVE、COPY 等命令绘图

【练习3-30】: 打开素材文件"dwg\第 3 章\3-30.dwg",如图 3-73 左图所示,使用 MOVE、COPY 等命令将左图修改为右图。

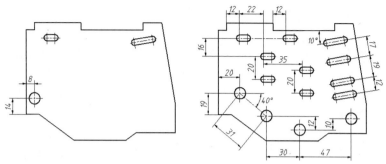

图3-73 使用 MOVE、COPY 等命令绘图

【练习3-31】： 使用 LINE、CIRCLE 及 COPY 等命令绘制平面图形，如图 3-74 所示。

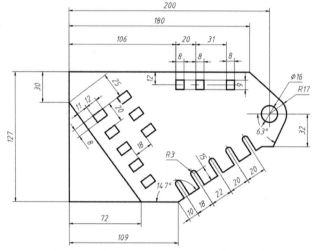

图3-74 使用 LINE、CIRCLE 及 COPY 等命令绘图

3.7 倒圆角和倒角

绘制工程图时，经常要绘制圆角和斜角。用户可以使用 FILLET 和 CHAMFER 命令创建这些几何特征，下面介绍这两个命令的用法。

3.7.1 倒圆角

倒圆角是利用指定半径的圆弧光滑地连接两个对象，操作的对象包括线段、多段线、样条线、圆及圆弧等。

一、 命令启动方法

- 菜单命令:【修改】/【圆角】。
- 面板:【默认】选项卡中【修改】面板上的 按钮。
- 命令: FILLET（简写为 F）。

【练习3-32】： 打开素材文件 "dwg\第 3 章\3-32.dwg"，如图 3-75 左图所示，使用 FILLET 命令将左图修改为右图。

命令: _fillet

选取第一个对象或 [放弃(U)/多段线(P)/半径(R)/修剪(T)/多个(M)]:m

//选择"多个(M)"选项

选取第一个对象或 [放弃(U)/多段线(P)/半径(R)/修剪(T)/多个(M)/放弃(U)]:r

//选择"半径(R)"选项

指定圆角半径<0.0000>: 5   //输入圆角半径

选取第一个对象: //选择线段 A

选择第二个对象: //选择圆 B

选取第一个对象: //选择线段 C

选择第二个对象: //选择圆 D

选取第一个对象或 [放弃(U)/多段线(P)/半径(R)/修剪(T)/多个(M)/放弃(U)]:r

//选择"半径(R)"选项

指定圆角半径<5.0000>: 20   //输入圆角半径

选取第一个对象: //选择圆 B 的上部

选择第二个对象: //选择圆 D 的上部

选取第一个对象: //选择圆 B 的下部

选择第二个对象: //选择圆 D 的下部

选取第一个对象: //选择线段 A

选择第二个对象或按住 Shift 键选择对象以应用角点: //按住 Shift 键选择线段 E

选取第一个对象: //选择线段 C

选择第二个对象或按住 Shift 键选择对象以应用角点: //按住 Shift 键选择线段 E

结果如图 3-75 右图所示。

图3-75　倒圆角

二、命令选项

- 多段线(P)：选择多段线后，系统对多段线的每个顶点进行倒圆角操作。
- 半径(R)：设定圆角半径。若圆角半径为 0，则系统将使被修剪的两个对象交于一点。
- 修剪(T)：指定倒圆角后是否修剪对象。
- 多个(M)：可以一次创建多个圆角。系统将重复提示"选择第一个对象"和"选择第二个对象"，直到用户按 Enter 键结束命令。
- 按住 Shift 键选择对象以应用角点：若按住 Shift 键选择第二个圆角对象，则以 0 值替代当前的圆角半径。

3.7.2　倒角

　　倒角是用一条斜线连接两个对象。操作时，用户可以输入每条边的倒角距离，也可以指定某条边上倒角的长度及与此边的夹角。

一、命令启动方法

- 菜单命令:【修改】/【倒角】。
- 面板:【默认】选项卡中【修改】面板上的 按钮。
- 命令: CHAMFER（简写为 CHA）。

【练习3-33】: 打开素材文件"dwg\第 3 章\3-33.dwg", 如图 3-76 左图所示, 使用 CHAMFER 命令将左图修改为右图。

命令: _chamfer	
选择第一条直线或 [放弃(U)/多段线(P)/距离(D)/角度(A)/修剪(T)/方式(E)/多个(M)]: m	//选择"多个(M)"选项
选择第一条直线或 [放弃(U)/多段线(P)/距离(D)/角度(A)/修剪(T)/方式(E)/多个(M)]: d	//选择"距离(D)"选项
指定第一个倒角距离 <30.0000>: 15	//输入第一个边的倒角距离
指定第二个倒角距离 <15.0000>: 20	//输入第二个边的倒角距离
选择第一条直线:	//选择线段 A
选择第二条直线,或按住 Shift 键选择直线以应用角点:	//选择线段 B
选择第一条直线或 [放弃(U)/多段线(P)/距离(D)/角度(A)/修剪(T)/方式(E)/多个(M)]: d	//选择"距离(D)"选项
指定第一个倒角距离 <15.0000>: 30	//输入第一个边的倒角距离
指定第二个倒角距离 <30.0000>: 15	//输入第二个边的倒角距离
选择第一条直线:	//选择线段 C
选择第二条直线,或按住 Shift 键选择直线以应用角点:	//选择线段 B
选择第一条直线:	//选择线段 A
选择第二条直线,或按住 Shift 键选择直线以应用角点:	//按住 Shift 键选择线段 D
选择第一条直线:	//选择线段 C
选择第二条直线,或按住 Shift 键选择直线以应用角点:	//按住 Shift 键选择线段 D

结果如图 3-76 右图所示。

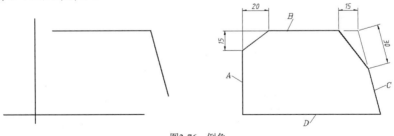

图3-76 倒角

二、命令选项

- 多段线(P): 选择多段线后, 系统将对多段线的每个顶点执行倒角操作。
- 距离(D): 设定倒角距离。若倒角距离为 0, 则系统将被倒角的两个对象交于一点。
- 角度(A): 指定倒角角度。
- 修剪(T): 设置倒角后是否修剪对象。

- 方式(E)：设置使用两个倒角距离还是一个距离和一个角度来创建倒角。
- 多个(M)：可以一次创建多个倒角。系统将重复提示"选择第一条直线"和"选择第二条直线"，直到用户按 Enter 键结束命令。
- 按住 Shift 键选择直线以应用角点：若按住 Shift 键选择第二个倒角对象，则以 0 值替代当前的倒角距离。

3.7.3　上机练习——倒圆角及倒角

【练习3-34】：打开素材文件"dwg\第 3 章\3-34.dwg"，如图 3-77 左图所示，使用 FILLET、CHAMFER 命令将左图修改为右图。

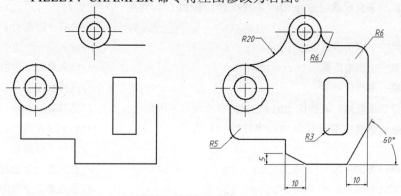

图3-77　倒圆角及倒角（1）

【练习3-35】：使用 LINE、CIRCLE、FILLET 及 CHAMFER 等命令绘制平面图形，如图 3-78 所示。

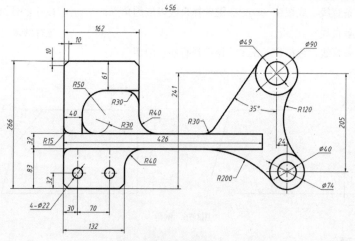

图3-78　倒圆角及倒角（2）

3.8　综合练习一——绘制线段构成的图形

【练习3-36】：使用 LINE、OFFSET 及 TRIM 等命令绘制图 3-79 所示的图形。

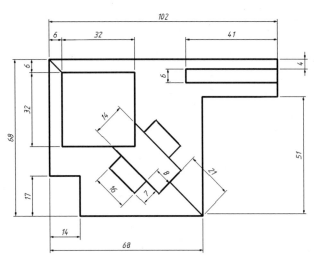

图3-79　绘制线段构成的图形（1）

1. 打开极轴追踪、对象捕捉及对象捕捉追踪功能。设置极轴追踪增量角为【90】，设定对象捕捉方式为【端点】【交点】，设置仅沿正交方向进行对象捕捉追踪。

2. 设定绘图窗口的高度。绘制一条竖直线段，线段长度为 150。双击鼠标滚轮，使线段充满整个绘图窗口。

3. 绘制水平及竖直的作图基准线 *A*、*B*，如图 3-80 所示。线段 *A* 的长度约为 130，线段 *B* 的长度约为 80。

4. 使用 OFFSET 及 TRIM 命令绘制线框 *C*，结果如图 3-81 所示。

图3-80　绘制作图基准线 *A*、*B*　　　　　　　　　　图3-81　绘制线框 *C*

5. 连接点 *E*、*F*，再使用 OFFSET、TRIM 命令绘制线框 *G*，结果如图 3-82 所示。

6. 使用 XLINE、OFFSET 及 TRIM 命令绘制线段 *A*、*B*、*C* 等，结果如图 3-83 所示。

7. 使用 LINE 命令绘制线框 *H*，结果如图 3-84 所示。

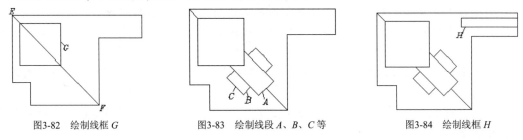

图3-82　绘制线框 *G*　　　　　　　图3-83　绘制线段 *A*、*B*、*C* 等　　　　　　　图3-84　绘制线框 *H*

【练习3-37】：　使用 LINE、OFFSET、EXTEND 及 TRIM 等命令绘制图 3-85 所示的图形。

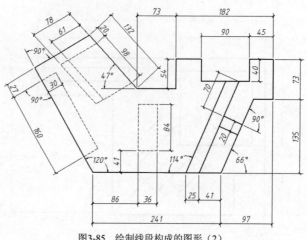

图3-85　绘制线段构成的图形（2）

3.9　综合练习二——使用 OFFSET、TRIM 等命令绘图

【练习3-38】：　使用 LINE、OFFSET 及 TRIM 等命令绘制图 3-86 所示的图形。

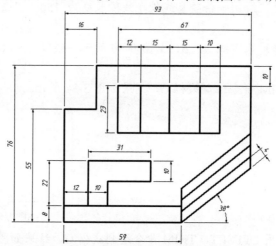

图3-86　使用 LINE、OFFSET 及 TRIM 等命令绘图

1. 打开极轴追踪、对象捕捉及对象捕捉追踪功能。设置极轴追踪增量角为【90】，设定对象捕捉方式为【端点】【交点】，设置仅沿正交方向进行对象捕捉追踪。

2. 设定绘图窗口的高度。绘制一条竖直线段，线段长度为 150。双击鼠标滚轮，使线段充满整个绘图窗口。

3. 绘制水平及竖直的作图基准线 A、B，如图 3-87 所示。线段 A 的长度约为 120，线段 B 的长度约为 110。

4. 使用 OFFSET 命令绘制平行线 C、D、E、F，如图 3-88 所示。修剪多余线条，结果如图 3-89 所示。

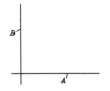

图3-87 绘制作图基准线 *A*、*B*

图3-88 绘制平行线 *C*、*D*、*E*、*F*

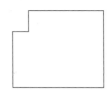

图3-89 修剪结果（1）

5. 以线段 *G*、*H* 为作图基准线，使用 OFFSET 命令绘制平行线 *I*、*J*、*K*、*L* 等，如图 3-90 所示。修剪多余线条，结果如图 3-91 所示。

6. 绘制平行线 *A*，再使用 XLINE 命令绘制斜线 *B*，结果如图 3-92 所示。

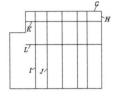

图3-90 绘制平行线 *I*、*J*、*K*、*L* 等

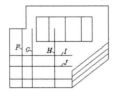

图3-91 修剪结果（2）

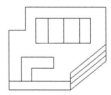

图3-92 绘制直线 *A*、*B* 等

7. 绘制平行线 *C*、*D*、*E*，然后修剪多余线条，结果如图 3-93 所示。

8. 绘制平行线 *F*、*G*、*H*、*I* 和 *J* 等，如图 3-94 所示。修剪多余线条，结果如图 3-95 所示。

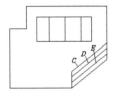

图3-93 绘制平行线 *C*、*D*、*E*

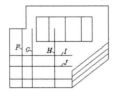

图3-94 绘制平行线 *F*、*G*、*H*、*I* 和 *J* 等

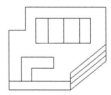

图3-95 修剪结果（3）

【练习3-39】： 使用 LINE、XLINE、OFFSET 及 TRIM 等命令绘制图 3-96 所示的图形。

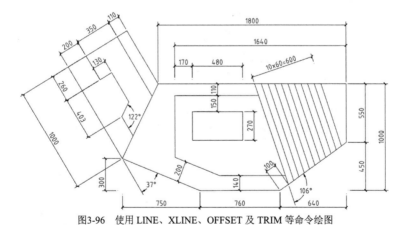

图3-96 使用 LINE、XLINE、OFFSET 及 TRIM 等命令绘图

3.10 综合练习三——绘制线段及圆弧连接

【练习3-40】： 使用 LINE、CIRCLR、OFFSET 及 TRIM 等命令绘制图 3-97 所示的图形。

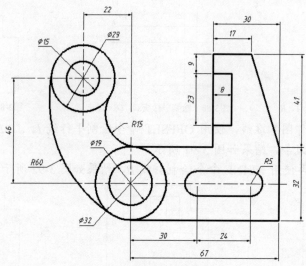

图3-97 绘制线段及圆弧连接（1）

1. 打开极轴追踪、对象捕捉及对象捕捉追踪功能。设置极轴追踪增量角为【90】，设定对象捕捉方式为【端点】【圆心】【交点】，设置仅沿正交方向进行对象捕捉追踪。

2. 设定绘图窗口的高度。绘制一条竖直线段，线段长度为 150。双击鼠标滚轮，使线段充满整个绘图窗口。

3. 绘制圆 A、B、C 和 D，如图 3-98 所示，圆 C、D 的圆心可以利用正交偏移捕捉确定。

4. 使用 CIRCLE 命令的"切点、切点、半径(T)"选项绘制过渡圆弧 E、F，结果如图 3-99 所示。

5. 使用 LINE 命令绘制线段 G、H、I 等，结果如图 3-100 所示。

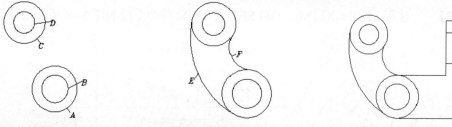

图3-98 绘制圆 A、B、C 和 D　　　　图3-99 绘制过渡圆弧 E、F　　　　图3-100 绘制线段 G、H、I 等

6. 绘制圆 A、B 及切线 C、D，如图 3-101 所示。修剪多余线条，结果如图 3-102 所示。

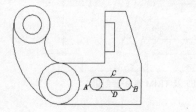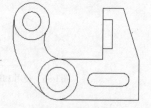

图3-101 绘制圆 A、B 及切线 C、D　　　　　　　图3-102 修剪结果

【练习3-41】：使用 LINE、CIRCLR、OFFSET 及 TRIM 等命令绘制图 3-103 所示的图形。

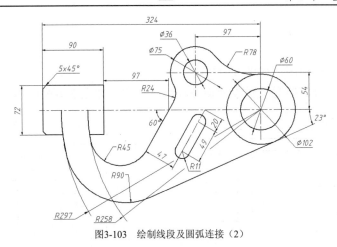

图3-103　绘制线段及圆弧连接（2）

3.11　综合练习四——绘制三视图

【练习3-42】：　根据轴测图绘制三视图，如图 3-104 所示。绘制三视图时，可以使用 XLINE 命令绘制竖直投影线向俯视图投影，也可以将俯视图复制到新位置并旋转 90°，然后绘制水平及竖直投影线向左视图投影，如图 3-105 所示。

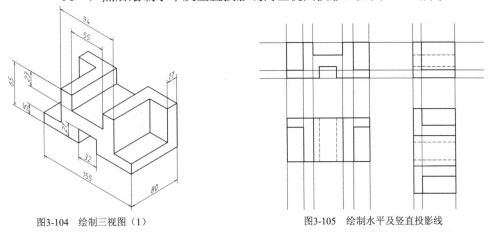

图3-104　绘制三视图（1）　　　　　　　　　　　　图3-105　绘制水平及竖直投影线

【练习3-43】：　根据轴测图及视图轮廓绘制三视图，如图 3-106 所示。

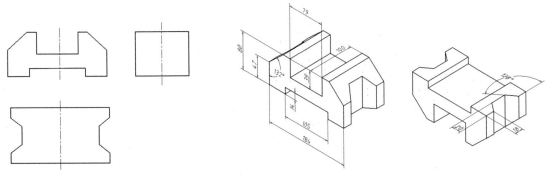

图3-106　绘制三视图（2）

3.12 习题

1. 利用点的相对坐标绘图，如图 3-107 所示。
2. 利用极轴追踪、对象捕捉及对象捕捉追踪功能绘图，如图 3-108 所示。

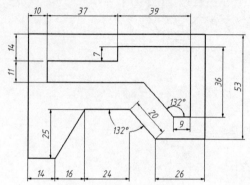

图3-107 利用点的相对坐标绘图

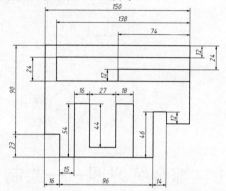

图3-108 利用极轴追踪、对象捕捉及对象捕捉追踪功能绘图

3. 使用 OFFSET 及 TRIM 命令绘图，如图 3-109 所示。
4. 绘制图 3-110 所示的图形。

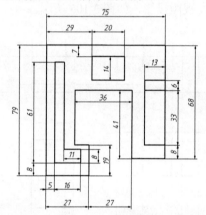

图3-109 使用 OFFSET 及 TRIM 命令绘图

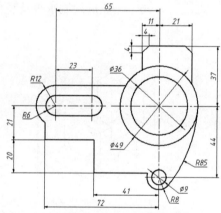

图3-110 绘制圆、切线及过渡圆弧等（1）

5. 绘制图 3-111 所示的图形。

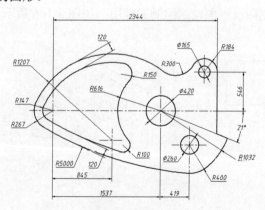

图3-111 绘制圆、切线及过渡圆弧等（2）

第4章 基本绘图与编辑（2）

【学习目标】

- 熟练掌握绘制矩形、正多边形及椭圆的方法。
- 掌握创建矩形阵列及环形阵列的方法，了解如何沿路径阵列对象。
- 掌握镜像、旋转和对齐对象的方法。
- 学会如何拉伸及按比例缩放对象。
- 掌握关键点编辑方式。
- 能够绘制样条曲线及填充剖面图案。
- 掌握编辑对象属性的方法。

本章主要介绍如何创建正多边形、椭圆、样条曲线及填充剖面图案，阵列、镜像、旋转、对齐及按比例缩放对象的方法，并提供相应的平面绘图练习。

4.1 绘制矩形、正多边形及椭圆

本节主要介绍矩形、正多边形及椭圆的绘制方法。

4.1.1 绘制矩形

RECTANG 命令用于绘制矩形，用户只需指定矩形对角线的两个端点就能得到相应的矩形。绘制时，可以指定顶点处的倒角距离及圆角半径。

一、 命令启动方法

- 菜单命令:【绘图】/【矩形】。
- 面板:【默认】选项卡中【绘图】面板上的□按钮。
- 命令: RECTANG（简写为 REC）。

【练习4-1】： 打开素材文件"dwg\第 4 章\4-1.dwg"，如图 4-1 左图所示，使用 RECTANG 和 OFFSET 命令将左图修改为右图。

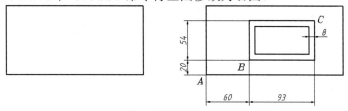

图4-1 绘制矩形

命令: _rectang
指定第一个角点或 [倒角(C)/标高(E)/圆角(F)/厚度(T)/宽度(W)]: from

	//使用正交偏移捕捉
基点: int	//启动交点捕捉
于	//捕捉点 A
<偏移>: @60,20	//输入点 B 的相对坐标
指定另一个角点或 [面积(A)/尺寸(D)/旋转(R)]: @93,54	//输入点 C 的相对坐标

使用 OFFSET 命令将矩形向内偏移，偏移距离为 8，结果如图 4-1 右图所示。

二、命令选项

- 指定第一个角点：在此提示下，指定矩形的一个角点。拖动十字光标时，绘图窗口中会显示一个矩形。
- 指定另一个角点：在此提示下，指定矩形的另一个角点。
- 倒角(C)：指定矩形各顶点倒角的大小。
- 标高(E)：确定矩形所在的平面高度。默认情况下，矩形是在 xy 平面内（z 坐标值为 0）。
- 圆角(F)：指定矩形各顶点倒圆角的半径。
- 厚度(T)：设置矩形的厚度，在三维绘图时常使用该选项。
- 宽度(W)：设置矩形边的宽度。
- 面积(A)：先输入矩形的面积，再输入矩形的长度或宽度以创建矩形。
- 尺寸(D)：输入矩形的长、宽尺寸以创建矩形。
- 旋转(R)：设定矩形的旋转角度。

4.1.2 绘制正多边形

在 AutoCAD 中，可以创建 3～1024 条边的正多边形，绘制正多边形一般采取以下两种方法。

(1) 根据外接圆或内切圆生成正多边形。

(2) 指定正多边形的边数及某一边的两个端点。

一、命令启动方法

- 菜单命令：【绘图】/【多边形】。
- 面板：【默认】选项卡中【绘图】面板上的按钮。
- 命令：POLYGON（简写为 POL）。

【练习4-2】：　打开素材文件"dwg\第 4 章\4-2.dwg"，该文件包含一个大圆和一个小圆，使用 POLYGON 命令绘制出圆的内接多边形和外切多边形，如图 4-2 所示。

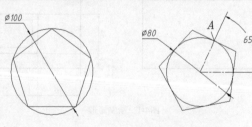

图4-2　绘制正多边形

命令: _polygon	
输入侧面数 <4>: 5	//输入多边形的边数
指定正多边形的中心点或 [边(E)]: cen	//启动圆心捕捉
于	//捕捉大圆的圆心，如图 4-2 左图所示
输入选项 [内接于圆(I)/外切于圆(C)] <I>: I	//采用内接于圆的方式绘制正多边形
指定圆的半径: 50	//输入半径值
命令:	
POLYGON	//重复命令
输入边的数目 <5>:	//按 Enter 键接受默认值
指定正多边形的中心点或 [边(E)]: cen	//启动圆心捕捉
于	//捕捉小圆的圆心，如图 4-2 右图所示
输入选项 [内接于圆(I)/外切于圆(C)] <I>: c	//采用外切于圆的方式绘制正多边形
指定圆的半径: @40<65	//输入点 A 的相对坐标

结果如图 4-2 所示。

二、命令选项

- 指定正多边形的中心点：用户输入正多边形的边数后，再拾取正多边形的中心点。
- 内接于圆(I)：根据外接圆生成正多边形。
- 外切于圆(C)：根据内切圆生成正多边形。
- 边(E)：输入正多边形的边数后，再指定某条边的两个端点即可绘制出正多边形。

4.1.3　绘制椭圆

椭圆包含椭圆中心、长轴及短轴等几何特征。绘制椭圆的默认方法是指定椭圆第一根轴线的两个端点及另一根轴线长度的一半（半轴长度）。另外，也可以通过指定椭圆中心、第一根轴线的端点及另一根轴线的半轴长度来创建椭圆。

一、命令启动方法

- 菜单命令：【绘图】/【椭圆】。
- 面板：【默认】选项卡中【绘图】面板上的 按钮。
- 命令：ELLIPSE（简写为 EL）。

【练习4-3】：　打开素材文件 "\dwg\第 4 章\4-3.dwg"，如图 4-3 左图所示，使用 ELLIPSE 和 LINE 等命令将左图修改为右图。

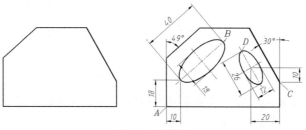

图4-3　绘制椭圆

```
命令: _ellipse
指定椭圆的轴端点或 [圆弧(A)/中心点(C)]:from          //使用正交偏移捕捉
基点: int                                          //使用交点捕捉
于 <偏移>: @10,18       //指定基点 A,如图 4-3 右图所示,并输入椭圆轴端点的相对坐标
指定轴的另一个端点: @40<41                          //输入椭圆轴另一端点 B 的相对坐标
指定另一条半轴长度或 [旋转(R)]: 9                    //输入另一根轴的半轴长度
命令:
ELLIPSE                                            //重复命令
指定椭圆的轴端点或 [圆弧(A)/中心点(C)]:c             //选择"中心点(C)"选项
指定椭圆的中心点: from                              //使用正交偏移捕捉
基点: int                                          //使用交点捕捉
于 <偏移>: @-20,10                                 //指定基点 C,并输入椭圆中心点的相对坐标
指定轴的端点: @13<120                              //输入椭圆轴端点 D 的相对坐标
指定另一条半轴长度或 [旋转(R)]: 6                    //输入另一根轴的半轴长度,按 Enter 键
```

结果如图 4-3 右图所示。

二、命令选项

- 圆弧(A):绘制一段椭圆弧。过程是先绘制一个椭圆,随后系统提示用户指定椭圆弧的起始角及终止角。
- 中心点(C):根据椭圆的中心点、长轴及短轴来绘制椭圆。
- 旋转(R):按旋转的方式来绘制椭圆,即将圆绕直径旋转一定角度后,再投影到平面上形成椭圆。

4.1.4 上机练习——绘制由矩形、正多边形及椭圆等构成的图形

【练习4-4】： 使用 LINE、RECTANG、POLYGON 及 ELLIPSE 等命令绘制平面图形,如图 4-4 所示。

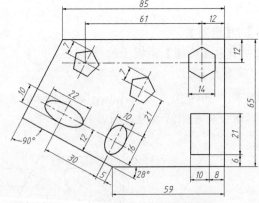

图4-4 绘制矩形、正多边形及椭圆等

1. 打开极轴追踪、对象捕捉及对象捕捉追踪功能。设置极轴追踪增量角为【90】,设定对象捕捉方式为【端点】【交点】。
2. 设定绘图窗口的高度。绘制一条竖直线段,线段长度为 120。双击鼠标滚轮,使线段充

满整个绘图窗口。

3. 使用 LINE、OFFSET、LENGTHEN 等命令绘制外轮廓线、正多边形和椭圆的定位线，如图 4-5 左图所示。然后绘制矩形、正五边形及椭圆，结果如图 4-5 右图所示。

命令: _rectang   //绘制矩形
指定第一个角点或 [倒角(C)/标高(E)/圆角(F)/厚度(T)/宽度(W)]: from
                                                  //使用正交偏移捕捉
基点: <偏移>: @-8,6   //捕捉交点 A，并输入点 B 的相对坐标
指定另一个角点或 [面积(A)/尺寸(D)/旋转(R)]: @-10,21
                                                  //输入点 C 的相对坐标
命令: _polygon 输入边的数目 <4>: 5   //输入正多边形的边数
指定正多边形的中心点或 [边(E)]:   //捕捉交点 D
输入选项 [内接于圆(I)/外切于圆(C)] <I>: I   //按内接于圆的方式绘制正多边形
指定圆的半径: @7<62   //输入点 E 的相对坐标
命令: _ellipse   //绘制椭圆
指定椭圆的轴端点或 [圆弧(A)/中心点(C)]: c   //选择"中心点(C)"选项
指定椭圆的中心点: //捕捉点 F
指定轴的端点: @8<62   //输入点 G 的相对坐标
指定另一条半轴长度或 [旋转(R)]: 5   //输入另一根轴的半轴长度

结果如图 4-5 右图所示。

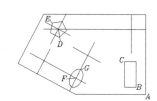

图4-5 绘制矩形、正五边形及椭圆

4. 绘制图形的其余部分，然后修改定位线所在的图层。

【练习4-5】： 使用 LINE、ELLIPSE、POLYGON 等命令绘制图 4-6 所示的图形。

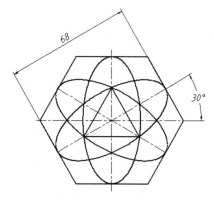

图4-6 绘制正六边形、椭圆及三角形

主要作图步骤如图 4-7 所示。

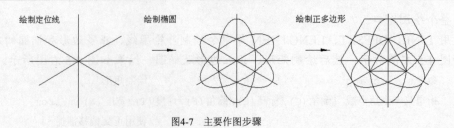

图4-7　主要作图步骤

4.2　绘制均布及对称几何特征

几何元素的均布特征及图形的对称关系在作图时经常遇到。绘制均布特征时使用 ARRAY 命令可以指定是矩形阵列还是环形阵列。对于图形中的对称关系，可以使用 MIRROR 命令来创建，操作时可以选择删除或保留原来的对象。

下面介绍均布几何特征及对称几何特征的绘制方法。

4.2.1　矩形阵列对象

ARRAYRECT 命令用于创建矩形阵列。矩形阵列是指将对象按行、列的方式进行排列。操作时，一般应提供阵列的行数、列数、行间距及列间距等。对于已生成的矩形阵列，可以使用旋转命令或通过关键点编辑的方式改变阵列方向，形成倾斜的阵列。

除了可以在 xy 平面内阵列对象，还可以沿 z 轴方向均布对象，只需设定阵列的层数及层间距即可。默认层数为 1。

创建的阵列分为关联阵列和非关联阵列，前者包含的所有对象构成一个对象，后者中的每个对象都是独立的。

命令启动方法

- 菜单命令：【修改】/【阵列】/【矩形阵列】。
- 面板：【常用】选项卡中【修改】面板上的 田 按钮。
- 命令：ARRAYRECT 或简写 AR（ARRAY）。

【练习4-6】：　打开素材文件"dwg\第 4 章\4-6.dwg"，如图 4-8 左图所示，使用 ARRAYRECT 命令将左图修改为右图。

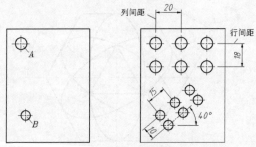

图4-8　创建矩形阵列

1. 启动矩形阵列命令，选择要阵列的对象 *A*，如图 4-8 左图所示，按 Enter 键后，弹出【阵列创建】选项卡，如图 4-9 所示。

图4-9　【阵列创建】选项卡

2. 分别在【行数】【列数】文本框中输入阵列的行数和列数，如图 4-9 所示。行的方向与坐标系的 x 轴平行，列的方向与 y 轴平行。每输入完一个数值，按 Enter 键或单击其他文本框，系统会显示预览效果。

3. 分别在【列】【行】面板的【介于】文本框中输入列间距及行间距，如图 4-9 所示。行间距、列间距的数值可以为正或负。若是正值，则系统沿 x 轴、y 轴的正方向形成阵列，为负则沿 x 轴、y 轴负方向形成阵列。

4. 【层级】面板的参数用于设定阵列的层数及层高，层的方向平行于 z 轴方向。默认情况下，⊞ 按钮是按下的，表明创建的矩形阵列是一个整体对象，否则每个项目为单独对象。

5. 阵列对象时，系统显示阵列关键点，如图 4-10 所示。单击并拖动关键点，能动态地调整行、列数目及相应间距，还能设定行、列方向之间的夹角。具体说明如下。

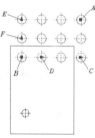

图4-10　阵列关键点

* 点 A 动态调整行、列数目，点 B 调整所有对象的位置。
* 点 C 调整列数，点 D 调整列间距，可以输入数值。
* 点 E 调整行数，点 F 调整行间距，可以输入数值。
* 将十字光标移动到点 C 或点 E 处并悬停，弹出快捷菜单，选择【轴角度】命令，利用该命令设定阵列方向与另一阵列方向正向之间的夹角。

6. 创建圆的矩形阵列后，再选中它，弹出【阵列】选项卡，如图 4-11 所示。通过此选项卡可以编辑阵列的参数，还可以重新设定阵列基点，以及通过修改阵列中的某个对象使所有阵列对象发生变化等。

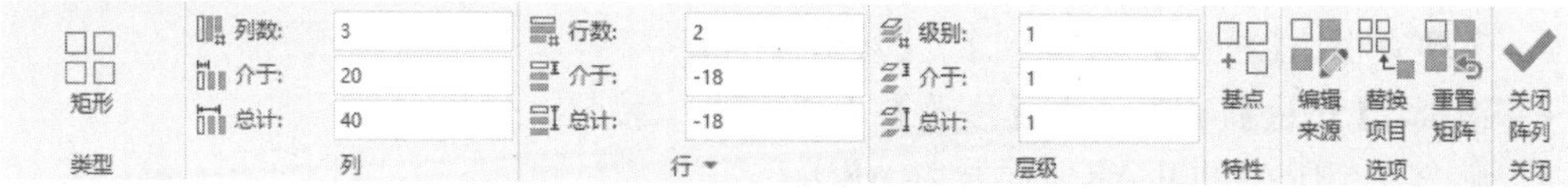

图4-11　【阵列】选项卡

【阵列】选项卡中一些选项的功能介绍如下。

* 【基点】：设定阵列的基点。
* 【编辑来源】：选择阵列中的一个对象进行修改，完成后所有对象做相应的更新。
* 【替换项目】：用新对象替换阵列中的多个对象。操作时，先选择新对象，并指定基点，再选择阵列中要替换的对象。若想一次性替换所有对象，可以选择命令行中的"源对象(S)"选项。
* 【重置矩阵】：对阵列中的部分对象进行替换操作时，若有错误，按 Esc 键，再单击 ⊞ 按钮可进行重置。

7. 创建对象 B 的矩形阵列，如图 4-8 左图所示。阵列参数：行数为 2、列数为 3、行间距为 -10、列间距为 15。创建完成后，使用 ROTATE 命令将该阵列旋转到指定的倾斜方向。

8. 利用关键点改变两个阵列方向。沿水平及竖直方向完成阵列后，选中阵列对象，将十字光标移动到箭头形状的关键点处，出现快捷菜单，如图 4-12 所示，利用【轴角度】命令可以设定行、列两个方向之间的夹角。输入角度值后，十字光标所在的阵列方向将改变，而另一方向不变。要注意，如果输入负角度值，阵列会反向。对于图 4-12 中的情形，先设定水平阵列方向的轴角度为【50】，则新方向与 y 轴正方向的夹角为 50°，再设定竖直阵列方向的轴角度为【－90】。

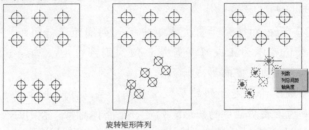

图4-12　创建倾斜方向的矩形阵列

9. 对于阵列方向的调整，建议先绘制两条代表行、列方向的辅助线，然后利用【轴角度】命令将行、列方向调整到与辅助线一致。

4.2.2　环形阵列对象

ARRAYPOLAR 命令用于创建环形阵列。环形阵列是指把对象绕阵列中心等角度地均匀分布。决定环形阵列的主要参数有阵列中心、阵列总角度及阵列数目。此外，也可以通过输入阵列总数及每个对象之间的夹角来生成环形阵列。

如果要沿径向或 z 轴方向分布对象，可以设定环形阵列的行数（同心分布的圈数）及层数。

命令启动方法

- 菜单命令:【修改】/【阵列】/【环形阵列】。
- 面板:【默认】选项卡中【修改】面板上的 按钮。
- 命令: ARRAYPOLAR（简写为 AR）。

【练习4-7】: 打开素材文件"dwg\第 4 章\4-7.dwg"，如图 4-13 左图所示，使用 ARRAYPOLAR 命令将左图修改为右图。

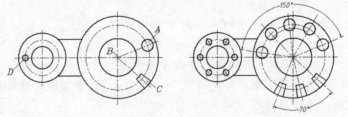

图4-13　创建环形阵列

1. 启动环形阵列命令，选中要阵列的对象 A，再指定阵列中心点 B，弹出【阵列创建】选项卡，如图 4-14 所示。

极轴	项目数:	5	行数:	1	级别:	1								
	介于:	38	介于:	18.362	介于:	1								
	填充:	150	总计:	18.362	总计:	1	关联	基点	旋转项目	方向	关闭阵列			
类型			项目			行	层级			特性		关闭		

图4-14　【阵列创建】选项卡

2. 在【项目】面板的【项目数】及【填充】文本框中输入阵列的数目及阵列分布的总角度值，也可以在【介于】文本框中输入阵列项目之间的角度值，如图 4-14 所示。

3. 单击按钮，设定环形阵列沿顺时针或逆时针方向。

4. 在【行】面板中可以设定环形阵列沿径向分布的数目及间距，在【层级】面板中可以设定环形阵列沿 z 轴方向阵列的数目及间距。

5. 继续创建对象 C、D 的环形阵列，结果如图 4-13 右图所示。

6. 默认情况下，按钮是按下的，表明创建的阵列是一个整体对象，否则每个项目为单独的对象。此外，还可以利用工具来控制各个项目是否与源对象保持平行。

7. 选中已创建的环形阵列，弹出【阵列】选项卡，利用该选项卡可以编辑阵列的参数。此外，还可以通过修改阵列中的某个对象使所有阵列对象都发生变化。该选项卡中一些按钮的功能参见 4.2.1 小节。

4.2.3　沿路径阵列对象

ARRAYPATH 命令用于沿路径阵列对象。沿路径阵列是指将对象沿路径均匀分布或按指定的距离进行分布。路径对象可以是直线、多段线、样条曲线、圆弧及圆等。沿路径阵列对象时可以指定阵列对象和路径是否关联，还可以设置对象在阵列时的方向是否与路径对齐。

命令启动方法

- 菜单命令:【修改】/【阵列】/【路径阵列】。
- 面板:【默认】选项卡中【修改】面板上的按钮。
- 命令: ARRAYPATH（简写为 AR）。

【练习4-8】：　绘制圆、矩形及阵列路径直线和圆弧，将圆和矩形分别沿直线和圆弧阵列，如图 4-15 所示。

图4-15　沿路径阵列对象

1. 启动路径阵列命令，选择阵列对象"圆"，按 Enter 键，再选择阵列路径"直线"，弹出【阵列创建】选项卡，如图 4-16 所示。

路径	项目数:	5	行数:	1	级别:	1									
	介于:	21.3479	介于:	10.9155	介于:	1									
	总计:	85.3915	总计:	10.9155	总计:	1	关联	基点	切线方向	定数等分	对齐项目	Z 方向	关闭阵列		
类型			项目			行	层级			特性			关闭		

图4-16　【阵列创建】选项卡

2. 单击按钮（定数等分），再在【项目数】文本框中输入阵列数目，按 Enter 键预览阵列效果。也可以单击定距等分按钮，输入项目间距，形成阵列。

3. 使用同样的方法将矩形沿圆弧均布阵列，阵列数目为 8。在【阵列创建】选项卡中单击按钮，设定矩形底边中点为阵列基点；再单击 <image-icon /> 按钮，指定矩形底边为切线方向。

4. <image-icon /> 工具用于观察阵列时对齐的效果。单击该按钮，则每个矩形底边都与圆弧的切线方向一致，否则，各个项目都与第一个起始对象保持平行。

5. 若 <image-icon /> 按钮是按下的，则创建的阵列是一个整体对象（否则每个项目为单独的对象）。选中要阵列的对象，弹出【阵列】选项卡，利用该选项卡可以编辑阵列的参数及路径。此外，还可以通过修改阵列中的某个对象，使得所有阵列对象都发生变化。该选项卡中一些按钮的功能参见4.2.1小节。

4.2.4 沿倾斜方向阵列对象

沿倾斜方向阵列对象的示例如图 4-17 所示，对于此类形式的阵列，可以采取以下方法绘制。

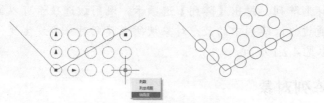

图4-17 利用辅助线指定阵列角度

(1) 利用辅助线指定阵列角度。

沿倾斜方向阵列对象时，可以利用辅助线调整阵列的方向，如图 4-17 所示。首先分别沿水平方向、竖直方向阵列对象，然后选中阵列，将十字光标移动到箭头形状的关键点处，出现快捷菜单，选择【轴角度】命令，然后捕捉辅助线上的点以改变阵列角度。

(2) 将阵列对象旋转到指定方向。

图 4-18 中左图阵列的绘制过程如图 4-19 所示。先分别沿水平方向和竖直方向阵列对象，然后利用旋转命令将阵列旋转到倾斜位置。

图4-18 沿倾斜方向阵列   图4-19 阵列及旋转（1）

图 4-18 中右图阵列的绘图过程如图 4-20 所示。先分别沿水平方向和竖直方向阵列对象，然后选中阵列，将十字光标移动到箭头形状的关键点处，出现快捷菜单，利用【轴角度】命令设定行、列两个方向之间的夹角。设置完成后，利用旋转命令将阵列旋转到倾斜位置。

图4-20 阵列及旋转（2）

(3) 采用路径阵列命令形成倾斜方向阵列。

图 4-18 中的两个阵列都可以采用路径阵列命令绘制，右图阵列的绘制过程如图 4-21 所示。首先绘制阵列路径，然后沿路径阵列对象。路径长度等于行、列的总间距值，阵列完成

后，删除路径线段。

(4) 利用复制命令的"阵列(A)"选项创建倾斜阵列。

利用复制命令的"阵列(A)"选项创建倾斜阵列，如图 4-22 所示。启动复制命令，指定复制基点，选择"阵列(A)"选项，然后输入相对坐标来设置阵列距离及角度，就生成了倾斜方向的阵列。

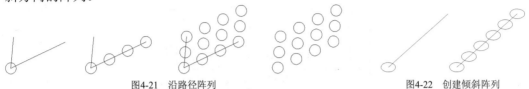

图4-21　沿路径阵列　　　　　　　　　　　　　　　图4-22　创建倾斜阵列

4.2.5　镜像对象

绘制对称图形时，只需绘制图形的一半，另一半可以由 MIRROR 命令镜像出来。操作时，需先指定要镜像的对象，再指定镜像线。

命令启动方法

- 菜单命令：【修改】/【镜像】。
- 面板：【默认】选项卡中【修改】面板上的△按钮。
- 命令：MIRROR（简写为 MI）。

【练习4-9】：　打开素材文件"dwg\第 4 章\4-9.dwg"，如图 4-23 左图所示，使用 MIRROR 命令将左图修改为中图。

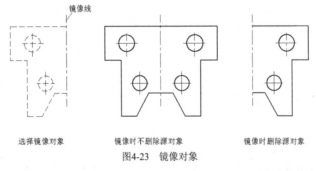

选择镜像对象　　　　镜像时不删除源对象　　　　镜像时删除源对象

图4-23　镜像对象

命令：_mirror　　　　　　　　　　　　　　　　　　//启动镜像命令

选择对象：指定对角点：找到 13 个　　　　　　　　//选择镜像对象

选择对象：　　　　　　　　　　　　　　　　　　　//按 Enter 键

指定镜像线的第一点：　　　　　　　　　　　　　　//拾取镜像线上的第一点

指定镜像线的第二点：　　　　　　　　　　　　　　//拾取镜像线上的第二点

要删除源对象吗？[是(Y)/否(N)] <否>：　　　　//按 Enter 键，默认镜像时不删除源对象

结果如图 4-23 中图所示。如果删除源对象，则结果如图 4-23 右图所示。

要点提示　当对文字及属性进行镜像操作时，会出现文字及属性倒置的情况。为避免这一点，用户需将 MIRRTEXT 系统变量设置为"0"。

4.2.6　上机练习——使用阵列命令及镜像命令绘图

【练习4-10】：使用 LINE、OFFSET、ARRAY 及 MIRROR 等命令绘制平面图形，如图 4-24 所示。

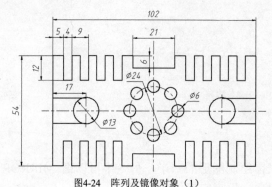

图4-24　阵列及镜像对象（1）

主要作图步骤如图 4-25 所示。

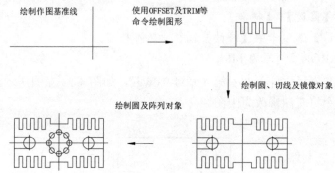

图4-25　主要作图步骤

【练习4-11】：使用 LINE、OFFSET、ARRAY 及 MIRROR 等命令绘制平面图形，如图 4-26 所示。

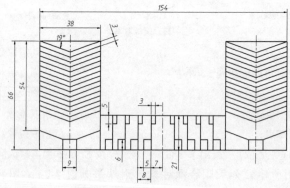

图4-26　阵列及镜像对象（2）

【练习4-12】：使用 LINE、OFFSET、COPY 及 ARRAY 等命令绘制平面图形，如图 4-27 所示。

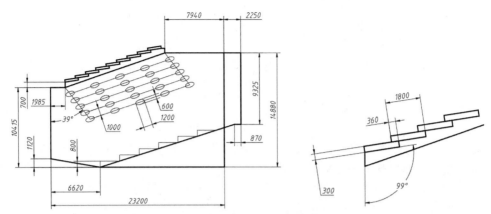

图4-27 绘制倾斜方向的阵列对象

对于倾斜方向的均匀分布对象可以采用以下方法绘制。

- 沿倾斜方向绘制辅助线，然后将 x 轴、y 轴方向的阵列对象通过阵列关键点调整到倾斜方向，并利用关键点改变阵列的间距。
- 沿倾斜方向绘制阵列路径，然后沿路径阵列对象。
- 沿倾斜方向绘制一条辅助线，该线的长度和角度分别代表阵列的间距和方向，然后使用 COPY 命令创建倾斜阵列。

4.2.7 上机练习——绘制装饰图案

【练习4-13】： 使用 RECTANG、POLYGON、ELLIPSE 等命令绘制装饰图案，如图 4-28 所示。

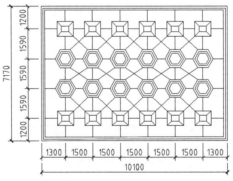

图4-28 绘制装饰图案（1）

1. 打开极轴追踪、对象捕捉及对象捕捉追踪功能。设置极轴追踪增量角为【90】，设定对象捕捉方式为【端点】【交点】，设置仅沿正交方向进行对象捕捉追踪。
2. 设定绘图窗口的高度。绘制一条竖直线段，线段长度为 15000。双击鼠标滚轮，使线段充满整个绘图窗口。
3. 使用 RECTANG、POLYGON、OFFSET 命令绘制矩形及正六边形，然后连线，细节尺寸如图 4-29 左图所示，结果如图 4-29 右图所示。

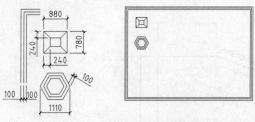

图4-29　绘制矩形及正六边形

4.　创建矩形阵列，结果如图 4-30 左图所示。镜像图形，再使用 LINE、COPY 命令绘制图中的连线，结果如图 4-30 右图所示。

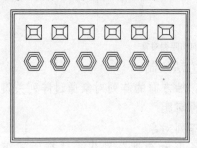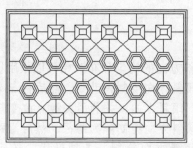

图4-30　创建矩形阵列并镜像图形

【练习4-14】：使用 RECTANG、POLYGON、ELLIPSE 等命令绘制装饰图案，如图 4-31 所示。

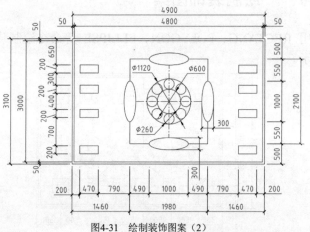

图4-31　绘制装饰图案（2）

4.3　旋转及对齐对象

下面介绍旋转对象和对齐对象的方法。

4.3.1　旋转对象

ROTATE 命令用于旋转对象，改变对象的方向。使用此命令时，指定旋转基点并输入旋转角度就可以转动对象，此外，也可以把某个方位作为参照位置，然后选择一个新对象或输入一个新角度来指明要旋转到的位置。

一、命令启动方法

- 菜单命令：【修改】/【旋转】。
- 面板：【默认】选项卡中【修改】面板上的⟳按钮。
- 命令：ROTATE（简写为 RO）。

【练习4-15】：打开素材文件"dwg\第 4 章\4-15.dwg"，如图 4-32 左图所示，使用 LINE、CIRCLE、ROTATE 等命令将左图修改为右图。

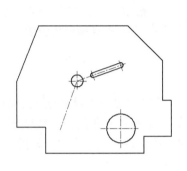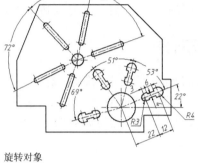

图4-32　旋转对象

1. 使用 ROTATE 命令旋转对象 A，如图 4-33 所示。

命令：_rotate	
选择对象：指定对角点：找到 7 个	//选择对象 A，如图 4-33 左图所示
选择对象：	//按 Enter 键
指定基点：	//捕捉圆心 B
指定旋转角度，或 [复制(C)/参照(R)] <70>：c	//选择"复制(C)"选项
指定旋转角度，或 [复制(C)/参照(R)] <70>：59	//输入旋转角度
命令：	
ROTATE	//重复命令
选择对象：指定对角点：找到 7 个	//选择对象 A
选择对象：	//按 Enter 键
指定基点：	//捕捉圆心 B
指定旋转角度，或 [复制(C)/参照(R)] <59>：c	//选择"复制(C)"选项
指定旋转角度，或 [复制(C)/参照(R)] <59>：r	//选择"参照(R)"选项
指定参照角 <0>：	//捕捉点 B
指定第二点：	//捕捉点 C
指定新角度或 [点(P)] <0>：	//捕捉点 D

结果如图 4-33 右图所示。

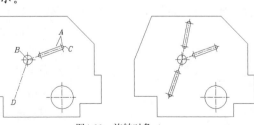

图4-33　旋转对象 A

2. 绘制图形的其余部分。

二、 命令选项

- 指定旋转角度: 指定旋转基点并输入绝对旋转角度来旋转实体。旋转角度是基于当前用户坐标系测量的。如果输入负的旋转角度, 则选定的对象顺时针旋转, 否则将逆时针旋转。
- 复制(C): 旋转对象的同时复制对象。
- 参照(R): 指定某个方向作为起始参照角, 然后拾取一个点或两个点来指定原对象要旋转到的位置, 也可以通过输入新角度来指明要旋转到的位置。

4.3.2 对齐对象

使用 ALIGN 命令可以同时移动、旋转一个对象, 使之与另一个对象对齐。例如, 可以使对象中的某点、某条直线或某个面(三维实体)与另一个实体对象的点、线或面对齐。操作过程中, 只需按照系统提示指定源对象与目标对象的一点、两点或三点对齐就可以了。

命令启动方法

- 菜单命令: 【修改】/【三维操作】/【对齐】。
- 面板: 【默认】选项卡中【修改】面板上的 按钮。
- 命令: ALIGN (简写为 AI)。

【练习4-16】: 使用 LINE、CIRCLE、ALIGN 等命令绘制平面图形, 如图 4-34 所示。

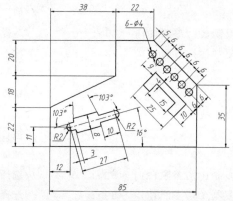

图4-34 对齐对象

1. 绘制轮廓线及图形 E, 再使用 XLINE 命令绘制定位线 C、D, 如图 4-35 左图所示, 然后使用 ALIGN 命令将图形 E 定位到正确的位置。

```
命令: _xline
指定点或 [水平(H)/垂直(V)/角度(A)/二等分(B)/偏移(O)]: from
                                          //使用正交偏移捕捉
基点: <偏移>: @12,11                        //捕捉基点 B, 并输入点 B 的相对坐标
指定通过点: <16                            //设定定位线 D 的角度
指定通过点:                                //单击一点
指定通过点: <106                           //设定定位线 C 的角度
指定通过点:                                //单击一点
```

指定通过点：	//按 Enter 键结束
命令：_align	//启动对齐命令
选择对象：指定对角点：找到 15 个	//选择图形 E
选择对象：	//按 Enter 键
指定第一个源点：	//捕捉第一个源点 F
指定第一个目标点：	//捕捉第一个目标点 B
指定第二个源点：	//捕捉第二个源点 G
指定第二个目标点：nea 到	//在直线 D 上捕捉一点
指定第三个源点或 <继续>：	//按 Enter 键
是否基于对齐点缩放对象？[是(Y)/否(N)] <否>：	//按 Enter 键不选择缩放源对象

结果如图 4-35 右图所示。

2. 绘制定位线 H、I 及图形 J，如图 4-36 左图所示。使用 ALIGN 命令将图形 J 定位到正确的位置，结果如图 4-36 右图所示。

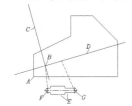

图4-35　绘制及对齐图形 E 等

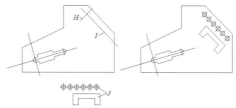

图4-36　绘制及对齐图形 J 等

4.3.3　上机练习——使用旋转和对齐命令绘图

图样中的图形实体最常见的位置一般是水平或竖直的，这类实体如果利用正交或极轴追踪功能辅助作图会非常方便。另一类实体是处于倾斜的位置，这给作图带来了许多不便。绘制这类图形实体时，可以先在水平或竖直方向作图，然后使用 ROTATE 或 ALIGN 命令将图形定位到倾斜方向。

【练习4-17】：　使用 LINE、CIRCLE、COPY、ROTATE 及 ALIGN 等命令绘制平面图形，如图 4-37 所示。

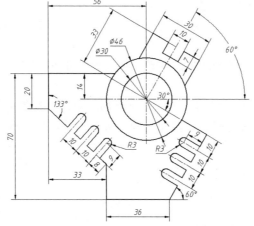

图4-37　使用 COPY、ROTATE、ALIGN 等命令绘图

主要作图步骤如图 4-38 所示。

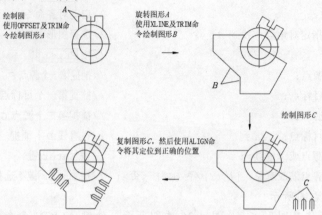

图4-38　主要作图步骤

【练习4-18】：　绘制图 4-39 所示的图形。

该图的特点是所有三角形的尺寸相同，另外，还有两处局部细节的形状和大小也相同。

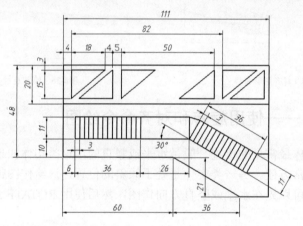

图4-39　使用 COPY、ROTATE 等命令绘图

1.　打开极轴追踪、对象捕捉及对象捕捉追踪功能。设置极轴追踪增量角为【90】，设定对象捕捉方式为【端点】【交点】，设置仅沿正交方向进行对象捕捉追踪。

2.　设定绘图窗口的高度。绘制一条竖直线段，线段长度为 200。双击鼠标滚轮，使线段充满整个绘图窗口。

3.　使用 LINE 命令绘制闭合线框及三角形，结果如图 4-40 所示。点 A 可以利用正交偏移捕捉功能确定。

4.　使用 COPY 命令复制线段 C、B、D，绘制新的三角形，结果如图 4-41 所示。

5.　使用 COPY 命令绘制三角形 E、F、G、H，结果如图 4-42 所示。

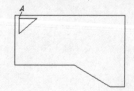

图4-40　绘制闭合线框及三角形

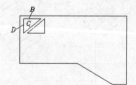

图4-41　绘制新的三角形

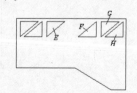

图4-42　绘制三角形 E、F、G、H

6. 使用 OFFSET 命令绘制平行线 *I*、*J*、*K*、*L*、*M*，结果如图 4-43 所示。延伸线段 *K*、*J*，然后修剪多余线条，结果如图 4-44 所示。

7. 创建线段 *N* 的矩形阵列，结果如图 4-45 所示。

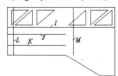 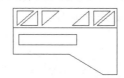 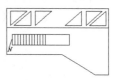

图4-43　绘制平行线 *I*、*J*、*K*、*L*、*M*　　　　图4-44　修剪结果（1）　　　　图4-45　创建矩形阵列

8. 使用 COPY、ROTATE、MOVE 命令绘制对象 *O*，结果如图 4-46 所示。

9. 绘制线段 *A*、*B*、*C*，再修剪多余线条，结果如图 4-47 所示。

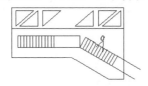 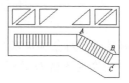

图4-46　绘制对象 *O*　　　　　　　　　图4-47　修剪结果（2）

【练习4-19】：　使用 LINE、ROTATE、ALIGN 等命令绘制图 4-48 所示的图形。

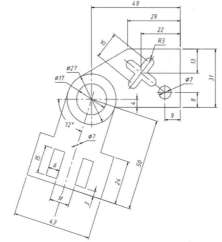

图4-48　使用 LINE、ROTATE、ALIGN 等命令绘图

4.4　拉伸及按比例缩放对象

下面介绍拉伸对象及按比例缩放对象的方法。

4.4.1　拉伸对象

使用 STRETCH 命令可以一次性将多个对象沿指定的方向进行拉伸。编辑过程中必须使用交叉框选择对象，除被选中的对象外，其他图元的大小及相互间的几何关系将保持不变。

命令启动方法

- 菜单命令:【修改】/【拉伸】。

- 面板:【默认】选项卡中【修改】面板上的 按钮。
- 命令: STRETCH（简写为 S）。

【练习4-20】: 打开素材文件"dwg\第 4 章\4-20.dwg"，如图 4-49 左图所示，使用 STRETCH 命令将左图修改为右图。

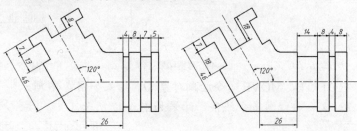

图4-49　拉伸对象

1. 打开极轴追踪、对象捕捉及对象捕捉追踪功能。
2. 调整槽 A 的宽度及槽 D 的深度，如图 4-50 左图所示。

命令: _stretch	//启动拉伸命令
选择对象:	//单击点 B，如图 4-50 左图所示
指定对角点: 找到 17 个	//单击点 C
选择对象:	//按 Enter 键
指定基点或 [位移(D)] <位移>:	//单击一点
指定第二个点或 <使用第一个点作位移>: 10	//向右追踪并输入追踪距离
命令:	
STRETCH	//重复命令
选择对象:	//单击点 E
指定对角点: 找到 5 个	//单击点 F
选择对象:	//按 Enter 键
指定基点或 [位移(D)] <位移>: 10<-60	//输入拉伸的距离及方向
指定第二个点或 <使用第一个点作为位移>:	//按 Enter 键结束

结果如图 4-50 右图所示。

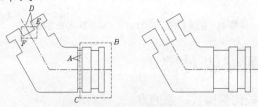

图4-50　拉伸对象

3. 使用 STRETCH 命令修改图形的其他部分。

使用 STRETCH 命令时，首先应利用交叉框选择对象，然后指定对象拉伸的距离和方向。在交叉框中的对象顶点都被移动，而与交叉框相交的对象将被延伸或缩短。

设定拉伸距离和方向的方式如下。

- 在绘图窗口中指定两个点，这两点之间的距离和方向代表了拉伸实体的距离和方向。

- 当系统提示"指定基点"时，指定拉伸的基准点；当系统提示"指定第二个点"时，捕捉第二点或输入第二点相对于基准点的相对直角坐标或极坐标。
- 以"*X*，*Y*"方式输入对象沿 *x* 轴、*y* 轴方向拉伸的距离，或者用"距离<角度"方式输入拉伸的距离和方向。

  当系统提示"指定基点"时，输入拉伸值；当提示"指定第二个点"时，按 Enter 键确认，这样系统就会以输入的拉伸值来拉伸对象。
- 打开正交或极轴追踪功能，就能方便地将实体只沿 *x* 轴或 *y* 轴方向拉伸。

  当系统提示"指定基点"时，单击一点并把实体向水平或竖直方向拉伸，然后输入拉伸值。
- 使用"位移(D)"选项。选择该选项后，系统提示"指定位移"，此时以"*X*，*Y*"方式输入沿 *x* 轴、*y* 轴方向拉伸的距离，或者以"距离<角度"方式输入拉伸的距离和方向。

4.4.2　按比例缩放对象

SCALE 命令可以将对象按指定的比例因子相对于基准点放大或缩小，也可以把对象缩放到指定的尺寸。

一、命令启动方法

- 菜单命令:【修改】/【缩放】。
- 面板:【默认】选项卡中【修改】面板上的口按钮。
- 命令: SCALE (简写为 SC)。

【练习4-21】：打开素材文件"dwg\第 4 章\4-21.dwg"，如图 4-51 左图所示，使用 SCALE 命令将左图修改为右图。

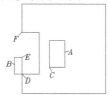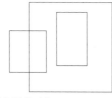

图4-51　按比例缩放对象

命令: _scale	//启动比例缩放命令
选择对象: 找到 1 个	//选择矩形 A，如图 4-51 左图所示
选择对象:	//按 Enter 键
指定基点:	//捕捉交点 C
指定比例因子或[复制(C)/参照(R)] <1.0000>: 2	//输入缩放比例因子
命令:	
SCALE	//重复命令
选择对象: 找到 4 个	//选择线框 B
选择对象:	//按 Enter 键
指定基点:	//捕捉交点 D
指定比例因子或 [复制(C)/参照(R)] <2.0000>: r	//选择"参照(R)"选项

指定参照长度 <1.0000>:	//捕捉交点 D
指定第二点:	//捕捉交点 E
指定新的长度或 [点(P)] <1.0000>:	//捕捉交点 F

结果如图 4-51 右图所示。

二、 命令选项

- 指定比例因子：直接输入缩放比例因子，系统会根据此比例因子缩放图形。若比例因子小于 1，则缩小图形，大于 1 时将放大图形。
- 复制(C)：缩放对象的同时复制对象。
- 参照(R)：以参照的方式缩放图形。用户输入参考长度及新长度，系统把新长度与参考长度的比值作为缩放比例因子进行缩放。
- 点(P)：使用两点来定义新的长度。

4.4.3 上机练习——编辑已有对象生成新对象

【练习4-22】： 使用 LINE、OFFSET、COPY、ROTATE 及 STRETCH 等命令绘制平面图形，如图 4-52 所示。

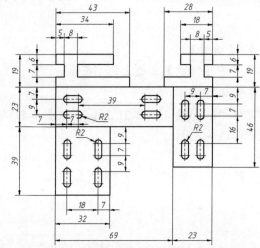

图4-52 使用 LINE、OFFSET、COPY、ROTATE 及 STRETCH 等命令绘图

主要作图步骤如图 4-53 所示。

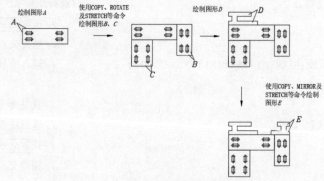

图4-53 主要作图步骤

【练习4-23】：使用 LINE、COPY、OFFSET 及 STRETCH 等命令绘制平面图形，如图 4-54 所示。

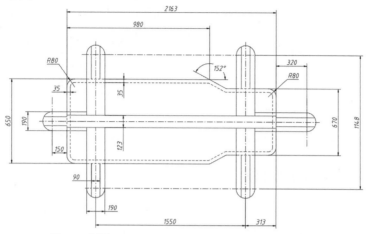

图4-54　使用 LINE、COPY、OFFSET 及 STRETCH 等命令绘图

4.5　关键点编辑方式

关键点编辑方式是一种集成的编辑模式，有以下 5 种编辑方式。

- 拉伸。
- 移动。
- 旋转。
- 缩放。
- 镜像。

图4-55　快捷菜单

默认情况下，AutoCAD 的关键点编辑方式是开启的。当用户选中实体后，实体上将出现若干方框，这些方框被称为关键点。将十字光标靠近并捕捉关键点，单击激活关键点编辑状态，此时，系统自动进入拉伸编辑方式，连续按 Enter 键，就可以在所有的编辑方式之间切换。此外，用户也可以在激活关键点编辑状态后，单击鼠标右键，弹出快捷菜单，如图 4-55 所示，通过此快捷菜单选择某种编辑方式。

在不同的编辑方式之间切换时，系统为每种编辑方式提供的选项基本相同，其中"基点(B)""复制(C)"选项是所有编辑方式共有的。

- 基点(B): 使用该选项，可以拾取某个点作为编辑过程的基点。例如，当进入旋转编辑方式要指定一个点作为旋转中心时，就选择"基点(B)"选项。默认情况下，编辑的基点是热关键点（选中的关键点）。
- 复制(C): 如果在编辑的同时还需复制对象，就选择此选项。

下面通过一个例子来熟悉各种关键点编辑方式。

【练习4-24】：打开素材文件"dwg\第 4 章\4-24.dwg"，如图 4-56 左图所示，利用关键点编辑方式将左图修改为右图。

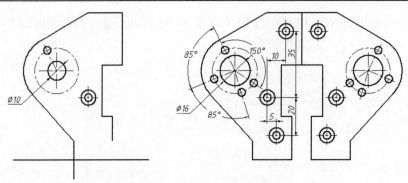

图4-56　利用关键点编辑方式修改图形

4.5.1　利用关键点拉伸对象

在拉伸编辑方式下，当热关键点是线段的端点时，用户可以有效地拉伸对象或缩短对象。如果热关键点是线段的中点、圆或圆弧的圆心，或者属于块、文字、尺寸数字等实体，就只移动对象。

利用关键点拉伸线段的操作如下。

打开极轴追踪、对象捕捉及对象捕捉追踪功能。设置极轴追踪增量角为【90】，设定对象捕捉方式为【端点】【圆心】【交点】。

命令：　　　　　　　　　　　　　　　　　　　//选中线段 A，如图 4-57 左图所示

命令：　　　　　　　　　　　　　　　　　　　//选中关键点 B

** 拉伸 **　　　　　　　　　　　　　　　　　//进入拉伸方式

指定拉伸点或 [基点(B)/复制(C)/放弃(U)/退出(X)]：//向下移动十字光标并捕捉点 C

继续调整其他线段的长度，结果如图 4-57 右图所示。

打开正交状态后用户就可以利用关键点拉伸方式很方便地改变水平线段或竖直线段的长度。

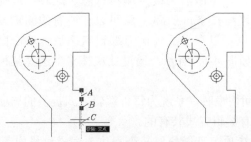

图4-57　利用关键点拉伸对象

4.5.2　利用关键点移动及复制对象

关键点移动方式可以编辑单一对象或一组对象，在此方式下选择"复制(C)"选项就能在移动实体的同时进行复制，这种编辑方式与普通的 MOVE 命令很相似。

利用关键点复制对象的操作如下。

命令：　　　　　　　　　　　　　　　　　　　//选中对象 D，如图 4-58 左图所示

命令：	//选中一个关键点
** 拉伸 **	
指定拉伸点或 [基点(B)/复制(C)/放弃(U)/退出(X)]:	//进入拉伸方式
** 移动 **	//按 Enter 键进入移动方式
指定移动点或 [基点(B)/复制(C)/放弃(U)/退出(X)]: c	//选择 "复制(C)" 选项
** 移动 (多重) **	
指定移动点或 [基点(B)/复制(C)/放弃(U)/退出(X)]: b	//选择 "基点(B)" 选项
指定基点：	//捕捉对象 D 的圆心
** 移动 (多重) **	
指定移动点或 [基点(B)/复制(C)/放弃(U)/退出(X)]: @10,35	//输入相对坐标
** 移动 (多重) **	
指定移动点或 [基点(B)/复制(C)/放弃(U)/退出(X)]: @5,-20	//输入相对坐标
指定移动点或 [基点(B)/复制(C)/放弃(U)/退出(X)]:	//按 Enter 键结束

结果如图 4-58 右图所示。

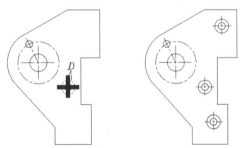

图4-58　利用关键点复制对象

4.5.3　利用关键点旋转对象

旋转对象是绕旋转中心进行的，当使用关键点编辑方式时，热关键点就是旋转中心，也可以指定其他点作为旋转中心。这种编辑方式与 ROTATE 命令相似，它的优点在于可以一次性将对象旋转且复制到多个方位。

旋转操作中的 "参照(R)" 选项有时非常有用，选择该选项后可以旋转图形实体，使其与某个新位置对齐。

利用关键点旋转对象的操作如下。

命令：	//选中对象 E，如图 4-59 左图所示
命令：	//选中一个关键点
** 拉伸 **	//进入拉伸方式
指定拉伸点或 [基点(B)/复制(C)/放弃(U)/退出(X)]: _rotate	
	//单击鼠标右键，在弹出的快捷菜单中选择【旋转】命令
** 旋转 **	//进入旋转方式
指定旋转角度或 [基点(B)/复制(C)/放弃(U)/参照(R)/退出(X)]: c	
	//选择 "复制(C)" 选项
** 旋转 (多重) **	

指定旋转角度或 [基点(B)/复制(C)/放弃(U)/参照(R)/退出(X)]: b
　　　　　　　　　　　　　　　　　　　　　//选择"基点(B)"选项
指定基点:　　　　　　　　　　　　　　　　　//捕捉圆心 F
** 旋转 (多重) *
指定旋转角度或 [基点(B)/复制(C)/放弃(U)/参照(R)/退出(X)]: 85　　//输入旋转角度
** 旋转 (多重) **
指定旋转角度或 [基点(B)/复制(C)/放弃(U)/参照(R)/退出(X)]: 170　　//输入旋转角度
** 旋转 (多重) **
指定旋转角度或 [基点(B)/复制(C)/放弃(U)/参照(R)/退出(X)]: -150　　//输入旋转角度
** 旋转 (多重) **
指定旋转角度或 [基点(B)/复制(C)/放弃(U)/参照(R)/退出(X)]:　　//按 Enter 键结束

结果如图 4-59 右图所示。

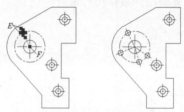

图4-59　利用关键点旋转对象

4.5.4　利用关键点缩放对象

关键点编辑方式也提供了缩放对象的功能，当切换到缩放方式时，热关键点是缩放的基点。用户可以输入比例因子对图形实体进行放大或缩小，也可以利用"参照(R)"选项将实体缩放到某个尺寸。

利用关键点缩放方式缩放对象的操作如下。

命令:　　　　　　　　　　　　　　　　　　//选中圆 G，如图 4-60 左图所示
命令:　　　　　　　　　　　　　　　　　　//选中任意一个关键点
** 拉伸 **　　　　　　　　　　　　　　　　//进入拉伸方式
指定拉伸点或 [基点(B)/复制(C)/放弃(U)/退出(X)]: _scale
　　　　　　　　　　//单击鼠标右键，在弹出的快捷菜单中选择【缩放】命令
** 比例缩放 **　　　　　　　　　　　　　　//进入缩放方式
指定比例因子或 [基点(B)/复制(C)/放弃(U)/参照(R)/退出(X)]: b
　　　　　　　　　　　　　　　　　　　　//选择"基点(B)"选项
指定基点:　　　　　　　　　　　　　　　　//捕捉圆 G 的圆心
** 比例缩放 **
指定比例因子或 [基点(B)/复制(C)/放弃(U)/参照(R)/退出(X)]: 1.6
　　　　　　　　　　　　　　　　　　　　//输入比例因子

结果如图 4-60 右图所示。

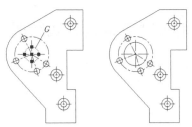

图4-60 利用关键点缩放对象

4.5.5 利用关键点镜像对象

进入镜像方式后，系统直接提示"指定第二点"。默认情况下，热关键点是镜像线的第一点，拾取第二点后，此点便与第一点一起形成镜像线。如果要重新设定镜像线的第一点，需选择"基点(B)"选项。

利用关键点镜像方式镜像对象的操作如下。

命令：	//选择要镜像的对象，如图 4-61 左图所示
命令：	//选中关键点 H
** 拉伸 **	//进入拉伸方式
指定拉伸点或 [基点(B)/复制(C)/放弃(U)/退出(X)]: _mirror	
	//单击鼠标右键，在弹出的快捷菜单中选择【镜像】命令
** 镜像 **	//进入镜像方式
指定第二点或 [基点(B)/复制(C)/放弃(U)/退出(X)]: c	//选择"复制(c)"选项
** 镜像（多重）**	
指定第二点或 [基点(B)/复制(C)/放弃(U)/退出(X)]:	//捕捉 I 点
** 镜像（多重）**	
指定第二点或 [基点(B)/复制(C)/放弃(U)/退出(X)]:	//按 Enter 键结束

结果如图 4-61 右图所示。

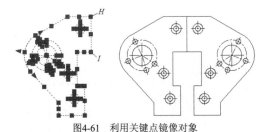

图4-61 利用关键点镜像对象

4.5.6 利用关键点编辑功能改变线段、圆弧的长度

选中线段、圆弧等对象，出现关键点，将十字光标悬停在关键点上，出现快捷菜单，如图 4-62 所示，选择【拉长】命令，系统执行相应的功能，按 Ctrl 键可以切换执行【拉伸】命令。

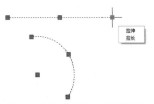

图4-62 关键点编辑功能快捷菜单

4.5.7 上机练习——利用关键点编辑方式绘图

【练习4-25】：利用关键点编辑方式绘图，如图 4-63 所示。

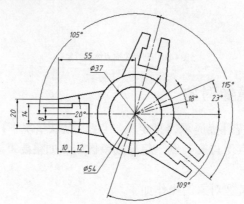

图4-63 利用关键点编辑方式绘图（1）

主要作图步骤如图 4-64 所示。

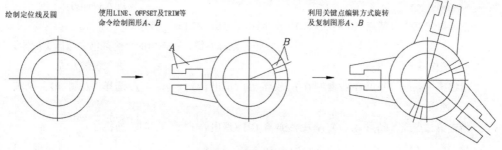

图4-64 主要作图步骤

【练习4-26】：利用关键点编辑方式绘图，如图 4-65 所示。
图中的图形可以利用关键点编辑方式一次性绘制。

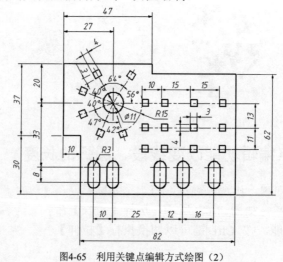

图4-65 利用关键点编辑方式绘图（2）

4.6　绘制样条曲线及断裂线

可以使用 SPLINE 命令绘制光滑曲线。样条曲线使用拟合点或控制点进行定义。默认情况下，拟合点与样条曲线重合，而控制点用来定义多边形控制框，如图 4-66 所示。利用控制框可以很方便地调整样条曲线的形状。

可以通过拟合公差及样条曲线的多项式阶数改变样条曲线的精度。公差值越小，样条曲线与拟合点越接近。多项式阶数越高，曲线越光滑。

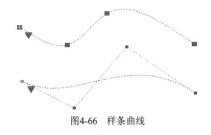

图4-66　样条曲线

绘制工程图时，可以使用 SPLINE 命令绘制断裂线。

一、命令启动方法

- 菜单命令：【绘图】/【样条曲线】/【拟合点】或【绘图】/【样条曲线】/【控制点】。
- 面板：【默认】选项卡中【绘图】面板上的 ∿ 或 ∿ 按钮。
- 命令：SPLINE（简写为 SPL）。

【练习4-27】：绘制样条曲线。

单击【绘图】面板上的 ∿ 按钮。

指定第一个点或 [方式(M)/节点(K)/对象(O)]:　　　//拾取点 A，如图 4-67 所示
输入下一个点或 [起点切向(T)/公差(L)]:　　　　//拾取点 B
输入下一个点或 [端点相切(T)/公差(L)/放弃(U)]:　　//拾取点 C
输入下一个点或 [端点相切(T)/公差(L)/放弃(U)/闭合(C)]:　　//拾取点 D
输入下一个点或 [端点相切(T)/公差(L)/放弃(U)/闭合(C)]:　　//拾取点 E
输入下一个点或 [端点相切(T)/公差(L)/放弃(U)/闭合(C)]:　　//按 Enter 键结束命令

结果如图 4-67 所示。

图4-67　绘制样条曲线

二、命令选项

- 方式(M)：指定是使用拟合点还是使用控制点来创建样条曲线。
- 节点(K)：指定节点参数化。它是一种计算方法，用来确定样条曲线中连续拟合点之间的零部件曲线如何过渡。
- 对象(O)：将二维或三维的二次样条曲线或三次样条曲线拟合多段线转换成等效的样条曲线。
- 起点切向(T)：指定在样条曲线起点的相切条件。
- 端点相切(T)：指定在样条曲线终点的相切条件。
- 公差(L)：指定样条曲线可以偏离指定拟合点的距离。
- 闭合(C)：使样条曲线闭合。

4.7 填充剖面图案

工程图中的剖面线一般绘制在一个对象或由几个对象围成的封闭区域中。绘制剖面线时，首先要指定填充边界。一般可以用两种方法选定填充剖面线的边界，一种是在闭合的区域中选一点，系统自动搜索闭合的边界；另一种是通过选择对象来定义边界。

系统提供了许多标准填充图案，用户也可以定制自己的图案。此外，还能控制剖面图案的疏密及剖面线条的倾斜角。

4.7.1 填充封闭区域

HATCH 命令用于生成填充图案。启动该命令后，系统打开【图案填充创建】选项卡，在该选项卡中选择填充图案，设定填充比例、角度及填充区域后，就可以创建图案填充了。

命令启动方法

- 菜单命令:【绘图】/【图案填充】。
- 面板:【默认】选项卡中【绘图】面板上的◳按钮。
- 命令: HATCH（简写为 H）。

【练习4-28】： 打开素材文件 "dwg\第 4 章\4-28.dwg"，如图 4-68 左图所示，使用 HATCH 命令将左图修改为右图。

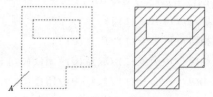

图4-68　在封闭区域内绘制剖面线

1. 单击【绘图】面板上的◳按钮，打开【图案填充创建】选项卡，如图 4-69 所示。默认情况下，系统提示"拾取内部点"（否则单击➕按钮），将十字光标移动到要填充的区域，系统显示填充效果。

图4-69　【图案填充创建】选项卡

【图案填充创建】选项卡中常用选项的功能介绍如下。

- ◳ 图案 ▾：设定填充类型，有【图案】【渐变色】【实体】【用户定义】选项。
- ▮ 205, 105, 40 ▾：设定填充图案的颜色。
- ▮ 247,242,129 ▾：设定填充图案的背景色。
- ➕按钮：单击此按钮，然后在填充区域中单击一点，系统自动分析边界集，并从中确定包围该点的闭合边界。
- ◳按钮：单击此按钮，然后选择一些对象作为填充边界，此时无须对象构成闭合的边界。

- 按钮：在填充区域内单击一点，系统显示填充效果时，该按钮可用。填充边界中常包含一些闭合区域，这些区域称为孤岛。若希望在孤岛中也填充图案，则单击此按钮，选择要填充的孤岛。

- ▦按钮：编辑填充图案时，可以利用此按钮生成与图案边界相同的多段线或面域。

- 图案填充透明度 ⃞ 0 ：设定图案填充的透明度。单击状态栏上的透明度按钮▩可以预览相应的效果。

- 角度 ⃞ 0 ：指定图案填充的旋转角度（相对于当前用户坐标系的 x 轴），有效值为 0 ~ 359。

- ▦ 1 ▾：放大或缩小预定义或自定义的填充图案。

- 【原点】面板：控制填充图案生成的起始位置。某些图案填充（如砖块图案）需要与图案填充边界上的某点对齐。默认情况下，所有图案填充原点都对应于当前的用户坐标系原点。

- ▨按钮：设定填充图案与边界是否关联。若关联，则图案会随着边界的改变而变化。

- ⚞按钮：设定填充图案是否为注释性对象，详见 4.7.8 小节。

- ▩按钮：单击此按钮，选择已有的填充图案，则已有图案的参数将赋予【图案填充创建】选项卡。

- ✕按钮：退出【图案填充创建】选项卡，也可以按 Enter 键或 Esc 键退出。

2. 在【图案】面板中选择剖面线【ANSI31】，将十字光标移动到填充区域，预览填充效果。

3. 在想要填充的区域中选定点 A，如图 4-68 左图所示，此时系统自动寻找一个闭合的边界并进行填充。

4. 在【角度】及【比例】文本框中的值设为 "45" 和 "2"，每输入一个数值，就按 Enter 键预览填充效果。再将这两个值分别改为 "0" 和 "1.5"，继续预览效果。

5. 如果满意，按 Enter 键，完成剖面图案的绘制，结果如图 4-68 右图所示。若不满意，则重新设定有关参数。

4.7.2　填充不封闭的区域

系统允许用户填充不封闭的区域，如图 4-70 左图所示，直线和圆弧的一边端点不重合，存在间隙。若该间隙值小于或等于设定的最大间隙值，则系统将忽略此间隙，认为该边界是闭合的，从而生成填充图案。填充边界两端点之间的最大间隙值可以在【图案填充创建】选项卡的【选项】面板中设定，如图 4-70 右图所示。此外，该值也可以通过系统变量 HPGAPTOL 来设定。

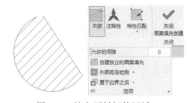

图4-70　填充不封闭的区域

4.7.3　填充复杂图形的方法

在图形不复杂的情况下，常通过在填充区域内指定一点的方法来定义边界。但若图形很复杂，这种方法就会浪费许多时间，因为系统要在当前视口中搜寻所有可见的对象。为避免发生这种情况，可以在【图案填充创建】选项卡的【边界】面板中定义要搜索的边界集，这样能很快地生成填充区域边界。

定义搜索边界集的方法如下。

1. 单击【边界】面板下方的 ▼ 按钮，展开面板，如图 4-71 所示。
2. 单击 按钮（选择新边界集），系统提示如下。

    选择对象：   //用交叉框、矩形框等方法选择实体

3. 在填充区域内拾取一点，此时系统仅分析选定的图形实体来创建填充区域边界。

图4-71　【边界】面板

4.7.4　使用渐变色填充图形

颜色的渐变是指一种颜色的不同灰度之间或两种颜色之间的平滑过渡。在 AutoCAD 中，可以使用渐变色填充图形，填充后的区域将呈现类似光照后的反射效应，大大增强图形的演示效果。

在【图案填充创建】选项卡的【图案填充类型】下拉列表中选择【渐变色】选项，系统会在【图案】面板中显示 9 种渐变色图案，如图 4-72 所示。用户可以在【渐变色 1】和【渐变色 2】下拉列表中指定一种颜色或两种颜色以形成渐变色进行填充。

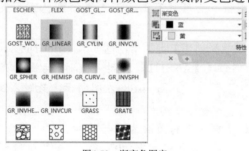

图4-72　渐变色图案

4.7.5　剖面线比例

在 AutoCAD 中，预定义剖面线图案的默认缩放比例是 1：1，但用户可以在【图案填充创建】选项卡的 文本框中设定其他比例值。绘制剖面线时，若没有指定特殊比例值，系统按默认值绘制剖面线。当输入一个不同于默认值的图案比例时，可以增加或减小剖面线的间距，图 4-73 所示分别是剖面线比例为 1：1、2：1 和 1：2 时的情况。

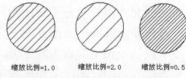

图4-73　不同比例剖面线的形状

4.7.6　剖面线角度

除剖面线间距可以控制，剖面线的倾斜角度也可以控制。可以在【图案填充创建】选项卡的 文本框中设定图案填充的角度。当图案的角度是【0】时，剖面线（ANSI31）与 x 轴正向的夹角是 45°，在【角度】文本框中显示的角度并不是剖面线与 x 轴的倾斜角度，而是剖面线的转动角度。

当【角度】文本框中的值为 45、90、15 时，剖面
线将逆时针转动到新的位置，它们与 x 轴正向的夹角分
别是 90°、135°、60°，如图 4-74 所示。

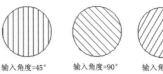

输入角度=45°　　输入角度=90°　　输入角度=15°

图4-74　输入不同角度时的剖面线

4.7.7　编辑图案填充

单击填充图案，打开【图案填充编辑器】选项卡，在该选项卡中可进行相关的编辑操
作。该选项卡与【图案填充创建】选项卡类似，这里不再赘述。

HATCHEDIT 命令也可以用于修改填充图案的外观及类型，如改变图案的角度、比例或
用其他样式的图案填充图形等。启动该命令，打开【图案填充编辑】对话框。

命令启动方法

- 菜单命令:【修改】/【对象】/【图案填充】。
- 面板:【默认】选项卡中【修改】面板上的 ❖ 按钮。
- 命令: HATCHEDIT（简写为 HE）。

【练习4-29】：　修改图案角度及比例。

1. 打开素材文件"dwg\第 4 章\4-29.dwg"，如图 4-75 左图所示。
2. 启动 HATCHEDIT 命令，系统提示"选择图案填充对象"，选择图案填充后，打开【图
  案填充编辑】对话框，如图 4-76 所示。通过该对话框，用户能修改剖面图案、比例及
  角度等。

图4-75　修改图案角度及比例　　　　　　图4-76　【图案填充编辑】对话框

3. 在【角度】下拉列表框中输入"90"，在【比例】下拉列表框中输入"3"，然后单击
  确定 按钮，结果如图 4-75 右图所示。

4.7.8　创建注释性填充图案

为图形实体填充图案时，要考虑打印比例对最终图案疏密程度的影响。一般设定图案填
充比例为打印比例的倒数，这样打印出图后，图纸上图案的间距与最初系统的定义值一致。

为实现这一目标，也可以采用另外一种方式，即创建注释性填充图案。此类图案具有注释比例属性，系统将根据注释比例自动缩放图案，缩放因子为注释比例的倒数。这样，只要创建的注释对象的注释比例与打印比例一致，就能保证出图后图案填充的间距与系统的原始定义值相同。

创建填充图案时，在【图案填充创建】选项卡的【选项】面板中单击 按钮，如图 4-77 所示，即可创建注释性填充图案。

图4-77　【选项】面板

默认情况下，注释性填充图案的比例值为当前系统的设置值，单击状态栏上的 🗚 1:5 ▾ 按钮，可以在弹出的菜单中设定当前注释比例。选择注释对象，通过右键快捷菜单中的【特性】命令可添加或去除注释对象的注释比例。

4.7.9　上机练习——填充剖面图案

【练习4-30】：打开素材文件"dwg\第 4 章\4-30.dwg"，在平面图形中填充图案，结果如图4-78 所示。

图4-78　填充图案（1）

1. 在 6 个小椭圆内填充图案，结果如图 4-79 所示。图案名称为【ANSI31】，角度值为"45"，填充图案比例为"0.5"。
2. 在 6 个小圆内填充图案，结果如图 4-80 所示。图案名称为【ANSI31】，角度值为"–45"，填充图案比例为"0.5"。

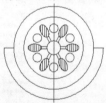

图4-79　在椭圆内填充图案

图4-80　在小圆内填充图案

3. 在区域 *A* 中填充图案，结果如图 4-81 所示。图案名称为【AR-CONC】，角度值为"0"，填充图案比例为"0.05"。
4. 在区域 *B* 中填充图案，结果如图 4-82 所示。图案名称为【EARTH】，角度值为"0"，填充图案比例为"1.0"。

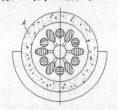

图4-81　在区域 *A* 中填充图案

图4-82　在区域 *B* 中填充图案

【练习4-31】： 打开素材文件"dwg\第 4 章\4-31.dwg"，在平面图形中填充图案，结果如图 4-83 所示。

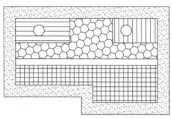

图4-83　填充图案（2）

1. 在区域 *G* 中填充图案，结果如图 4-84 所示。图案名称为【AR-SAND】，角度值为 "0"，填充图案比例为 "0.05"。

2. 在区域 *H* 中填充图案，结果如图 4-85 所示。图案名称为【ANSI31】，角度值为 "–45"，填充图案比例为 "1.0"。

3. 在区域 *I* 中填充图案，结果如图 4-86 所示。图案名称为【ANSI31】，角度值为 "45"，填充图案比例为 "1.0"。

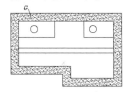　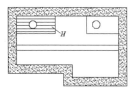　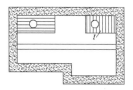

图4-84　在区域 *G* 中填充图案　　图4-85　在区域 *H* 中填充图案　　图4-86　在区域 *I* 中填充图案

4. 在区域 *J* 中填充图案，结果如图 4-87 所示。图案名称为【HONEY】，角度值为 "45"，填充图案比例为 "1.0"。

5. 在区域 *K* 中填充图案，结果如图 4-88 所示。图案名称为【NET】，角度值为 "0"，填充图案比例为 "1.0"。

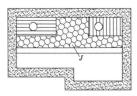　　　　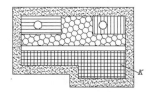

图4-87　在区域 *J* 中填充图案　　　　　图4-88　在区域 *K* 中填充图案

4.8　编辑对象属性

在 AutoCAD 中，对象属性是指系统赋予对象的颜色、线型、图层、高度及文字样式等特性，如直线和曲线包含图层、线型及颜色等属性，而文本则具有图层、颜色、字体及字高等属性。改变对象属性一般可以通过 PROPERTIES 命令完成。使用该命令时，系统打开【特性】面板，该面板中列出了所选对象的所有属性，通过此面板可以很方便地对属性进行修改。

改变对象属性的另一种方法是采用 MATCHPROP 命令，该命令可以使被编辑对象的属性与指定源对象的属性完全相同，即把源对象的属性传递给目标对象。

4.8.1 使用 PROPERTIES 命令改变对象属性

命令启动方法

- 菜单命令:【修改】/【特性】。
- 面板:【默认】选项卡中【特性】面板上的按钮。
- 命令: PROPERTIES（简写为 PR）。

下面通过修改非连续线当前对象线型比例因子的例子来说明 PROPERTIES 命令的用法。

【练习4-32】: 打开素材文件"dwg\第 4 章\4-32.dwg"，如图 4-89 左图所示，使用 PROPERTIES 命令将左图修改为右图。

1. 选择要编辑的非连续线，如图 4-89 左图所示。
2. 单击鼠标右键，在弹出的快捷菜单中选择【特性】命令，打开【特性】面板，如图 4-90 所示。根据所选对象不同，【特性】面板中显示的属性也有所不同，但有一些属性几乎是所有对象都拥有的，如颜色、图层、线型等。当在绘图窗口中选择单个对象时，【特性】面板就显示此对象的特性；若选择多个对象，则【特性】面板显示它们所共有的特性。
3. 单击【线型比例】文本框，该比例因子默认值是"1"，输入新的线型比例因子"2"后按 Enter 键，绘图窗口中的非连续线立即更新，显示修改后的结果，如图 4-89 右图所示。

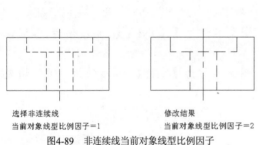

选择非连续线
当前对象线型比例因子＝1

修改结果
当前对象线型比例因子＝2

图4-89　非连续线当前对象线型比例因子

图4-90　【特性】面板

4.8.2 对象特性匹配

MATCHROP 是一个非常有用的编辑命令，可以使用此命令将源对象的属性（如颜色、线型、图层和线型比例等）传递给目标对象。操作时，至少要选择两个对象，第一个对象为源对象，第二个对象为目标对象。

命令启动方法

- 菜单命令:【修改】/【特性匹配】。
- 面板:【默认】选项卡中【特性】面板上的按钮。
- 命令: MATCHPROP（简写为 MA）。

【练习4-33】: 打开素材文件"dwg\第 4 章\4-33.dwg"，如图 4-91 左图所示，使用 MATCHPROP 命令将左图修改为右图。

1. 输入 MATCHPROP 命令，系统提示如下。

命令：MATCHPROP

选择源对象：　　　　　　　　　　　　　　//选择源对象，如图 4-91 左图所示

选择目标对象或 [设置(S)]：　　　　　　　//选择第一个目标对象

选择目标对象或 [设置(S)]：　　　　　　　//选择第二个目标对象

选择目标对象或 [设置(S)]：　　　　　　　//按 Enter 键结束

选择源对象后，鼠标指针变成类似"刷子"的形状，用此"刷子"来选择接受属性匹配的目标对象，结果如图 4-91 右图所示。

2.　如果用户仅想使目标对象的部分属性与源对象相同，可以在选择源对象后，选择"设置(S)"选项，打开【特性设置】对话框，如图 4-92 所示。默认情况下，系统选中该对话框中所有源对象的属性进行复制，但用户可以指定仅将其中的部分属性传递给目标对象。

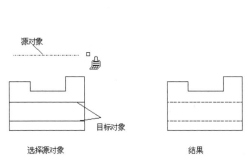

图4-91　特性匹配　　　　　　　　　　图4-92　【特性设置】对话框

4.9　综合练习一——绘制具有均布特征的图形

【练习4-34】：　使用 LINE、OFFSET、ARRAY 及 MIRROR 等命令绘制平面图形，如图 4-93 所示。

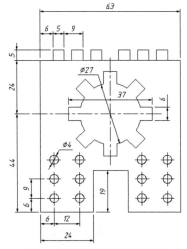

图4-93　绘制具有均布特征的图形

1. 创建以下两个图层。

名称	颜色	线型	线宽
轮廓线层	白色	Continuous	0.5
中心线层	红色	CENTER	默认

2. 打开极轴追踪、对象捕捉及对象捕捉追踪功能。设置极轴追踪增量角为【90】，设定对象捕捉方式为【端点】【圆心】【交点】，设置仅沿正交方向进行对象捕捉追踪。

3. 设定绘图窗口的高度。绘制一条竖直线段，线段长度为 100。双击鼠标滚轮，使线段充满整个绘图窗口。

4. 绘制水平和竖直的作图基准线 A、B，线段 A 的长度约为 80，线段 B 的长度约为 100，结果如图 4-94 所示。

5. 使用 OFFSET、TRIM 命令绘制线框 C，结果如图 4-95 所示。

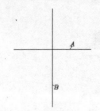
图4-94　绘制作图基准线 A、B

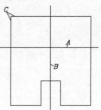
图4-95　绘制线框 C

6. 使用 LINE 命令绘制线框 D，使用 CIRCLE 命令绘制圆 E，结果如图 4-96 所示。圆 E 的圆心用正交偏移捕捉确定。

7. 创建线框 D 及圆 E 的矩形阵列，结果如图 4-97 所示。

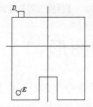
图4-96　绘制线框和圆

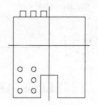
图4-97　创建矩形阵列

8. 镜像对象，结果如图 4-98 所示。

9. 使用 CIRCLE 命令绘制圆 A，再使用 OFFSET、TRIM 命令绘制线框 B，结果如图 4-99 所示。

10. 创建线框 B 的环形阵列，再修剪多余线条，结果如图 4-100 所示。

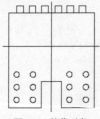
图4-98　镜像对象

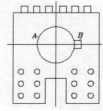
图4-99　绘制圆和线框

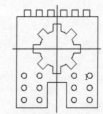
图4-100　创建阵列并修剪多余线条

【练习4-35】：　使用 LINE、OFFSET、ARRAY 及 MIRROR 等命令绘制平面图形，如图 4-101 所示。

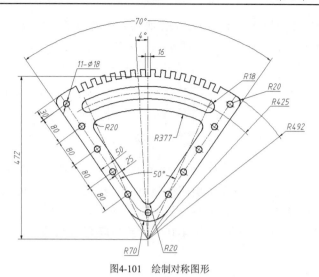

图4-101　绘制对称图形

4.10　综合练习二——创建矩形阵列及环形阵列

【练习4-36】：使用 LINE、CIRCLE、ARRAY 等命令绘制平面图形，如图 4-102 所示。

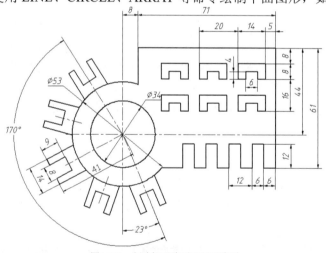

图4-102　创建矩形阵列及环形阵列

1. 创建以下两个图层。

名称	颜色	线型	线宽
轮廓线层	白色	Continuous	0.5
中心线层	红色	CENTER	默认

2. 打开极轴追踪、对象捕捉及对象捕捉追踪功能。设置极轴追踪增量角为【90】，设定对象捕捉方式为【端点】【交点】，设置仅沿正交方向进行对象捕捉追踪。

3. 设定绘图窗口的高度。绘制一条竖直线段，线段长度为 150。双击鼠标滚轮，使线段充满整个绘图窗口。

4. 绘制水平及竖直的作图基准线 A、B，结果如图 4-103 所示。线段 A 的长度约为 120，线段 B 的长度约为 80。

5. 以线段 *A*、*B* 的交点为圆心绘制圆 *C*、*D*，再绘制平行线 *E*、*F*、*G* 和 *H*，如图 4-104 所示。修剪多余线条，结果如图 4-105 所示。

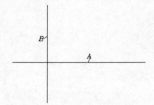

图4-103　绘制作图基准线 *A*、*B*

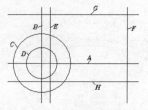

图4-104　绘制圆和平行线

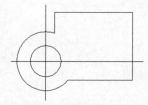

图4-105　修剪结果（1）

6. 以点 *I* 为起点，使用 LINE 命令绘制闭合线框 *K*，结果如图 4-106 所示。点 *I* 的位置可以用正交偏移捕捉确定，点 *J* 为偏移的基准点。

7. 创建线框 *K* 的矩形阵列，结果如图 4-107 所示。阵列行数为 2，列数为 3，行间距为 −16，列间距为 −20。

8. 绘制线段 *L*、*M*、*N*，结果如图 4-108 所示。

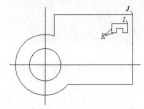

图4-106　绘制闭合线框 *K*

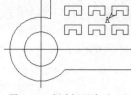

图4-107　创建矩形阵列（1）

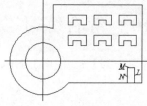

图4-108　绘制线段 *L*、*M*、*N*

9. 创建线框 *A* 的矩形阵列，结果如图 4-109 所示。阵列行数为 1，列数为 4，列间距为 −12。修剪多余线条，结果如图 4-110 所示。

10. 使用 XLINE 命令绘制两条相互垂直的直线 *B*、*C*，结果如图 4-111 所示，直线 C 与 D 之间的夹角为 23°。

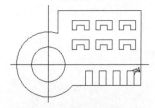

图4-109　创建矩形阵列（2）

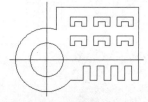

图4-110　修剪结果（2）

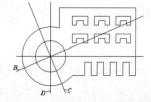

图4-111　绘制相互垂直的直线 *B*、*C*

11. 以直线 *B*、*C* 为基准线，使用 OFFSET 命令绘制平行线 *E*、*F*、*G* 等，如图 4-112 所示。修剪多余线条，结果如图 4-113 所示。

12. 创建线框 *H* 的环形阵列，阵列数目为 5，总角度为 170°，结果如图 4-114 所示。

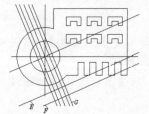

图4-112　绘制平行线 *E*、*F*、*G* 等

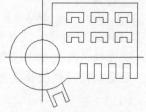

图4-113　修剪结果（3）

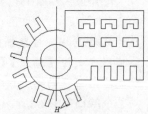

图4-114　创建环形阵列

【练习4-37】：　使用 LINE、CIRCLE、ARRAY 等命令绘制平面图形，如图 4-115 所示。

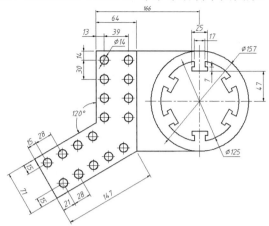

图4-115　使用 LINE、CIRCLE、ARRAY 等命令绘图

4.11　综合练习三——绘制由正多边形、椭圆等对象组成的图形

【练习4-38】：　使用 RECTANG、POLYGON 及 ELLIPSE 等命令绘图，如图 4-116 所示。

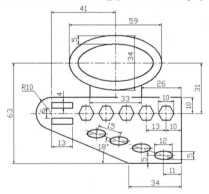

图4-116　绘制由正多边形、椭圆等对象组成的图形

1. 使用 LINE 命令绘制水平线段 A 及竖直线段 B，线段 A 的长度约为 80，线段 B 的长度约为 50，结果如图 4-117 所示。
2. 绘制椭圆 C、D 及圆 E，结果如图 4-118 所示。圆 E 的圆心用正交偏移捕捉确定。

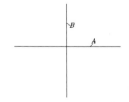

图4-117　绘制水平线段及竖直线段

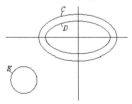

图4-118　绘制椭圆及圆

3. 使用 OFFSET、LINE、TRIM 命令绘制线框 F，结果如图 4-119 所示。
4. 绘制正六边形及椭圆，其中心点可以利用正交偏移捕捉确定，结果如图 4-120 所示。

117

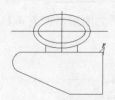

图4-119 绘制线框 *F*

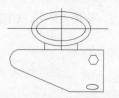

图4-120 绘制正六边形及椭圆

5. 创建正六边形及椭圆的矩形阵列，结果如图 4-121 所示。椭圆阵列的倾斜角度为 162°。

6. 绘制矩形，其角点 *A* 可以利用正交偏移捕捉确定，结果如图 4-122 所示。

7. 镜像矩形，结果如图 4-123 所示。

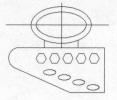

图4-121 创建矩形阵列

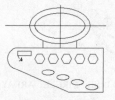

图4-122 绘制矩形

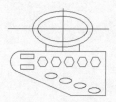

图4-123 镜像矩形

【练习4-39】：使用 RECTANG、POLYGON、ELLIPSE 等命令绘图，如图 4-124 所示。

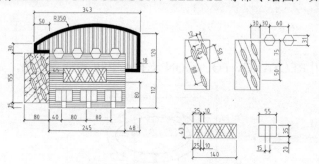

图4-124 绘制由矩形、正多边形及椭圆等对象组成的图形

4.12 综合练习四——利用已有图形生成新图形

【练习4-40】：使用 LINE、OFFSET、COPY、ROTATE 及 STRETCH 等命令绘制平面图形，如图 4-125 所示。

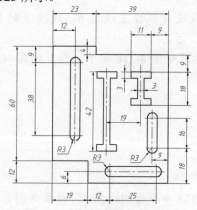

图4-125 利用已有图形生成新图形

1. 创建以下两个图层。

名称	颜色	线型	线宽
轮廓线层	白色	Continuous	0.5
中心线层	红色	CENTER	默认

2. 打开极轴追踪、对象捕捉及对象捕捉追踪功能。设置极轴追踪增量角为【90】，设定对象捕捉方式为【端点】【圆心】【交点】，设置仅沿正交方向进行对象捕捉追踪。

3. 设定绘图窗口的高度。绘制一条竖直线段，线段长度为 100。双击鼠标滚轮，使线段充满整个绘图窗口。

4. 绘制水平及竖直的作图基准线 A、B，线段 A 的长度约为 80，线段 B 的长度约为 90，结果如图 4-126 所示。

5. 使用 OFFSET、TRIM 命令绘制线框 C，结果如图 4-127 所示。

6. 使用 LINE、CIRCLE 命令绘制线框 D，结果如图 4-128 所示。

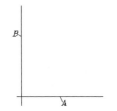
图4-126　绘制作图基准线 A、B

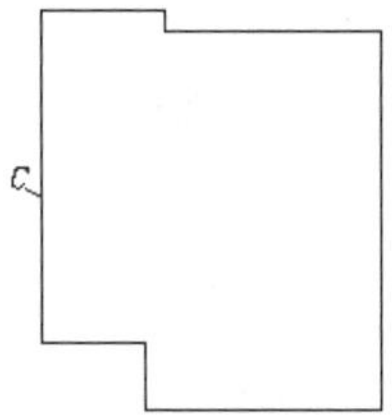

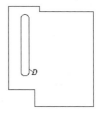
图4-127　绘制线框 C

图4-128　绘制线框 D

7. 把线框 D 复制到 E、F 处，结果如图 4-129 所示。

8. 把线框 E 绕点 G 旋转 90°，结果如图 4-130 所示。

9. 使用 STRETCH 命令改变线框 E、F 的长度，结果如图 4-131 所示。

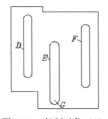
图4-129　复制对象（1）

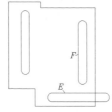
图4-130　旋转对象

图4-131　拉伸对象（1）

10. 使用 LINE 命令绘制线框 A，结果如图 4-132 所示。

11. 把线框 A 复制到 B 处，结果如图 4-133 所示。

12. 使用 STRETCH 命令拉伸线框 B，结果如图 4-134 所示。

图4-132　绘制线框 A

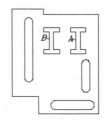
图4-133　复制对象（2）

图4-134　拉伸对象（2）

【练习4-41】：　使用 LINE、OFFSET、COPY、ROTATE 及 ALIGN 等命令绘制平面图形，如图 4-135 所示。

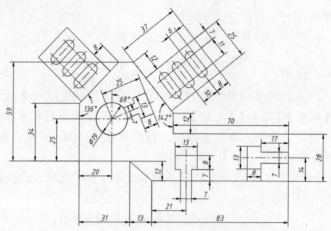

图4-135　使用 COPY、ROTATE 及 ALIGN 等命令绘图

4.13　综合练习五——绘制墙面展开图

【练习4-42】：　使用 LINE、OFFSET、ARRAY 等命令绘制图 4-136 所示的墙面展开图。

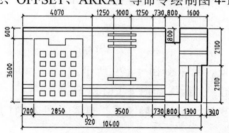

图4-136　绘制墙面展开图

1. 创建以下两个图层。

名称	颜色	线型	线宽
墙面-轮廓	白色	Continuous	0.7
墙面-装饰	青色	Continuous	默认

2. 打开极轴追踪、对象捕捉及对象捕捉追踪功能。设置极轴追踪增量角为【90】，设定对象捕捉方式为【端点】【交点】，设置仅沿正交方向进行对象捕捉追踪。

3. 设定绘图窗口的高度。绘制一条竖直线段，线段长度为 10000。双击鼠标滚轮，使线段充满整个绘图窗口。

4. 切换到"墙面-轮廓"图层。使用 LINE 命令绘制墙面轮廓，结果如图 4-137 所示。

5. 使用 LINE、OFFSET、TRIM 命令绘制图形 A，结果如图 4-138 所示。

6. 使用 LINE 命令绘制正方形 B，然后使用 ARRAY 命令创建矩形阵列，相关尺寸如图 4-139 左图所示，结果如图 4-139 右图所示。

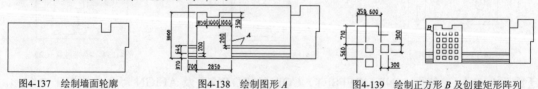

图4-137　绘制墙面轮廓　　　　　图4-138　绘制图形 A　　　　　图4-139　绘制正方形 B 及创建矩形阵列

7. 使用 OFFSET、TRIM、COPY 命令绘制图形 C，细节尺寸如图 4-140 左图所示，结果如图 4-140 右图所示。

8. 使用 OFFSET、TRIM、COPY 命令绘制图形 D，细节尺寸如图 4-141 左图所示，结果如图 4-141 右图所示。

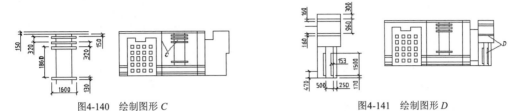

图4-140　绘制图形 C　　　　　　　　　图4-141　绘制图形 D

4.14　综合练习六——绘制顶棚平面图

【练习4-43】：使用 PLINE、LINE、OFFSET 及 ARRAY 等命令绘制图 4-142 所示的顶棚平面图。

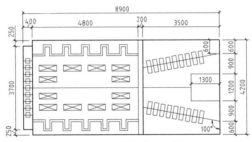

图4-142　绘制顶棚平面图

1. 创建以下两个图层。

名称	颜色	线型	线宽
顶棚-轮廓	白色	Continuous	0.7
顶棚-装饰	青色	Continuous	默认

2. 打开极轴追踪、对象捕捉及对象捕捉追踪功能。设置极轴追踪增量角为【90】，设定对象捕捉方式为【端点】【交点】，设置仅沿正交方向进行对象捕捉追踪。

3. 设定绘图窗口的高度。绘制一条竖直线段，线段长度为 10000。双击鼠标滚轮，使线段充满整个绘图窗口。

4. 切换到"顶棚-轮廓"图层。使用 LINE、PLINE、OFFSET 命令绘制顶棚轮廓及图形 A 等。细节尺寸如图 4-143 左图所示，结果如图 4-143 右图所示。

5. 切换到"顶棚-装饰"图层。使用 OFFSET、TRIM、LINE、COPY 及 MIRROR 等命令绘制图形 B。细节尺寸如图 4-144 左图所示，结果如图 4-144 右图所示。

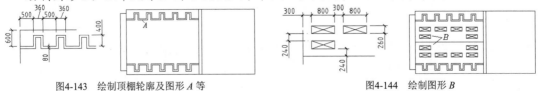

图4-143　绘制顶棚轮廓及图形 A 等　　　　　　图4-144　绘制图形 B

6. 使用 OFFSET、TRIM、ARRAY 等命令绘制图形 C。细节尺寸如图 4-145 左图所示，结果如图 4-145 右图所示。

7. 使用 XLINE、LINE、OFFSET、TRIM 及 ARRAY 等命令绘制图形 D。细节尺寸如图 4-146 左图所示，结果如图 4-146 右图所示。

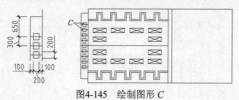

图4-145　绘制图形 C

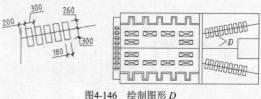

图4-146　绘制图形 D

4.15　综合练习七——绘制组合体视图及剖面图

【练习4-44】：根据轴测图绘制三视图，如图 4-147 所示。

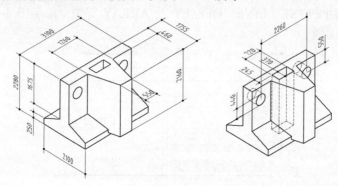

图4-147　绘制三视图（1）

【练习4-45】：根据轴测图绘制三视图，如图 4-148 所示。

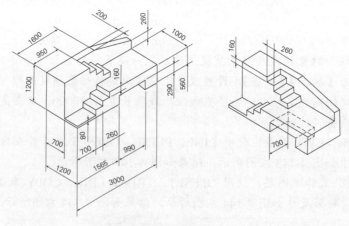

图4-148　绘制三视图（2）

【练习4-46】：根据轴测图及视图轮廓绘制视图及剖视图，如图 4-149 所示。主视图及左视图采用半剖方式。

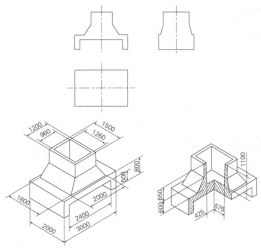

图4-149 绘制视图及剖视图

4.16 习题

1. 绘制图 4-150 所示的图形。
2. 绘制图 4-151 所示的图形。

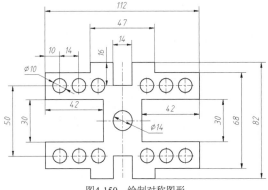

图4-150 绘制对称图形

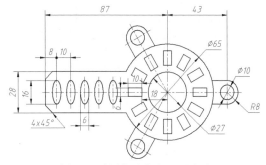

图4-151 创建矩形阵列及环形阵列

3. 绘制图 4-152 所示的图形。
4. 绘制图 4-153 所示的图形。

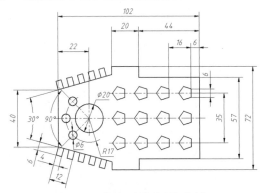

图4-152 绘制正多边形及阵列对象

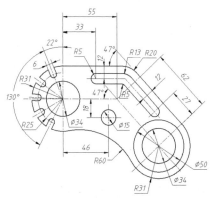

图4-153 绘制圆、切线及阵列对象

5. 绘制图 4-154 所示的图形。

6. 绘制图 4-155 所示的图形。

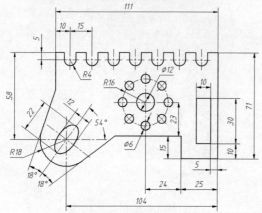

图4-154 绘制椭圆及阵列对象

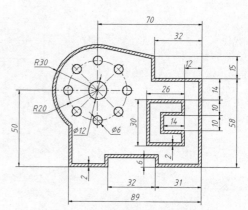

图4-155 填充剖面图案及阵列对象

7. 绘制图 4-156 所示的图形。

8. 绘制图 4-157 所示的图形。

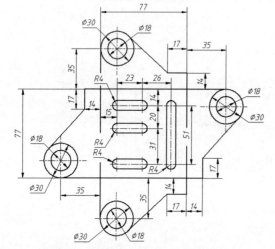

图4-156 使用镜像、旋转及拉伸命令绘图

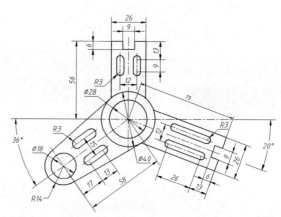

图4-157 使用旋转及拉伸命令绘图

第5章 高级绘图与编辑

【学习目标】
- 掌握创建及编辑多段线的方法。
- 了解创建及编辑多线的方法。
- 了解绘制云状线及徒手画线的方法。
- 能够绘制测量点和等分点。
- 了解创建圆环的方法。
- 了解如何分解、合并及清理对象。
- 掌握面域造型法。

本章主要介绍多段线、多线、点对象、圆环及面域等对象的创建和编辑方法。

5.1 绘制多段线

PLINE 命令可以用来创建二维多段线。多段线是由多条线段和圆弧构成的连续线条，它是一个单独的对象。二维多段线具有以下特点。

- 能够设定多段线中线段及圆弧的宽度。
- 可以利用有宽度的多段线形成实心圆、圆环和带锥度的粗线等。
- 能在指定的线段交点处或对整个多段线进行倒圆角或倒角处理。
- 可以使线段、圆弧构成闭合的多段线。

一、 命令启动方法

- 菜单命令:【绘图】/【多段线】。
- 面板:【默认】选项卡中【绘图】面板上的 按钮。
- 命令: PLINE (简写为 PL)。

【练习5-1】: 绘制多段线。

```
命令: _pline
指定起点:                                           //单击点 A, 如图 5-1 所示
指定下一个点或 [圆弧(A)/半宽(H)/长度(L)/放弃(U)/宽度(W)]: 100
                                   //从点 A 向右追踪并输入追踪距离
指定下一点或 [圆弧(A)/闭合(C)/半宽(H)/长度(L)/放弃(U)/宽度(W)]: a
                                   //选择 "圆弧(A)" 选项, 绘制圆弧
指定圆弧的端点(按住 Ctrl 键以切换方向)或
[角度(A)/圆心(CE)/闭合(CL)/方向(D)/半宽(H)/直线(L)/半径(R)/第二个点(S)/放弃
(U)/宽度(W)]: 30                   //从点 B 向下追踪并输入追踪距离
```

指定圆弧的端点(按住 Ctrl 键以切换方向)或

[角度(A)/圆心(CE)/闭合(CL)/方向(D)/半宽(H)/直线(L)/半径(R)/第二个点(S)/放弃

(U)/宽度(W)]: l   //选择"直线(L)"选项,绘制直线

指定下一点或 [圆弧(A)/闭合(C)/半宽(H)/长度(L)/放弃(U)/宽度(W)]: 100

//从点 C 向左追踪并输入追踪距离

指定下一点或 [圆弧(A)/闭合(C)/半宽(H)/长度(L)/放弃(U)/宽度(W)]: a

//选择"圆弧(A)"选项,绘制圆弧

指定圆弧的端点(按住 Ctrl 键以切换方向)或

[角度(A)/圆心(CE)/闭合(CL)/方向(D)/半宽(H)/直线(L)/半径(R)/第二个点(S)/放弃

(U)/宽度(W)]: end 于   //捕捉端点 A

指定圆弧的端点(按住 Ctrl 键以切换方向) 或

[角度(A)/圆心(CE)/闭合(CL)/方向(D)/半宽(H)/直线(L)/半径(R)/第二个点(S)/放弃

(U)/宽度(W)]:   //按 Enter 键结束

结果如图 5-1 所示。

图5-1　绘制多段线

二、命令选项

(1)　圆弧(A):选择此选项可以绘制圆弧。选择该选项时,系统将有如下提示。

指定圆弧的端点(按住 Ctrl 键以切换方向)或[角度(A)/圆心(CE)/闭合(CL)/方向(D)/半宽(H)/直线(L)/半径(R)/第二个点(S)/放弃(U)/宽度(W)]:

- 角度(A):指定圆弧对应的圆心角,负值表示沿顺时针方向绘制弧。
- 圆心(CE):指定圆弧的中心。
- 闭合(CL):以多段线的起始点和终止点为圆弧的两个端点绘制圆弧。
- 方向(D):设定圆弧在起始点的切线方向。
- 半宽(H):指定圆弧在起始点及终止点的半宽度。
- 直线(L):从绘制圆弧模式切换到绘制直线模式。
- 半径(R):根据半径绘制圆弧。
- 第二个点(S):根据 3 点绘制圆弧。
- 放弃(U):删除上一次绘制的圆弧。
- 宽度(W):设定圆弧在起始点及终止点的宽度。

(2)　按住 Ctrl 键以切换方向:按住 Ctrl 键可以切换圆弧的方向。

(3)　闭合(C):使多段线闭合,它与 LINE 命令的"闭合(C)"选项作用相同。

(4)　半宽(H):指定本条多段线的半宽度,即线宽的一半。

(5)　长度(L):指定本条多段线的长度,其方向与上一条线段相同或沿上一条圆弧的切线方向。

(6)　放弃(U):删除多段线中最后一次绘制的线段或圆弧段。

(7) 宽度(W)：设置多段线的宽度，此时系统提示"指定起点宽度"和"指定端点宽度"，用户可以输入不同的起始宽度和终点宽度以绘制一条宽度逐渐变化的多段线。

5.2 编辑多段线

编辑多段线的命令是 PEDIT，该命令有以下主要功能。

(1) 将直线与圆弧构成的连续线修改为一条多段线。

(2) 移动、增加或删除多段线的顶点。

(3) 可以为多段线设定统一的宽度或分别控制各段的宽度。

(4) 用样条曲线或双圆弧曲线拟合多段线。

(5) 使开式多段线闭合或使闭合多段线变为开式。

此外，利用关键点编辑方式也能够修改多段线，用户可以移动、删除及添加多段线的顶点，或者使其中的线段与圆弧段互换，还可以按住 Ctrl 键选择多段线中的一段或几段进行编辑。

一、 命令启动方法

- 菜单命令：【修改】/【对象】/【多段线】。
- 面板：【默认】选项卡中【修改】面板上的 按钮。
- 命令：PEDIT（简写为 PE）。

绘制图 5-2 所示图形的外轮廓时，可以利用多段线构图。首先使用 LINE、CIRCLE 等命令绘制外轮廓线框，然后使用 PEDIT 命令将此线框编辑成一条多段线，最后使用 OFFSET 命令偏移多段线就形成了内轮廓线框。图中的长槽或箭头可以使用 PLINE 命令一次性绘制出来。

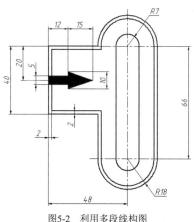

图5-2 利用多段线构图

【练习5-2】： 使用 LINE、PLINE、PEDIT 等命令绘制图 5-2 所示的图形。

1. 创建以下两个图层。

名称	颜色	线型	线宽
轮廓线层	白色	Continuous	0.5
中心线层	红色	CENTER	默认

2. 设定线型全局比例因子为【0.2】，设定绘图区域的大小为 100×100，并使该区域充满整个绘图窗口。

3. 打开极轴追踪、对象捕捉及对象捕捉追踪功能。设置极轴追踪增量角为【90】，设定对象捕捉方式为【端点】【交点】。

4. 使用 LINE、CIRCLE、TRIM 等命令绘制定位中心线及闭合线框 *A*，结果如图 5-3 所示。

5. 使用 PEDIT 命令将线框 *A* 编辑成一条多段线。

命令: pedit	//启动编辑多段线命令
选择多段线或 [多条(M)]:	//选择线框 *A* 中的一条线段
是否将其转换为多段线? <Y>	//按 Enter 键
输入选项 [闭合(C)/合并(J)/宽度(W)/编辑顶点(E)/拟合(F)/样条曲线(S)/非曲线化(D)/	
线型生成(L)/反转(R)/放弃(U)]: j	//选择"合并(J)"选项
选择对象:总计 11 个	//选择线框 *A* 中的其余线条
选择对象:	//按 Enter 键
输入选项 [打开(O)/合并(J)/宽度(W)/编辑顶点(E)/拟合(F)/样条曲线(S)/非曲线化(D)/	
线型生成(L)/反转(R)/放弃(U)]:	//按 Enter 键结束

6. 使用 OFFSET 命令向内偏移线框 *A*，偏移距离为 2，结果如图 5-4 所示。

7. 使用 PLINE 命令绘制长槽及箭头，如图 5-5 所示。

命令: _pline	//启动绘制多段线命令
指定起点: 7	//从点 *B* 向右追踪并输入追踪距离
指定下一个点或 [圆弧(A)/半宽(H)/长度(L)/放弃(U)/宽度(W)]:	
	//从点 *C* 向上追踪并捕捉交点 *D*
指定下一点或 [圆弧(A)/闭合(C)/半宽(H)/长度(L)/放弃(U)/宽度(W)]: a	
	//选择"圆弧(A)"选项
指定圆弧的端点或[角度(A)/圆心(CE)/闭合(CL)/方向(D)/半宽(H)/直线(L)/半径(R)/第	
二个点(S)/放弃(U)/宽度(W)]: 14	//从点 *D* 向左追踪并输入追踪距离
指定圆弧的端点或[角度(A)/圆心(CE)/闭合(CL)/方向(D)/半宽(H)/直线(L)/半径(R)/第	
二个点(S)/放弃(U)/宽度(W)]: l	//选择"直线(L)"选项
指定下一点或 [圆弧(A)/闭合(C)/半宽(H)/长度(L)/放弃(U)/宽度(W)]:	
	//从点 *E* 向下追踪并捕捉交点 *F*
指定下一点或 [圆弧(A)/闭合(C)/半宽(H)/长度(L)/放弃(U)/宽度(W)]: a	
	//使用"圆弧(A)"选项
指定圆弧的端点或[角度(A)/圆心(CE)/闭合(CL)/方向(D)/半宽(H)/直线(L)/半径(R)/第	
二个点(S)/放弃(U)/宽度(W)]:	//从点 *F* 向右追踪并捕捉端点 *C*
指定圆弧的端点或[角度(A)/圆心(CE)/闭合(CL)/方向(D)/半宽(H)/直线(L)/半径(R)/第	
二个点(S)/放弃(U)/宽度(W)]:	//按 Enter 键结束
命令:	
PLINE	//重复命令
指定起点: 20	//从点 *G* 向下追踪并输入追踪距离
指定下一个点或 [圆弧(A)/半宽(H)/长度(L)/放弃(U)/宽度(W)]: w	
	//选择"宽度(W)"选项
指定起点宽度 <0.0000>: 5	//输入多段线起点宽度
指定端点宽度 <5.0000>:	//按 Enter 键

指定下一个点或 [圆弧(A)/半宽(H)/长度(L)/放弃(U)/宽度(W)]: 12

      //向右追踪并输入追踪距离

指定下一点或 [圆弧(A)/闭合(C)/半宽(H)/长度(L)/放弃(U)/宽度(W)]: w

      //选择"宽度(W)"选项

指定起点宽度 <5.0000>: 10   //输入多段线起点宽度

指定端点宽度 <10.0000>: 0   //输入多段线终点宽度

指定下一点或 [圆弧(A)/闭合(C)/半宽(H)/长度(L)/放弃(U)/宽度(W)]: 15

      //向右追踪并输入追踪距离

指定下一点或 [圆弧(A)/闭合(C)/半宽(H)/长度(L)/放弃(U)/宽度(W)]:

      //按 Enter 键结束

结果如图 5-5 所示。

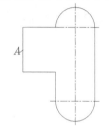

图5-3 绘制定位中心线及闭合线框 A

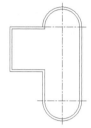

图5-4 向内偏移线框

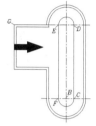

图5-5 绘制长槽及箭头

二、 命令选项

- 闭合(C): 使多段线闭合。若被编辑的多段线是闭合状态,则此选项变为"打开(O)",其功能与"闭合(C)"选项恰好相反。
- 合并(J): 将线段、圆弧或多段线与所编辑的多段线连接,形成一条新的多段线。
- 宽度(W): 修改整条多段线的宽度。
- 编辑顶点(E): 增加、移动或删除多段线的顶点。
- 拟合(F): 用双圆弧曲线拟合图 5-6 上图的多段线,结果如图 5-6 中图所示。
- 样条曲线(S): 用样条曲线拟合图 5-6 上图的多段线,结果如图 5-6 下图所示。

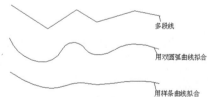

图5-6 用光滑曲线拟合多段线

- 非曲线化(D): 取消"拟合(F)"或"样条曲线(S)"的拟合效果。
- 线型生成(L): 对非连续线型起作用。选择该选项后,系统将多段线作为整体应用线型,否则对多段线的每一段分别应用线型。
- 反转(R): 反转多段线顶点的顺序。使用此选项可以反转使用包含文字线型的对象的方向。但是,根据多段线的创建方向,线型中的文字可能会倒置显示。
- 放弃(U): 取消上一次的编辑操作,可以连续使用该选项。

使用 PEDIT 命令时,若选择的对象不是多段线,则系统提示如下。

选定的对象不是多段线是否将其转换为多段线？<Y>

选择"Y"选项，则系统将对象转化为多段线。

5.3 多线

多线是由多条平行线段组成的对象，如图 5-7 所示。其最多可包含 16 条平行线，线之间的距离、线的数量、线条颜色及线型等都可以调整。该对象常用于绘制墙体、公路或管道等。

图5-7 多线

5.3.1 创建多线

MLINE 命令用于创建多线。绘制时，可以通过选择多线样式来控制多线外观。多线样式规定了各平行线的特性，如线型、线间距离和颜色等。

一、命令启动方法

- 菜单命令:【绘图】/【多线】。
- 命令: MLINE（简写为 ML）。

【练习5-3】：练习 MLINE 命令。

命令: _mline
指定起点或 [对正(J)/比例(S)/样式(ST)]: //拾取点 A，如图 5-8 所示
指定下一点: //拾取点 B
指定下一点或 [放弃(U)]:   //拾取点 C
指定下一点或 [闭合(C)/放弃(U)]:   //拾取点 D
指定下一点或 [闭合(C)/放弃(U)]:   //拾取点 E
指定下一点或 [闭合(C)/放弃(U)]:   //拾取点 F
指定下一点或 [闭合(C)/放弃(U)]:   //按 Enter 键结束

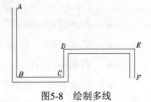

图5-8 绘制多线

结果如图 5-8 所示。

二、命令选项

(1) 对正(J)：设定多线的对正方式，即多线中哪条线段的端点与十字光标重合并随之移动。该选项有以下 3 个子选项。

- 上(T)：若从左往右绘制多线，则对正点位于顶端线段的端点处。
- 无(Z)：对正点位于多线中偏移量为"0"的位置处。多线中线条的偏移量可以在多线样式中设定。
- 下(B)：若从左往右绘制多线，则对正点位于底端线段的端点处。

(2) 比例(S)：指定多线宽度相对于定义宽度（在多线样式中定义）的比例因子，该比例不影响线型比例。

(3) 样式(ST)：指定多线样式，默认样式是"STANDARD"。

5.3.2 创建多线样式

多线的外观由多线样式决定。对于多线样式，用户可以设定多线中线条的数量、每条线的颜色、线型和线之间的距离，还能指定多线两个端头的形式，如弧形端头、平直端头等。

命令启动方法

- 菜单命令：【格式】/【多线样式】。
- 命令：MLSTYLE。

【练习5-4】：　创建多线样式及多线。

1. 打开素材文件"dwg\第 5 章\5-4.dwg"。
2. 启动 MLSTYLE 命令，弹出【多线样式】对话框，如图 5-9 所示。
3. 单击 新建(N)... 按钮，弹出【创建新的多线样式】对话框，如图 5-10 所示。在【新样式名】文本框中输入新样式的名称"样式-240"，在【基础样式】下拉列表中选择样板样式，默认的样板样式是【STANDARD】。

图5-9　【多线样式】对话框

图5-10　【创建新的多线样式】对话框

4. 单击 继续 按钮，弹出【新建多线样式:样式-240】对话框，如图 5-11 所示。在该对话框中完成以下设置。

图5-11　【新建多线样式】对话框

- 在【说明】文本框中输入关于多线样式的说明文字。
- 在【图元】列表框中选中【0.5】，然后在【偏移】文本框中输入数值"120"。
- 在【图元】列表框中选中【–0.5】，然后在【偏移】文本框中输入数值"–120"。

5. 单击 确定 按钮，返回【多线样式】对话框，单击 置为当前(U) 按钮，使新样式成为当前样式。

6. 前面创建了多线样式，下面使用 MLINE 命令绘制多线。

```
命令: _mline
指定起点或 [对正(J)/比例(S)/样式(ST)]: s        //选择"比例(S)"选项
输入多线比例 <20.00>: 1                           //输入缩放比例
指定起点或 [对正(J)/比例(S)/样式(ST)]: j        //选择"对正(J)"选项
输入对正类型 [上(T)/无(Z)/下(B)] <无>: z       //设定对正方式为"无"
指定起点或 [对正(J)/比例(S)/样式(ST)]:          //捕捉点 A
指定下一点:                                       //捕捉点 B
指定下一点或 [放弃(U)]:                          //捕捉点 C
指定下一点或 [闭合(C)/放弃(U)]:                 //捕捉点 D
指定下一点或 [闭合(C)/放弃(U)]:                 //捕捉点 E
指定下一点或 [闭合(C)/放弃(U)]:                 //捕捉点 F
指定下一点或 [闭合(C)/放弃(U)]: c               //使多线闭合
命令:
MLINE                                            //重复命令
指定起点或 [对正(J)/比例(S)/样式(ST)]:          //捕捉点 G
指定下一点:                                       //捕捉点 H
指定下一点或 [放弃(U)]:                          //按 Enter 键结束
命令:
MLINE                                            //重复命令
指定起点或 [对正(J)/比例(S)/样式(ST)]:          //捕捉点 I
指定下一点:                                       //捕捉点 J
指定下一点或 [放弃(U)]:                          //按 Enter 键结束
```

结果如图 5-12 所示。

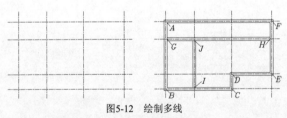

图5-12 绘制多线

【新建多线样式:样式-240】对话框中的选项介绍如下。

- 添加(A)... 按钮：单击此按钮，系统在多线中添加一条新线，该线的偏移量可以在【偏移】文本框中设置。
- 删除(D) 按钮：单击此按钮，删除【图元】列表框中选定的线元素。
- 【颜色】下拉列表：在此下拉列表中，可以修改【图元】列表框中选定线元素的颜色。
- 线型(Y)... 按钮：单击该按钮，可以指定【图元】列表框中选定线元素的线型。

- **【显示连接】**：勾选该复选框，系统在多线的拐角处显示连接线，如图 5-13 左图所示。
- **【直线】**：在多线的两端生成直线封口形式，如图 5-13 右图所示。
- **【外弧】**：在多线的两端生成外圆弧封口形式，如图 5-13 右图所示。
- **【内弧】**：在多线的两端生成内圆弧封口形式，如图 5-13 右图所示。
- **【角度】**：指定多线某一端的端口连线与多线的夹角，如图 5-13 右图所示。

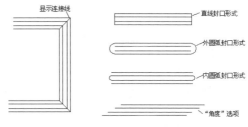

图5-13 多线的各种特性

- **【填充颜色】** 下拉列表：在此下拉列表中，可以设置多线的填充色。

5.3.3 编辑多线

MLEDIT 命令用于编辑多线，其主要功能如下。

(1) 改变两条多线的相交形式。例如，使它们相交成"十"字形或"T"字形。

(2) 在多线中添加或删除顶点。

(3) 将多线中的线条切断或接合。

命令启动方法
- 菜单命令：【修改】/【对象】/【多线】。
- 命令：MLEDIT。

【练习5-5】： 编辑多线。

1. 打开素材文件"dwg\第 5 章\5-5.dwg"，如图 5-14 左图所示。
2. 启动 MLEDIT 命令，打开【多线编辑工具】对话框，如图 5-15 所示。该对话框中的图片形象地说明了各项编辑工具的功能。
3. 选择【T 形合并】，系统提示如下。

```
命令: _mledit
选择第一条多线:                    //在点 A 处选择多线，如图 5-14 左图所示
选择第二条多线:                    //在点 B 处选择多线
选择第一条多线 或 [放弃(U)]:        //在点 C 处选择多线
选择第二条多线:                    //在点 D 处选择多线
选择第一条多线 或 [放弃(U)]:        //在点 E 处选择多线
选择第二条多线:                    //在点 F 处选择多线
选择第一条多线 或 [放弃(U)]:        //在点 G 处选择多线
选择第二条多线:                    //在点 H 处选择多线
选择第一条多线 或 [放弃(U)]:        //按 Enter 键结束
```

结果如图 5-14 右图所示。

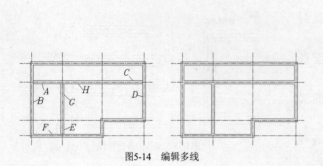

图5-14　编辑多线

图5-15　【多线编辑工具】对话框

5.3.4　上机练习——使用 MLINE 命令绘制墙体

使用 MLINE 命令可以很方便地绘制墙体。绘制前，先根据墙体的厚度创建相应的多线样式，这样每当创建不同厚度的墙体时，只需使对应的多线样式成为当前样式即可。

【练习5-6】：　使用 LINE、OFFSET、MLINE 等命令绘制图 5-16 所示的建筑平面图。

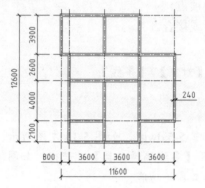

图5-16　绘制建筑平面图

1. 创建以下两个图层，并设置全局线型比例因子为 20。

名称	颜色	线型	线宽
建筑-轴线	红色	CENTER	默认
建筑-墙线	白色	Continuous	0.7

2. 打开极轴追踪、对象捕捉及对象捕捉追踪功能。设置极轴追踪增量角为【90】，设定对象捕捉方式为【端点】【交点】，设置仅沿正交方向进行对象捕捉追踪。

3. 设定绘图窗口的高度。绘制一条竖直线段，线段长度为 20000。双击鼠标滚轮，使线段充满整个绘图窗口。

4. 切换到"建筑-轴线"图层。使用 LINE 命令绘制水平及竖直的作图基准线 A、B，其长度约为 15000，如图 5-17 左图所示。使用 OFFSET 命令偏移线段 A、B，以绘制其他轴线，结果如图 5-17 右图所示。

5. 创建一个多线样式，样式名为"墙体 24"。该多线包含两条线段，偏移量分别为"120""–120"。

6. 切换到"建筑-墙线"图层，使用 MLINE 命令绘制墙体，结果如图 5-18 所示。

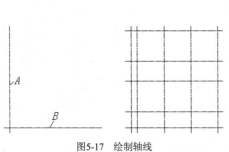

图5-17   绘制轴线

图5-18   绘制墙体

7. 关闭"建筑-轴线"图层，使用 MLEDIT 命令的"T 形合并"选项编辑多线交点 *C*、
    D、*E*、*F*、*G*、*H*、*I*、*J*，如图 5-19 左图所示。使用 EXPLODE 命令分解所有的多线，
    然后使用 TRIM 命令修剪交点 *K*、*L*、*M* 处的多余线段，结果如图 5-19 右图所示。

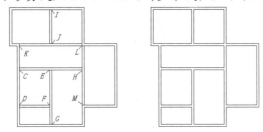

图5-19   编辑多线

8. 打开"建筑-轴线"图层，结果如图 5-16 所示。

5.3.5   使用多段线及多线命令绘图

【练习5-7】：   使用 MLINE、PLINE 等命令绘制平面图形，如图 5-20 所示。

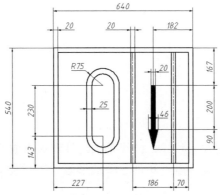

图5-20   绘制由多线、多段线构成的平面图形

1. 打开极轴追踪、对象捕捉及对象捕捉追踪功能。设置极轴追踪增量角为【90】，设定对
    象捕捉方式为【端点】【交点】，设置仅沿正交方向进行对象捕捉追踪。
2. 设定绘图窗口的高度。绘制一条竖直线段，线段长度为 700。双击鼠标滚轮，使线段充
    满整个绘图窗口。
3. 绘制闭合多线，结果如图 5-21 所示。
4. 绘制闭合多段线，结果如图 5-22 所示。

5. 使用 OFFSET 命令将闭合多段线向内偏移，偏移距离为 25，结果如图 5-23 所示。

图5-21　绘制闭合多线

图5-22　绘制闭合多段线

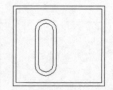

图5-23　向内偏移闭合多段线

6. 使用 PLINE 命令绘制箭头 BD，结果如图 5-24 所示。
7. 设置多线样式，与该样式关联的多线包含的几何元素如图 5-25 所示。
8. 返回绘图窗口，绘制多线 FG、HI，结果如图 5-26 所示。

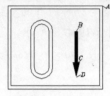

图5-24　绘制箭头

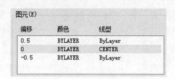

图5-25　多线包含的几何元素

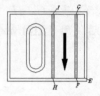

图5-26　绘制多线

【练习5-8】：　使用 LINE、PLINE、PEDIT 等命令绘制图 5-27 所示的图形。绘制好图形外轮廓后，将其编辑成多段线，然后进行偏移操作。

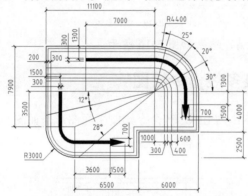

图5-27　使用 LINE、PLINE、PEDIT 等命令绘图

5.4　绘制云状线

REVCLOUD 命令用于创建云状线，该线是由连续圆弧组成的多段线，线中弧长的大小可以设定。云状线的形式包括徒手画、矩形、多边形等。在圈阅图形时，用户可以使用云状线进行标记。

一、命令启动方法

- 菜单命令:【绘图】/【修订云线】。
- 面板:【默认】选项卡中【绘图】面板上的 矩形 、 多边形 、 徒手画 按钮。
- 命令: REVCLOUD。

【练习5-9】：　绘制云状线。
命令: _revcloud

指定第一个点或 [弧长(A)/对象(O)/矩形(R)/多边形(P)/徒手画(F)/样式(S)/修改(M)]

<对象>：A　　　　　　　　　　　　　　　　　　　//选择"弧长(A)"选项

指定圆弧的大约长度 <10>：12　　　　　　　　　//输入圆弧的大约长度

指定第一个点或 [弧长(A)/对象(O)/矩形(R)/多边形(P)/徒手画(F)/样式(S)/修改(M)]

<对象>：　　　　　　　　　　　　　　　　　//拾取一点以指定云状线的起始点

沿云线路径引导十字光标...　　　//移动十字光标，绘制云状线，按 Enter 键结束

　　　　　　　　　　　　　　//当十字光标移动到起始点时，系统自动形成闭合云状线

单击 [矩形] 按钮，指定两个对角点，绘制矩形云状线；单击 [多边形] 按钮，指定多个点，绘制多边形云状线，如图 5-28 所示。

图5-28　绘制云状线

二、命令选项

- 弧长(A)：设定云状线中弧线的近似长度。
- 对象(O)：将闭合对象（如矩形、圆和闭合多段线等）转化为云状线，还能调整云状线中弧线的方向，如图 5-29 所示。
- 矩形(R)：创建矩形云状线。
- 多边形(P)：创建多边形云状线。
- 徒手画(F)：以徒手画形式绘制云状线。
- 样式(S)：指定云状线的样式为"普通"或"手绘"。"普通"云状线的外观如图 5-30 左图所示；若选择"手绘"，则云状线看起来像是用画笔画的，如图 5-30 右图所示。

图5-29　将闭合对象转化为云状线

图5-30　云状线外观

- 修改(M)：编辑现有的云状线，用修改后的云状线替换原有云状线的一部分。

5.5　徒手画线

SKETCH 命令用于徒手画线，示例如图 5-31 所示。发出此命令后，移动十字光标就能绘制出曲线（徒手画线），十字光标移动到哪里，线条就画到哪里。使用此命令时，可以设定所绘制的线条是多段线、样条曲线还是由一系列线段构成的连续线。

【练习5-10】：徒手画线。

命令：sketch

指定草图或 [类型(T)/增量(I)/公差(L)]：i　　　//选择"增量(I)"选项

指定草图增量 <1.0000>：1.5　　　　　　//设定线段的最小长度

指定草图或 [类型(T)/增量(I)/公差(L)]:　　　　　//单击，移动十字光标绘制曲线 A

指定草图:　　//单击，完成画线。再单击，移动十字光标绘制曲线 B，继续单击，完成画

线。按 Enter 键结束

结果如图 5-32 所示。

图5-31　徒手画线（1）

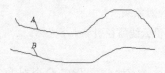

图5-32　徒手画线（2）

命令选项

- 类型(T)：指定徒手画线的对象类型（线段、多段线或样条曲线）。
- 增量(I)：定义每条徒手画线的长度。定点设备所移动的距离必须大于增量值，才能生成一条直线。
- 公差(L)：指定样条曲线与徒手画线草图的紧密程度。

5.6　点对象

在 AutoCAD 中，可以创建单独的点对象，点的外观由点样式控制。创建点之前一般要先设置点的样式，但也可以先创建点，再设置点样式。

5.6.1　设置点样式

POINT 命令用于创建单独的点对象，这些点可以用节点捕捉"NOD"进行捕捉。

单击【默认】选项卡中【实用工具】面板上的　 点样式 按钮或选择菜单命令【格式】/【点样式】，打开【点样式】对话框，如图 5-33 所示。该对话框提供了多种样式的点，用户可以根据需要进行选择，此外，还能通过【点大小】文本框指定点的大小。点的大小既可以相对于绘图窗口大小来设置，也可以直接输入点的绝对尺寸来确定。

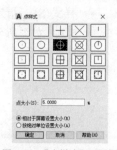

图5-33　【点样式】对话框

5.6.2　创建点对象

POINT 命令可以用于创建点对象，此类对象可以作为绘图的参考点。利用节点捕捉"NOD"可以拾取点对象。

命令启动方法

- 菜单命令：【绘图】/【点】/【多点】。
- 面板：【默认】选项卡中【绘图】面板上的 : 按钮。
- 命令：POINT（简写为 PO）。

【练习5-11】：创建点对象。

命令：_point

指定点:　//输入点的坐标或在绘图窗口中拾取点,系统在指定位置创建点对象,如图 5-34 所示

取消　　　　　　　　　　　　　　　　　　　//按 Esc 键结束

图5-34　创建点对象

> 若将点的尺寸设置成绝对数值,缩放图形后将引起点的大小发生变化。而相对于绘图窗口大小设置点尺寸时,则不会出现这种情况(要使用 REGEN 命令重新生成图形)。

5.6.3　绘制测量点

MEASURE 命令用于在图形对象上按指定的距离放置点对象,这些点对象可以用节点捕捉"NOD"进行捕捉。对于不同类型的对象,测量距离的起点是不同的。若是线段或非闭合的多段线,则起点是离选择点最近的端点;若是闭合多段线,则起点是多段线的起点;如果是圆,则一般从 0° 开始进行测量。

该命令有一个选项"块(B)",其功能是将图块按指定的测量长度放置在对象上。图块是由多个对象组成的整体,是一个单独的对象。

一、命令启动方法

- 菜单命令:【绘图】/【点】/【定距等分】。
- 面板:【默认】选项卡中【绘图】面板上的 ❖ 按钮。
- 命令:MEASURE(简写为 ME)。

【练习5-12】:绘制测量点。

打开素材文件"dwg\第 5 章\5-12.dwg",使用 MEASURE 命令创建两个测量点 C、D。

命令:_measure

选择要定距等分的对象:　　　　　　　　　//在 A 端附近选择对象,如图 5-35 所示

指定线段长度或 [块(B)]:160　　　　　//输入测量长度

命令:

MEASURE　　　　　　　　　　//重复命令

选择要定距等分的对象:　　　　//在 B 端附近选择对象

指定线段长度或 [块(B)]:160　//输入测量长度

结果如图 5-35 所示。

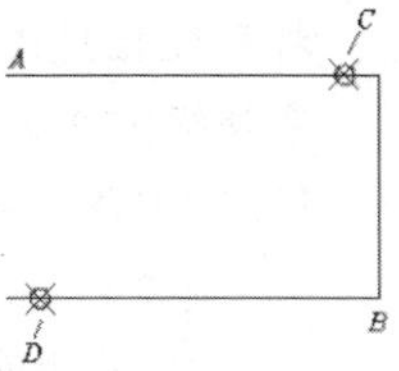

图5-35　绘制测量点

二、命令选项

块(B):按指定的测量长度在对象上插入图块(第 9 章将介绍图块对象)。

5.6.4　绘制等分点

DIVIDE 命令用于根据等分数目在对象上放置等分点,这些点并不分割对象,只标明等分的位置。AutoCAD 中可以等分的对象有线段、圆、圆弧、样条曲线和多段线等。对于

圆，等分的起始点位于 0°线与圆的交点处。

该命令有一个选项"块(B)"，其功能是将图块放置在对象的等分点处。

一、命令启动方法

- 菜单命令：【绘图】/【点】/【定数等分】。
- 面板：【默认】选项卡中【绘图】面板上的 按钮。
- 命令：DIVIDE（简写为 DIV）。

【练习5-13】：绘制等分点。

打开素材文件"dwg\第 5 章\5-13.dwg"，使用 DIVIDE 命令创建等分点。

```
命令：DIVIDE
选择要定数等分的对象：              //选择线段，如图 5-36 所示
输入线段数目或 [块(B)]：4          //输入等分的数目
命令：
DIVIDE                            //重复命令
选择要定数等分的对象：              //选择圆弧
输入线段数目或 [块(B)]：5          //输入等分数目
```

结果如图 5-36 所示。

图5-36　等分对象

二、命令选项

块(B)：在等分处插入图块。

5.6.5　上机练习——等分多段线及沿曲线均布对象

【练习5-14】：打开素材文件"dwg\第 5 章\5-14.dwg"，如图 5-37 左图所示，使用 PEDIT、PLINE、DIVIDE 等命令将左图修改为右图。

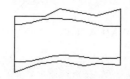
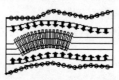

图5-37　沿曲线均布对象

1. 打开极轴追踪、对象捕捉及对象捕捉追踪功能。设置极轴追踪增量角为【90】，设定对象捕捉方式为【端点】【中点】【交点】，设置仅沿正交方向对象捕捉追踪。

2. 使用 LINE、ARC、OFFSET 命令绘制图形 A，如图 5-38 所示，操作过程如下。

```
命令：_arc                       //选择菜单命令【绘图】/【圆弧】/【起点、端点、半径】
指定圆弧的起点或 [圆心(C)]：                    //捕捉端点 C
指定圆弧的端点：                              //捕捉端点 B
指定圆弧的半径(按住 Ctrl 键以切换方向)：300      //输入圆弧半径
```

3. 使用 PEDIT 命令将线条 D、E 编辑为一条多段线，并将多段线的宽度修改为 5。指定点样式为圆，再设定其绝对大小为 20。使用 DIVIDE 命令等分线条 D、E，等分数目为 20，结果如图 5-39 所示。

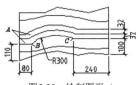

图5-38　绘制图形 *A*

图5-39　等分线条 *D*、*E*

4. 使用 PLINE 命令绘制箭头，使用 RECTANG 命令绘制矩形，然后使用 BLOCK 命令（详见 9.2.1 小节）将它们创建成图块"上箭头""下箭头""矩形"，插入点定义在点 *F*、*G*、*H* 处，如图 5-40 所示。

5. 使用 DIVIDE 命令沿曲线均布图块"上箭头""下箭头""矩形"，数量分别为 14、14 和 17，结果如图 5-41 所示。

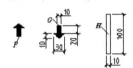

图5-40　创建图块

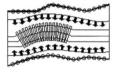

图5-41　沿曲线均布图块

5.7　绘制圆环

DONUT 命令用于创建填充圆环或实心填充圆。启动该命令后，依次输入圆环内径、外径及圆心，系统就生成圆环。若要绘制实心圆，则指定内径为"0"即可。

命令启动方法

- 菜单命令:【绘图】/【圆环】。
- 面板:【默认】选项卡中【绘图】面板上的◎按钮。
- 命令: DONUT。

【练习5-15】：绘制圆环。

```
命令: _donut
指定圆环的内径 <2.0000>: 3        //输入圆环内径
指定圆环的外径 <5.0000>: 6        //输入圆环外径
指定圆环的中心点或<退出>:         //指定圆心
指定圆环的中心点或<退出>:         //按 Enter 键结束
```

图5-42　绘制圆环

结果如图 5-42 所示。

使用 DONUT 命令生成的圆环实际上是具有宽度的多段线，用户可以使用 PEDIT 命令编辑该对象。此外，还可以设定是否对圆环进行填充。当把变量 FILLMODE 设置为"1"时，系统将填充圆环，否则不填充。

5.8　绘制射线

RAY 命令用于创建射线。操作时，只需指定射线的起点及另一通过点即可。使用该命令可以一次性创建多条射线。

命令启动方法

- 菜单命令：【绘图】/【射线】。
- 面板：【默认】选项卡中【绘图】面板上的 ✐ 按钮。
- 命令：RAY。

【练习5-16】： 绘制两个圆，然后使用 RAY 命令绘制射线，如图 5-43 所示。

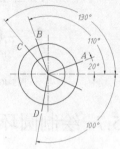

图5-43　绘制射线

命令：_ray	
指定起点：cen	//启用圆心捕捉
于	//捕捉圆心
指定通过点：<20	//设定画线角度
指定通过点：	//单击点 A
指定通过点：<110	//设定画线角度
指定通过点：	//单击点 B
指定通过点：<130	//设定画线角度
指定通过点：	//单击点 C
指定通过点：<-100	//设定画线角度
指定通过点：	//单击点 D
指定通过点：	//按 Enter 键结束

结果如图 5-43 所示。

5.9　创建空白区域

WIPEOUT 命令用于在现有对象上生成一个空白区域，该区域使用当前背景色覆盖底层的对象，用户可以在空白区域中为图形添加其他的设计信息。空白区域是一块多边形区域，通过一系列点来设定此区域。另外，也可以将闭合多段线转化为空白区域。

一、命令启动方法

- 菜单命令：【绘图】/【区域覆盖】。
- 面板：【默认】选项卡中【绘图】面板上的 ▦ 按钮。
- 命令：WIPEOUT。

【练习5-17】： 创建空白区域。

打开素材文件 "dwg\第 5 章\5-17.dwg"，如图 5-44 左图所示，使用 WIPEOUT 命令创建空白区域。

命令：_wipeout	
指定第一点或 [边框(F)/多段线(P)] <多段线>：	//拾取点 A，如图 5-44 右图所示
指定下一点：	//拾取点 B
指定下一点或 [放弃(U)]：	//拾取点 C
指定下一点或 [闭合(C)/放弃(U)]：	//拾取点 D
指定下一点或 [闭合(C)/放弃(U)]：	//按 Enter 键结束

结果如图 5-44 右图所示。

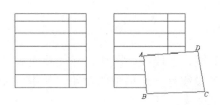

图5-44 创建空白区域

二、 命令选项

- 边框(F)：设置是否显示空白区域的边框。
- 多段线(P)：将闭合多段线转化为空白区域，此多段线中不能包含圆弧。

5.10 更改对象的显示顺序

在 AutoCAD 中，重叠的对象是按它们绘制的顺序显示的，即新创建的对象显示在已有对象之上。这种默认的显示顺序可以使用 DRAWORDER 命令来改变，这样往往能保证在多个对象彼此覆盖的情况下正确地显示或打印输出。例如，当一个光栅图像遮住了图形对象时，可以使用 DRAWORDER 命令把图形对象放在光栅图像之上显示。

命令启动方法

- 菜单命令：【工具】/【绘图次序】。
- 面板：【默认】选项卡中【修改】面板上的 按钮。
- 命令：DRAWORDER。

单击 按钮右侧的箭头，弹出下拉菜单，该下拉菜单中包含【前置】【后置】【将文字前置】等命令，如图 5-45 左图所示。

【练习5-18】：调整对象的显示顺序。

打开素材文件 "dwg\第 5 章\5-18.dwg"，如图 5-45 中图所示，使用 DRAWORDER 命令将圆被遮住的部分显示出来。

单击 按钮，选择圆，按 Enter 键，结果如图 5-45 右图所示。

图5-45 调整对象的显示顺序

5.11 分解、合并及清理对象

下面介绍分解对象、合并对象及清理对象的方法。

5.11.1 分解对象

EXPLODE 命令用于将多线、多段线、图块、标注及面域等复杂对象分解成 AutoCAD 基本的对象。例如，连续的多段线是一个单独的对象，使用 EXPLODE 命令将其"炸开"后，所得到的每一段都是独立对象。

命令启动方法

- 菜单命令：【修改】/【分解】。
- 面板：【默认】选项卡中【修改】面板上的 按钮。
- 命令：EXPLODE（简写为 X）。

启动该命令，系统提示"选择对象"，选择对象后，系统就对其进行分解。

5.11.2 合并对象

JOIN 命令具有以下功能。

(1) 把相连的线段及圆弧等对象合并为一条多段线。

(2) 将共线的线段、断开的线段连接为一条线段。

(3) 把重叠的线段或圆弧合并为单一对象。

命令启动方法

- 菜单命令：【修改】/【合并】。
- 面板：【默认】选项卡中【修改】面板上的 按钮。
- 命令：JOIN。

启动该命令，选择首尾相连的线段和曲线对象，或断开的共线对象，系统分别将其创建成多段线或线段，如图 5-46 所示。

图5-46　合并对象

5.11.3 清理重叠对象

OVERKILL 命令用于删除重叠的线段、圆弧和多段线等对象，此外，该命令还可以对部分重叠或共线的连续对象进行合并。

命令启动方法

- 菜单命令：【修改】/【删除重复对象】。
- 面板：【默认】选项卡中【修改】面板上的 按钮。
- 命令：OVERKILL。

启动该命令，选择对象，按 Enter 键，弹出【删除重复对象】对话框，如图 5-47 所示。在该对话框中可控制 OVERKILL 命令处理重复对象的方式，主要包括以下几个方面。

图5-47　【删除重复对象】对话框

(1) 设置精度值，以判别是否合并对象。

(2) 处理重叠对象时可以忽略的属性，如图层、颜色及线型等。

(3)　将全部或部分重叠的共线对象合并为单一对象。

(4)　将首尾相连的共线对象合并为单一对象。

5.11.4　清理命名对象

PURGE 命令用于清理图形中没有使用的命名对象。

命令启动方法

- 菜单命令:【文件】/【图形实用工具】/【清理】。
- 命令：PURGE。

启动 PURGE 命令，打开【清理】对话框，如图 5-48 所示。单击 可清除项目(U) 按钮，【命名项目未使用】列表框中显示当前图形中所有未使用的命名对象。

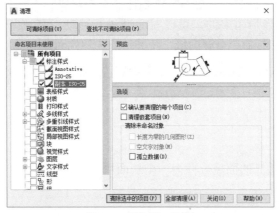

图5-48　【清理】对话框

单击项目名称前的加号以展开它，勾选未使用的命名对象，单击 清除选中的项目(P) 按钮进行清除。若单击 全部清理(A) 按钮，则图形中所有未使用的命名对象全部被清除。

5.12　面域造型

面域是指二维的封闭图形，它可以由线段、多段线、圆、圆弧和样条曲线等对象围成，但应保证相邻对象之间共享连接的端点，否则将不能创建域。域是一个单独的实体，具有面积、周长及形心等几何特征。使用域作图与传统的作图方法是截然不同的，使用域作图可以采用"并""差""交"等布尔运算来构造不同形状的图形，图 5-49 所示为 3 种布尔运算的示例。

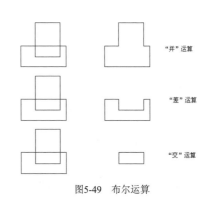

图5-49　布尔运算

5.12.1　创建面域

REGION 命令用于生成面域。启动该命令后，用户选择一个或多个封闭图形，就能创建出面域。

命令启动方法

- 菜单命令：【绘图】/【面域】。
- 面板：【默认】选项卡中【绘图】面板上的 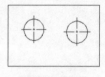 按钮。
- 命令：REGION（简写为 REG）。

【练习5-19】： 创建面域。

打开素材文件 "dwg\第 5 章\5-19.dwg"，如图 5-50 所示，使用 REGION 命令将该图创建成面域。

```
命令：_region
选择对象：指定对角点：找到 7 个        //用交叉框选择矩形及两个圆
选择对象：                          //按 Enter 键结束
```

图 5-50 中包含 3 个闭合区域，因而可以创建 3 个面域。

面域是以线框形式显示出来的。可以对面域进行移动、复制等操作，还可以使用 EXPLODE 命令分解面域，使其还原为原始对象。

 默认情况下，使用 REGION 命令在创建面域的同时将删除源对象。如果希望源对象被保留，需设置 DELOBJ 系统变量为 "0"。

选择矩形及两个圆创建面域

图5-50　创建面域

5.12.2　并运算

并运算将所有参与运算的面域合并为一个新面域。

命令启动方法

- 菜单命令：【修改】/【实体编辑】/【并集】。
- 命令：UNION（简写为 UNI）。

【练习5-20】： 执行并运算。

打开素材文件 "dwg\第 5 章\5-20.dwg"，如图 5-51 左图所示，使用 UNION 命令将左图修改为右图。

```
命令：_union
选择对象：指定对角点：找到 7 个
                    //用交叉框选择 5 个面域
选择对象：           //按 Enter 键结束
```

结果如图 5-51 右图所示。

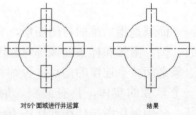

对5个面域进行并运算　　　　结果

图5-51　执行并运算

5.12.3　差运算

可以利用差运算从一个面域中去掉一个或多个面域，从而形成一个新面域。

命令启动方法

- 菜单命令：【修改】/【实体编辑】/【差集】。
- 命令：SUBTRACT（简写为 SU）。

【练习5-21】： 执行差运算。

打开素材文件 "dwg\第 5 章\5-21.dwg"，如图 5-52 左图所示，使用 SUBTRACT 命令将左图修改为右图。

```
命令：_subtract
选择对象：找到 1 个        //选择大圆面域
选择对象：               //按 Enter 键
选择要减去的实体、曲面和面域...
选择对象：总计 4 个      //选择 4 个小矩形面域
选择对象：               //按 Enter 键结束
```

结果如图 5-52 右图所示。

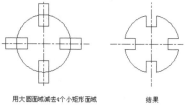

用大圆面域减去4个小矩形面域　　　结果

图5-52　执行差运算

5.12.4　交运算

利用交运算可以求出各个相交面域的公共部分。

命令启动方法

- 菜单命令：【修改】/【实体编辑】/【交集】。
- 命令：INTERSECT（简写为 IN）。

【练习5-22】：执行交运算。

打开素材文件"dwg\第 5 章\5-22.dwg"，如图 5-53 左图所示，使用 INTERSECT 命令将左图修改为右图。

```
命令：_intersect
选择对象：指定对角点：找到 2 个
                        //选择圆面域及矩形面域
选择对象：               //按 Enter 键结束
```

结果如图 5-53 右图所示。

对两个面域进行交运算　　　结果

图5-53　执行交运算

5.12.5　面域造型应用实例

面域造型的特点是通过面域对象的并运算、交运算或差运算来创建图形，当图形边界比较复杂时，这种作图法的效率是很高的。若要采用这种方法作图，首先必须对图形进行分析，以确定应生成哪些面域对象，然后考虑如何进行布尔运算以生成最终的图形。

【练习5-23】：利用面域造型法绘制图 5-54 所示的图形。该图可以认为是由矩形面域组成的，对这些面域进行并运算就得到了所需的图形。

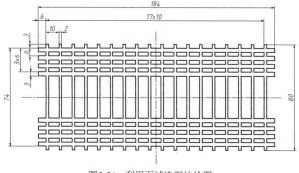

图5-54　利用面域造型法绘图

1. 绘制两个矩形并将它们创建成面域，结果如图 5-55 所示。
2. 阵列矩形，再进行镜像操作，结果如图 5-56 所示。

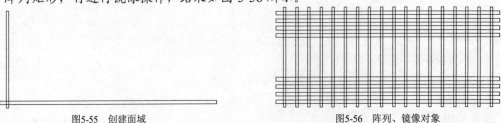

图5-55　创建面域　　　　　　　　　　　　　　图5-56　阵列、镜像对象

3. 对所有矩形面域执行并运算，结果如图 5-57 所示。

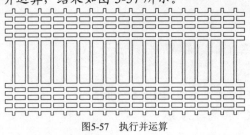

图5-57　执行并运算

【练习5-24】：绘制图 5-58 所示的装饰图案。

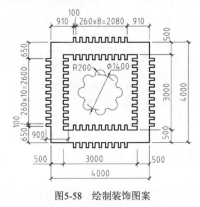

图5-58　绘制装饰图案

5.13 综合练习一——绘制植物及填充图案

【练习5-25】：打开素材文件"dwg\第 5 章\5-25.dwg"，如图 5-59 左图所示，使用 PLINE、SPLINE、HATCH 等命令将左图修改为右图。

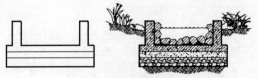

图5-59　绘制植物及填充图案

1. 使用 PLINE、SPLINE、SKETCH 命令绘制植物及石块，再使用 REVCLOUD 命令绘制云状线，云状线的弧长为100，该线代表水平面，结果如图 5-60 所示。
2. 使用 PLINE 命令绘制辅助线 A、B、C，然后填充剖面图案，结果如图 5-61 所示。

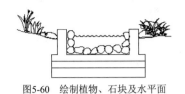

图5-60　绘制植物、石块及水平面

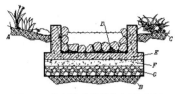

图5-61　绘制辅助线并填充剖面图案

(1) 石块的剖面图案为【ANSI33】，角度为 "0°"，填充比例为 "16"。

(2) 区域 D 中的图案为【AR-SAND】，角度为 "0°"，填充比例为 "0.5"。

(3) 区域 E 中有两种图案，分别为【ANSI31】和【AR-CONC】，角度都为 "0°"，填充比例分别为 "16" 和 "1"。

(4) 区域 F 中的图案为【AR-CONC】，角度为 "0°"，填充比例为 "1"。

(5) 区域 G 中的图案为【GRAVEL】，角度为 "0°"，填充比例为 "8"。

(6) 其余图案为【EARTH】，角度为 "45°"，填充比例为 "12"。

3. 删除辅助线，结果如图 5-59 右图所示。

5.14　综合练习二——绘制钢筋混凝土梁的断面图

【练习5-26】：绘制图 5-62 所示的钢筋混凝土梁的断面图。混凝土保护层的厚度为 25。

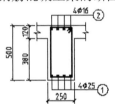

图5-62　绘制钢筋混凝土梁的断面图

1. 创建以下两个图层。

名称	颜色	线型	线宽
结构-轮廓	白色	Continuous	默认
结构-钢筋	白色	Continuous	0.7

2. 打开极轴追踪、对象捕捉及对象捕捉追踪功能。设置极轴追踪增量角为【90】，设定对象捕捉方式为【端点】【交点】，设置仅沿正交方向进行对象捕捉追踪。

3. 设定绘图窗口的高度。绘制一条竖直线段，线段长度为 1000。双击鼠标滚轮，使线段充满整个绘图窗口。

4. 切换到 "结构-轮廓" 图层，绘制两条作图基准线 A、B，其长度约为 700，如图 5-63 左图所示。使用 OFFSET、TRIM 命令形成梁的断面轮廓线及钢筋线，再使用 PLINE 命令绘制折断线，结果如图 5-63 右图所示。

5. 使用 LINE 命令绘制线段 E、F，再使用 DONUT、COPY、MIRROR 命令绘制黑色圆点，然后将钢筋线及黑色圆点修改到 "结构-钢筋" 图层上。相关尺寸如图 5-64 左图所示，结果如图 5-64 右图所示。绘制黑色圆点沿水平方向、竖直方向或倾斜方向的均匀分布，可以使用复制命令的 "阵列" 选项或使用路径阵列命令。

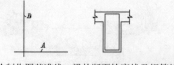

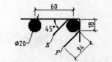

图5-63　绘制作图基准线、梁的断面轮廓线及钢筋线等　　　　图5-64　绘制线段 *E*、*F* 及黑色圆点等

5.15　综合练习三——绘制服务台节点大样图

【练习5-27】：绘制服务台节点大样图，如图 5-65 所示。

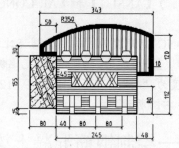

图5-65　绘制服务台节点大样图

1. 打开极轴追踪、对象捕捉及对象捕捉追踪功能。设置极轴追踪增量角为【90】，设定对象捕捉方式为【端点】【交点】，设置仅沿正交方向进行对象捕捉追踪。

2. 设定绘图窗口的高度。绘制一条竖直线段，线段长度为 800。双击鼠标滚轮，使线段充满整个绘图窗口。

3. 使用 LINE、ARC、PEDIT 及 OFFSET 命令绘制图形 *A*，结果如图 5-66 所示。

4. 使用 OFFSET、TRIM、LINE 及 COPY 命令绘制图形 *B*、*C*，细节尺寸及结果如图 5-67 所示。

图5-66　绘制图形 *A*　　　　　　　　　　　　图5-67　绘制图形 *B*、*C*

5. 使用 ELLIPSE、POLYGON、LINE 及 COPY 命令绘制图形 *D*、*E*，细节尺寸及结果如图 5-68 所示。

6. 填充剖面图案，结果如图 5-69 所示。

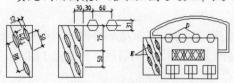　　　　　　　　　　　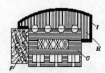

图5-68　绘制图形 *D*、*E*　　　　　　　　　　　图5-69　填充剖面图案

(1) 区域 *F* 中有两种图案，分别为【ANSI31】和【AR-CONC】，角度都为 "0°"，填充比例分别为 "5" 和 "0.2"。

(2) 区域 *G* 中的图案为【LINE】，角度为 "0°"，填充比例为 "2"。

(3) 区域 *H* 中的图案为【ANSI32】，角度为 "45°"，填充比例为 "1.5"。

(4) 区域 *I* 中的图案为【SOLID】。

5.16 综合练习四——沿线条均匀分布对象

【练习5-28】：使用 LINE、PLINE、DONUT 及 ARRAY 等命令绘制平面图形，如图 5-70 所示。

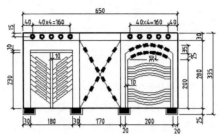

图5-70 使用 LINE、PLINE、DONUT 及 ARRAY 等命令绘图

1. 打开极轴追踪、对象捕捉及对象捕捉追踪功能。设置极轴追踪增量角为【90】，设定对象捕捉方式为【端点】【交点】，设置仅沿正交方向进行对象捕捉追踪。

2. 设定绘图窗口的高度。绘制一条竖直线段，线段长度为 1000。双击鼠标滚轮，使线段充满整个绘图窗口。

3. 绘制两条作图基准线 A、B，其长度约为 800、400，如图 5-71 左图所示。使用 OFFSET、TRIM、LINE 命令绘制图形 C，结果如图 5-71 右图所示。

4. 使用 LINE、XLINE、OFFSET、COPY、TRIM 及 MIRROR 命令绘制图形 D，细节尺寸及结果如图 5-72 所示。

图5-71 绘制作图基准线 A、B 及图形 C

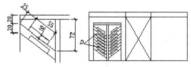

图5-72 绘制图形 D

5. 使用 LINE、ARC、COPY 及 MIRROR 命令绘制图形 E，细节尺寸及结果如图 5-73 所示。

图5-73 绘制图形 E

6. 使用 DONUT、LINE、SOLID 及 COPY 命令绘制图形 F、G 等，细节尺寸及结果如图 5-74 所示。

7. 绘制 20×10 的实心矩形，然后使用路径阵列命令将实心矩形沿直线及圆弧均匀分布，结果如图 5-75 所示。

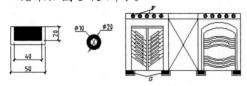

图5-74 绘制图形 F、G 等

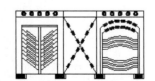

图5-75 将图块沿直线及圆弧均匀分布

【练习5-29】：使用 LINE、PLINE、DONUT、SOLID 及 ARRAY 等命令绘制平面图形，如图 5-76 所示。

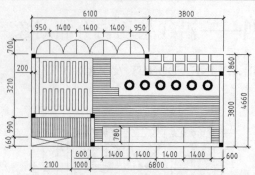

图5-76 使用 LINE、PLINE、DONUT、SOLID 及 ARRAY 等命令绘图

1. 打开极轴追踪、对象捕捉及对象捕捉追踪功能。设置极轴追踪增量角为【90】，设定对象捕捉方式为【端点】【交点】，设置仅沿正交方向进行对象捕捉追踪。

2. 设定绘图窗口的高度。绘制一条竖直线段，线段长度为 15000。双击鼠标滚轮，使线段充满整个绘图窗口。

3. 使用 PLINE、OFFSET、LINE 等命令绘制图形 *A*，结果如图 5-77 所示。

4. 使用 LINE、RECTANG、COPY 命令绘制图形 *B*，细节尺寸及结果如图 5-78 所示。

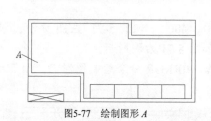

图5-77 绘制图形 *A*   图5-78 绘制图形 *B*

5. 使用 SOLID、DONUT、COPY 及 LINE 命令绘制实心矩形、圆环及折线 *C*，细节尺寸及结果如图 5-79 所示。

6. 使用 LINE、OFFSET、CIRCLE 及 COPY 等命令绘制图形 *D*，细节尺寸及结果如图 5-80 所示。

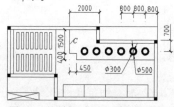   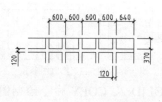

图5-79 绘制实心矩形、圆环及折线 *C*   图5-80 绘制图形 *D*

7. 填充剖面图案，结果如图 5-81 所示。

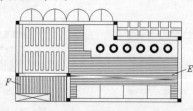

图5-81 填充剖面图案

(1) 区域 E 中的图案为【LINE】，角度为 "0°"，填充比例为 "30"。

(2) 区域 F 中的图案为【LINE】，角度为 "90°"，填充比例为 "30"。

5.17　习题

1.　使用 LINE、PLINE、OFFSET 等命令绘制平面图形，如图 5-82 所示。

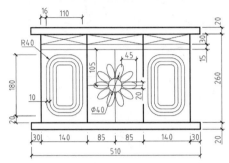

图5-82　使用 LINE、PLINE、OFFSET 等命令绘图

2.　使用 LINE、PEDIT、OFFSET 等命令绘制平面图形，如图 5-83 所示。

3.　使用 MLINE、PLINE、DONUT 等命令绘制平面图形，如图 5-84 所示。

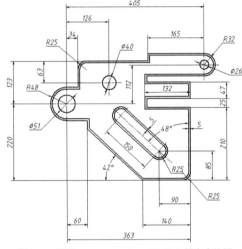

图5-83　使用 LINE、PEDIT、OFFSET 等命令绘图

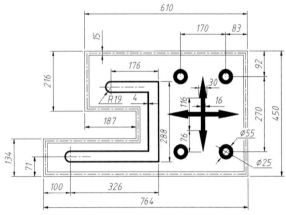

图5-84　使用 MLINE、PLINE、DONUT 等命令绘图

4.　使用 DIVIDE、DONUT、REGION 及 UNION 等命令绘制平面图形，如图 5-85 所示。

5.　使用面域造型法绘制图 5-86 所示的图形。

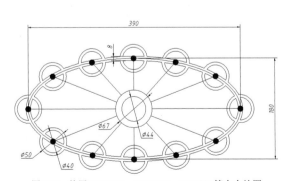

图5-85　使用 DIVIDE、REGION、UNION 等命令绘图

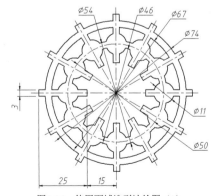

图5-86　使用面域造型法绘图（1）

6. 使用面域造型法绘制图 5-87 所示的图形。

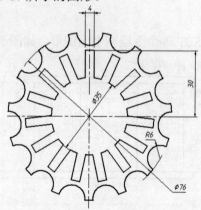

图5-87　使用面域造型法绘图（2）

第6章 复杂图形绘制实例

【学习目标】

- 了解绘制复杂平面图形的一般步骤。
- 掌握绘制复杂圆弧连接的方法及技巧。
- 掌握使用 OFFSET、TRIM 命令快速作图的技巧。
- 掌握绘制具有均布特征的复杂平面图形的技巧。
- 了解绘制倾斜图形的几种技巧。
- 了解使用 COPY、STRETCH 等命令从已有图形生成新图形的方法。
- 了解采用"装配法"形成复杂平面图形的方法。

本章提供了一些较复杂的平面图形，这些图形在各类工程设计图中都具有一定的难度和典型性。通过本章的学习，读者要掌握绘制复杂平面图形的一般方法及实用技巧。

6.1 绘制复杂图形的一般步骤

平面图形是由线段、圆、圆弧及多边形等图形元素组成的，作图时应从哪部分入手？怎样才能更高效地绘图呢？一般采取以下作图步骤。

(1) 首先绘制图形的主要作图基准线，然后利用作图基准线绘制其他图形元素。图形的对称线、大圆中心线、重要轮廓线等都可以作为作图基准线。

(2) 绘制出主要轮廓线，形成图形的大致形状。一般不从某个局部细节开始绘图。

(3) 绘制出图形主要轮廓后就可以开始绘制细节了。先把图形细节分成几部分，然后依次绘制。对于复杂的细节，可以先绘制作图基准线，然后再完善细节。

(4) 修饰平面图形。使用 BREAK、LENGTHEN 等命令打断及调整线条长度，修改不适当的线型，然后修剪多余线条。

【练习6-1】： 使用 LINE、CIRCLE、OFFSET 及 TRIM 等命令绘制图 6-1 所示的图形。

1. 创建以下两个图层。

名称	颜色	线型	线宽
轮廓线层	白色	Continuous	0.5
中心线层	红色	CENTER	默认

2. 设定线型全局比例因子为【0.2】。打开极轴追踪、对象捕捉及对象捕捉追踪功能。设置极轴追踪增量角为【90】，设定对象捕捉方式为【端点】【交点】。

3. 设定绘图窗口的高度。绘制一条竖直线段，线段长度为 150。双击鼠标滚轮，使线段充满整个绘图窗口。

4. 切换到轮廓线层，绘制水平和竖直作图基准线 *A*、*B*，结果如图 6-2 左图所示。线段

A、*B* 的长度约为 200。

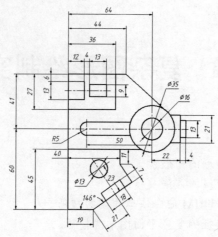

图6-1 绘制平面图形（1）

5. 使用 OFFSET、LINE、CIRCLE 等命令绘制图形的主要轮廓，结果如图 6-2 右图所示。

6. 使用 OFFSET、TRIM 命令绘制图形 *C*，如图 6-3 左图所示；再依次绘制图形 *D*、*E*，结果如图 6-3 右图所示。

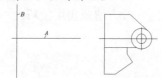

图6-2 绘制图形的主要轮廓

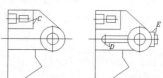

图6-3 绘制图形 *C*、*D*、*E*

7. 绘制定位线 *F*、*G*，如图 6-4 左图所示。使用 CIRCLE、OFFSET、TRIM 命令绘制图形 *H*，结果如图 6-4 右图所示。

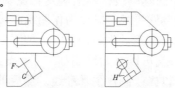

图6-4 绘制定位线 *F*、*G* 及图形 *H*

【练习6-2】： 绘制图 6-5 所示的图形。

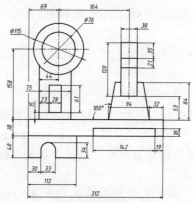

图6-5 绘制平面图形（2）

主要作图步骤如图 6-6 所示。

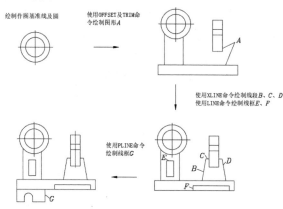

图6-6　主要作图步骤

6.2　绘制复杂圆弧连接

平面图中图形元素的相切关系是一类典型的几何关系，如线段与圆弧相切、圆弧与圆弧相切等。绘制此类图形的步骤如下。

(1)　绘制主要圆的定位线。

(2)　绘制圆，并根据已绘制的圆绘制切线及过渡圆弧。

(3)　绘制图形的其他细节。把图形细节分成几个部分，依次绘制。对于复杂的细节，可以先绘制作图基准线，再完善细节。

(4)　修饰平面图形。使用 BREAK、LENGTHEN 等命令打断及调整线条长度，修改不适当的线型，然后修剪多余线条。

【练习6-3】：　使用 LINE、CIRCLE、OFFSET 及 TRIM 等命令绘制图 6-7 所示的图形。

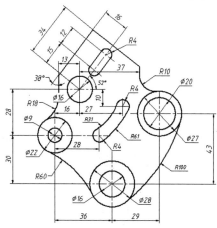

图6-7　绘制圆弧连接

1.　创建以下两个图层。

名称	颜色	线型	线宽
轮廓线层	绿色	Continuous	0.5
中心线层	红色	CENTER	默认

2. 设定线型全局比例因子为【0.2】。打开极轴追踪、对象捕捉及对象捕捉追踪功能。设置极轴追踪增量角为【90】，设定对象捕捉方式为【端点】【交点】。

3. 设定绘图窗口的高度。绘制一条竖直线段，线段长度为 150。双击鼠标滚轮，使线段充满整个绘图窗口。

4. 切换到轮廓线层，使用 LINE、OFFSET、LENGTHEN 等命令绘制圆的定位线，如图 6-8 左图所示。绘制圆及过渡圆弧 A、B，结果如图 6-8 右图所示。

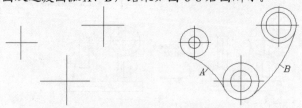

图6-8　绘制圆的定位线、圆及过渡圆弧

5. 使用 OFFSET、XLINE 等命令绘制定位线 C、D、E 等，如图 6-9 左图所示。绘制圆 F 及线框 G、H，结果如图 6-9 右图所示。

6. 绘制定位线 I、J 等，如图 6-10 左图所示。绘制线框 K，结果如图 6-10 右图所示。

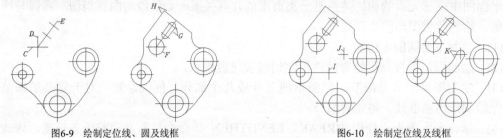

图6-9　绘制定位线、圆及线框　　　　　　　　图6-10　绘制定位线及线框

【练习6-4】：　使用 LINE、CIRCLE、OFFSET 及 TRIM 等命令绘制图 6-11 所示的图形。

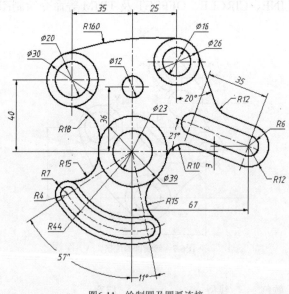

图6-11　绘制圆及圆弧连接

主要作图步骤如图 6-12 所示。

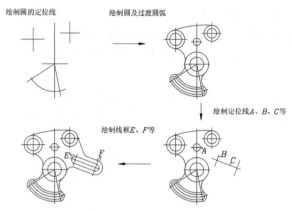

图6-12 主要作图步骤

6.3 使用 OFFSET、TRIM 命令快速作图

如果要绘制图 6-13 所示的图形，可以采取两种作图方法。一种是使用 LINE 命令将图中的每条线段准确地绘制出来，这种作图方法往往效率较低。实际作图时，常使用另一种作图方法，即使用 OFFSET 和 TRIM 命令来构建图形。采用此法绘图的主要步骤如下。

(1) 绘制作图基准线。

(2) 使用 OFFSET 命令偏移作图基准线以创建新的图形实体，然后使用 TRIM 命令修剪多余线条。

这种作图方法有一个显著的优点：仅反复使用两个命令就可以完成几乎 90%的工作。下面通过绘制图 6-13 所示的图形来演示此法。

【练习6-5】： 使用 LINE、OFFSET、TRIM 等命令绘制图 6-13 所示的图形。

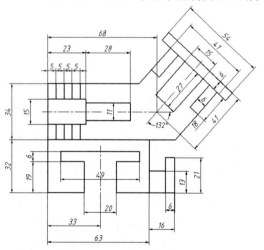

图6-13 使用 OFFSET、TRIM 等命令快速作图（1）

1. 创建以下两个图层。

名称	颜色	线型	线宽
轮廓线层	绿色	Continuous	0.5
中心线层	红色	CENTER	默认

2. 设定线型全局比例因子为【0.2】。打开极轴追踪、对象捕捉及对象捕捉追踪功能。设置极轴追踪增量角为【90】，设定对象捕捉方式为【端点】【交点】。

3. 设定绘图窗口的高度。绘制一条竖直线段，线段长度为 180。双击鼠标滚轮，使线段充满整个绘图窗口。

4. 切换到轮廓线层，绘制水平及竖直作图基准线 A、B，两线长度分别为 90、60 左右，如图 6-14 左图所示。使用 OFFSET、TRIM 命令绘制图形 C，结果如图 6-14 右图所示。

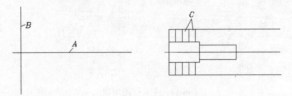

图6-14　绘制作图基准线 A、B 及图形 C

5. 使用 XLINE 命令绘制作图基准线 D、E，两线相互垂直，如图 6-15 左图所示。使用 OFFSET、TRIM、BREAK 等命令绘制图形 F，结果如图 6-15 右图所示。

6. 使用 LINE 命令绘制线段 G、H，这两条线是下一步的作图基准线，如图 6-16 左图所示。使用 OFFSET、TRIM 命令绘制图形 J，结果如图 6-16 右图所示。

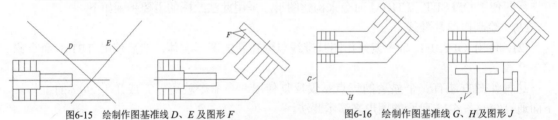

图6-15　绘制作图基准线 D、E 及图形 F　　　　图6-16　绘制作图基准线 G、H 及图形 J

【练习6-6】：　使用 LINE、CIRCLE、OFFSET 及 TRIM 等命令绘制图 6-17 所示的图形。

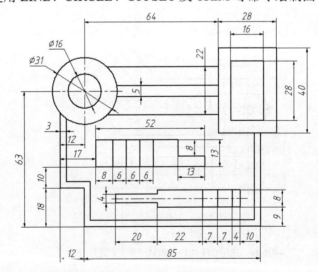

图6-17　使用 OFFSET、TRIM 等命令快速作图（2）

主要作图步骤如图 6-18 所示。

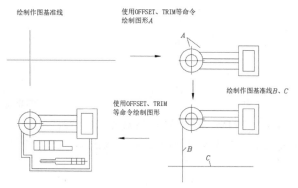

图6-18　主要作图步骤

6.4　绘制具有均布几何特征的复杂平面图形

平面图形中的几何对象按矩形阵列或环形阵列方式均匀分布是很常见的。对于这些对象，结合使用 ARRAY 与 MOVE、MIRROR 等命令就能轻易地创建出它们。

【练习6-7】：　使用 OFFSET、ARRAY、MIRROR 等命令绘制图 6-19 所示的图形。

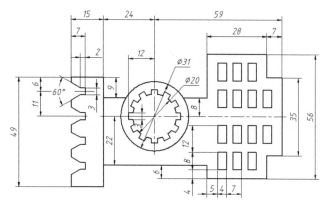

图6-19　绘制具有均布几何特征的图形

1. 创建以下两个图层。

名称	颜色	线型	线宽
轮廓线层	绿色	Continuous	0.5
中心线层	红色	CENTER	默认

2. 设定线型全局比例因子为【0.2】。打开极轴追踪、对象捕捉及对象捕捉追踪功能。设置极轴追踪增量角为【90】，设定对象捕捉方式为【端点】【圆心】【交点】。

3. 设定绘图窗口的高度。绘制一条竖直线段，线段长度为 120。双击鼠标滚轮，使线段充满整个绘图窗口。

4. 切换到轮廓线层，绘制圆的定位线 A、B，长度分别为 130、90 左右，如图 6-20 左图所示。绘制圆及线框 C、D，结果如图 6-20 右图所示。

5. 使用 OFFSET、TRIM 命令绘制线框 E，如图 6-21 左图所示。使用 ARRAY 命令创建线框 E 的环形阵列，结果如图 6-21 右图所示。

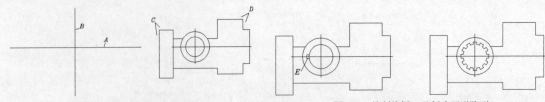

图6-20　绘制定位线、圆及线框　　　　　　　图6-21　绘制线框 *E* 及创建环形阵列

6. 使用 LINE、OFFSET、TRIM 等命令绘制线框 *F*、*G*，如图 6-22 左图所示。使用 ARRAY 命令创建线框 *F*、*G* 的矩形阵列，再对矩形阵列进行镜像操作，结果如图 6-22 右图所示。

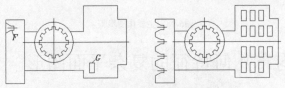

图6-22　绘制线框、创建矩形阵列及镜像对象

【练习6-8】： 使用 CIRCLE、OFFSET、ARRAY 等命令绘制图 6-23 所示的图形。

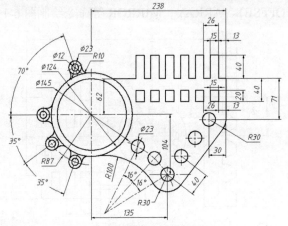

图6-23　创建矩形阵列及环形阵列

主要作图步骤如图 6-24 所示。

图6-24　主要作图步骤

6.5　绘制倾斜图形的技巧

　　工程图中多数图形对象是沿水平或竖直方向放置的，对于此类图形实体，利用正交或极轴追踪功能辅助绘图非常方便。当图形元素处于倾斜方向时，常给作图带来许多不便。对于

这类图形实体，可以采用以下方法绘制。

(1) 在水平或竖直位置绘制图形。

(2) 使用 ROTATE 命令把图形旋转到倾斜方向，或者使用 ALIGN 命令调整图形的位置及方向。

【练习6-9】： 使用 OFFSET、ROTATE、ALIGN 等命令绘制图 6-25 所示的图形。

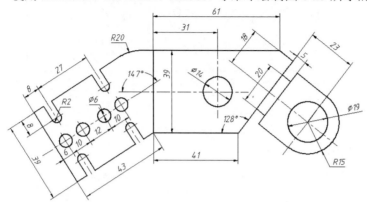

图6-25 绘制倾斜图形（1）

1. 创建以下两个图层。

名称	颜色	线型	线宽
轮廓线层	白色	Continuous	0.5
中心线层	红色	CENTER	默认

2. 设定线型全局比例因子为【0.2】。打开极轴追踪、对象捕捉及对象捕捉追踪功能。设置极轴追踪增量角为【90】，设定对象捕捉方式为【端点】【交点】。

3. 设定绘图窗口的高度。绘制一条竖直线段，线段长度为 150。双击鼠标滚轮，使线段充满整个绘图窗口。

4. 切换到轮廓线层，绘制闭合线框及圆，结果如图 6-26 所示。

5. 绘制图形 A，如图 6-27 左图所示。将图形 A 绕点 B 旋转 33°，然后倒圆角，结果如图 6-27 右图所示。

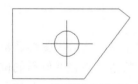

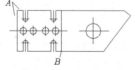

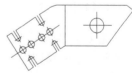

图6-26 绘制闭合线框及圆

图6-27 绘制图形 A 并旋转它

6. 绘制图形 C，如图 6-28 左图所示。使用 ALIGN 命令将图形 C 定位到合适的位置，结果如图 6-28 右图所示。

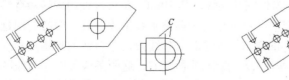

图6-28 绘制图形 C 并调整其位置

【练习6-10】： 绘制图6-29所示的图形。

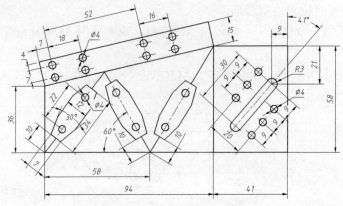

图6-29 绘制倾斜图形（2）

主要作图步骤如图6-30所示。

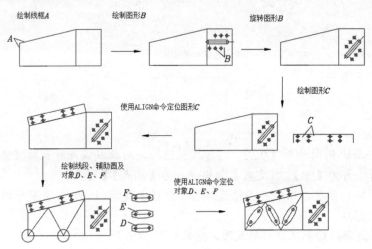

图6-30 主要作图步骤

6.6 在倾斜方向上直接作图及利用辅助线的技巧

在 6.5 节介绍了绘制倾斜图形的技巧：在水平或竖直位置作图，然后将图形调整到倾斜的方向。实际绘图时，也可以采用以下作图方法，这些方法的特点是直接在倾斜的位置进行绘制。

(1) 利用倾斜的辅助线作图。

在倾斜方向上绘制两条相互垂直的作图基准线，然后使用偏移及修剪命令构建其他线段。如图 6-31 所示，线段 A、B 为作图基准线，其中线段 B 可以使用旋转命令绘制，或者先绘制线段 A 的任意垂线，再使用移动及偏移命令调整垂线位置。旋转中心利用延伸点捕捉方式确定。此外，也可以在线段 E 重合的位置绘制一条线段，重合线的起始点利用延伸点捕捉方式确定，然后偏移重合线得到线段 D，再绘制垂线 C。这两条线可以作为作图基准线。绘图时，经常采用的技巧是：先绘制定长的重合线，再偏移、移动及旋转以形成新的对象。例如，在已有图样上绘制重合的多段线框，再采用偏移命令以形成新线框。

(2) 在倾斜方向建立新的坐标系。

选中坐标系对象,出现关键点,选择关键点并调整原点位置及坐标轴方向,形成新的用户坐标系,如图 6-32 左图所示。此时,坐标系 x 轴与倾斜方向平行,这样在倾斜方向绘图就与一般的绘图方式一样了。若是不习惯在倾斜方向上绘图,可以将十字光标移动到【ViewCube】右上角,出现旋转箭头时,单击它使坐标系 x 轴水平放置,如图 6-32 右图所示。绘图完成后选择绘图窗口左上角【视图控件】中的【俯视】选项,返回世界坐标系,恢复最初的显示状态。

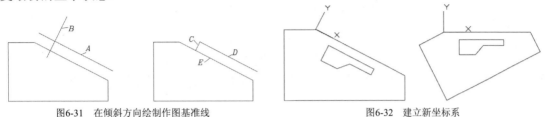

图6-31 在倾斜方向绘制作图基准线   图6-32 建立新坐标系

【练习6-11】: 绘制图 6-33 所示的图形。图形各部分的细节尺寸都包含在各分步图样中。

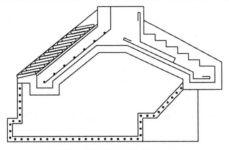

图6-33 在倾斜方向上作图(1)

1. 使用 LINE、OFFSET、COPY 等命令绘制线段,如图 6-34 上图所示。其中部分对象可以先创建成多段线,再偏移多段线而形成,结果如图 6-34 下图所示。

2. 使用 OFFSET、TRIM 等命令绘制倾斜线段,结果如图 6-35 所示。对于某些定长线段,可以使用 LEN 命令修改其长度。

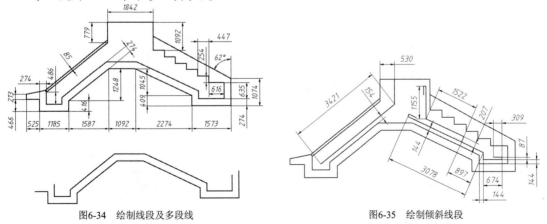

图6-34 绘制线段及多段线   图6-35 绘制倾斜线段

3. 创建矩形及圆点的阵列,结果如图 6-36 所示。创建圆点阵列时,可以先绘制阵列路径辅助线,然后将圆点沿路径阵列。

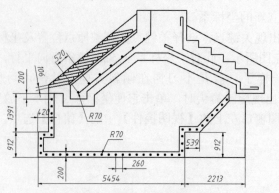

图6-36　创建矩形及圆点的阵列

【练习6-12】： 绘制图 6-37 所示的图形。图形各部分的细节尺寸都包含在各分步图样中。

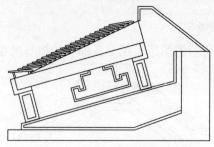

图6-37　在倾斜方向上作图（2）

1. 使用 LINE、OFFSET 等命令绘制线段，结果如图 6-38 所示。其中部分对象可以先创建成多段线，再偏移多段线而形成。
2. 使用 LINE、OFFSET、TRIM 等命令绘制倾斜线段，结果如图 6-39 所示。其中部分对象可以先创建成多段线，再偏移多段线而形成。

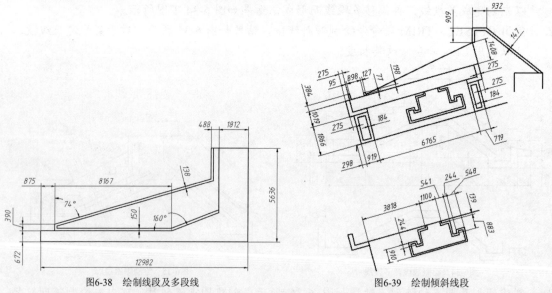

图6-38　绘制线段及多段线　　　　　　图6-39　绘制倾斜线段

3. 使用 LINE、LEN、ROTATE 等命令绘制倾斜线段，再使用 COPY 命令沿指定方向创建阵列，结果如图 6-40 所示。

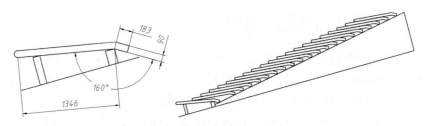

图6-40　绘制倾斜线段并沿指定方向创建阵列

【练习6-13】：　绘制图 6-41 所示的图形。图形各部分的细节尺寸都包含在各分步图样中。

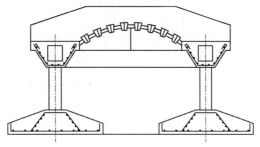

图6-41　在倾斜方向上作图（3）

1. 使用 LINE、OFFSET 等命令绘制线段，结果如图 6-42 所示。

2. 绘制倾斜线段及创建圆点阵列，结果如图 6-43 所示。对于倾斜方向阵列，可以先绘制辅助线，然后沿辅助线阵列对象。

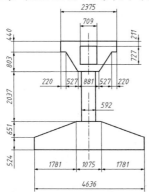

图6-42　绘制线段

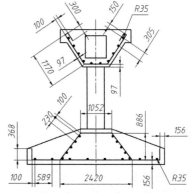

图6-43　绘制倾斜线段及创建圆点阵列

3. 镜像及阵列对象，结果如图 6-44 所示。

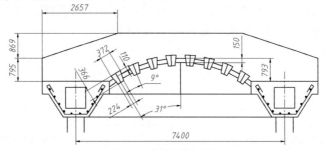

图6-44　镜像及阵列对象

6.7 利用已有图形生成新图形

平面图形中常有一些局部细节的形状是相似的，只是尺寸不同。绘制这些对象时，应尽量利用已有图形创建新图形。例如，可以先使用 COPY、ROTATE 命令把图形复制到新位置并调整方向，然后使用 STRETCH、SCALE 等命令修改图形。

【练习6-14】： 使用 OFFSET、COPY、ROTATE 及 STRETCH 等命令绘制图 6-45 所示的图形。

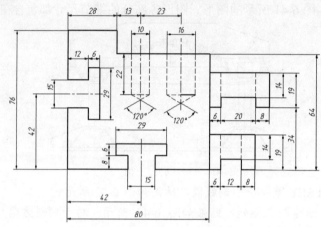

图6-45　利用已有图形生成新图形（1）

1. 创建以下 3 个图层。

名称	颜色	线型	线宽
轮廓线层	绿色	Continuous	0.5
中心线层	红色	CENTER	默认
虚线层	黄色	DASHED	默认

2. 设定线型全局比例因子为【0.2】。打开极轴追踪、对象捕捉及对象捕捉追踪功能。设置极轴追踪增量角为【90】，设定对象捕捉方式为【端点】【交点】。

3. 设定绘图窗口的高度。绘制一条竖直线段，线段长度为 150。双击鼠标滚轮，使线段充满整个绘图窗口。

4. 切换到轮廓线层，绘制水平及竖直作图基准线 A、B，长度均为 110 左右，如图 6-46 左图所示。使用 OFFSET、TRIM 命令绘制线框 C，结果如图 6-46 右图所示。

5. 绘制线框 B、C、D，如图 6-47 左图所示。使用 COPY、ROTATE、SCALE 及 STRETCH 等命令得到线框 E、F、G，结果如图 6-47 右图所示。

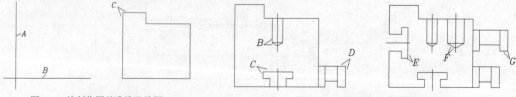

图6-46　绘制作图基准线及线框　　　　图6-47　绘制及编辑线框得到新图形

【练习6-15】： 绘制图 6-48 所示的图形。

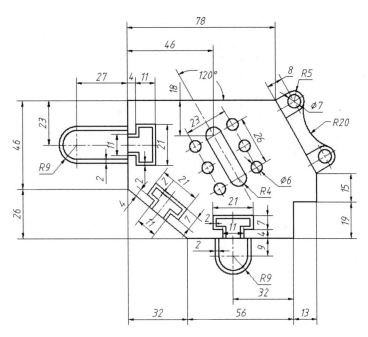

图6-48　利用已有图形生成新图形（2）

主要作图步骤如图 6-49 所示。

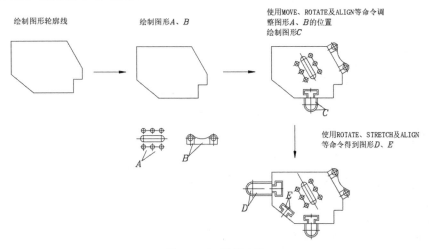

图6-49　主要作图步骤

6.8　利用"装配法"绘制复杂平面图形

可以将复杂平面图形看作几个简单图形的组合，分别绘制这些简单图形，然后将简单图形组合，形成复杂平面图形，这就是"装配法"。

【练习6-16】：　绘制图 6-50 所示的图形。该图形可以认为由 4 个部分组成，每一部分的图形都不复杂。作图时，先分别绘制这些部分，然后使用 MOVE、ROTATE、ALIGN 命令将各部分"装配"在一起。

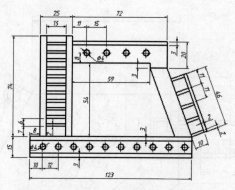

图6-50 利用"装配法"绘制复杂平面图形（1）

1. 打开极轴追踪、对象捕捉及对象捕捉追踪功能。设置极轴追踪增量角为【90】，设定对象捕捉方式为【端点】【交点】，设置仅沿正交方向对象捕捉追踪。

2. 使用 LINE、OFFSET、CIRCLE 及 ARRAY 等命令绘制图形 A、B、C，结果如图 6-51 所示。

3. 使用 MOVE 命令将图形 B、C 移动到合适的位置，结果如图 6-52 所示。

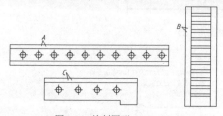

图6-51 绘制图形 A、B、C

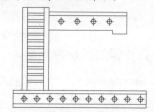

图6-52 移动图形 B、C

4. 绘制线段 D、E，再绘制图形 F，结果如图 6-53 所示。

5. 使用 ALIGN 命令将图形 F "装配"到合适的位置，结果如图 6-54 所示。

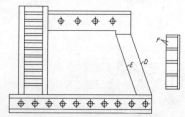

图6-53 绘制线段 D、E 及图形 F

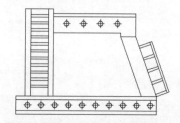

图6-54 把图形 F "装配"到合适的位置

【练习6-17】：绘制图 6-55 所示的图形。

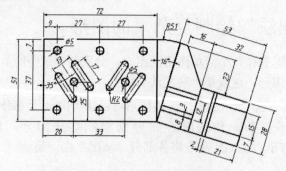

图6-55 利用"装配法"绘制复杂平面图形（2）

6.9　习题

1.　绘制图 6-56 所示的图形。
2.　绘制图 6-57 所示的图形。

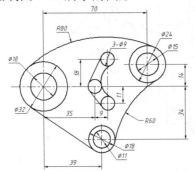

图6-56　绘制圆弧连接（1）

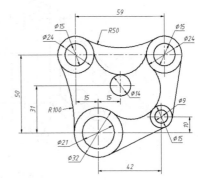

图6-57　绘制圆弧连接（2）

3.　绘制图 6-58 所示的图形。
4.　绘制图 6-59 所示的图形。

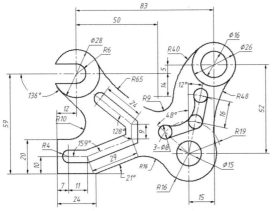

图6-58　绘制圆弧连接（3）

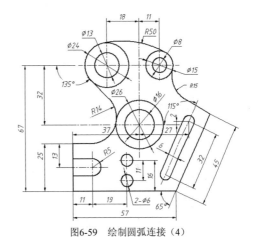

图6-59　绘制圆弧连接（4）

5.　绘制图 6-60 所示的图形。
6.　绘制图 6-61 所示的图形。

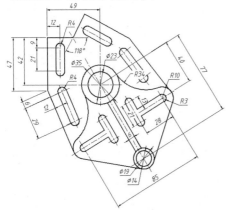

图6-60　绘制倾斜图形

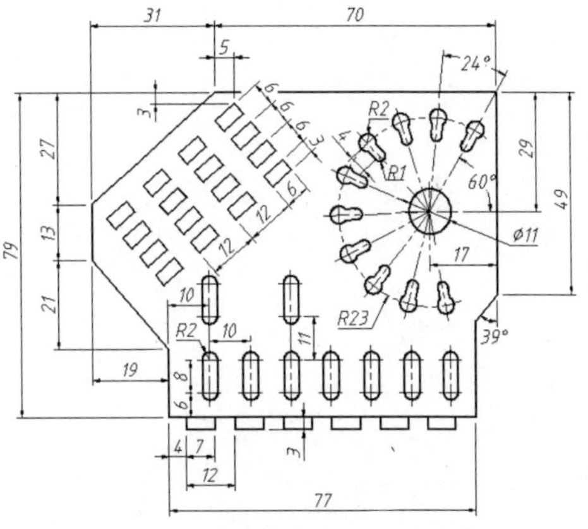

图6-61　创建矩形阵列及环形阵列

7. 绘制图 6-62 所示的图形。

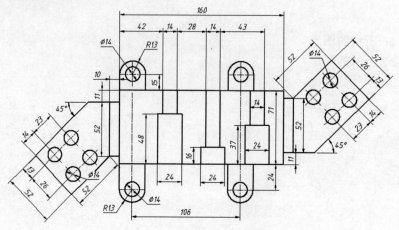

图6-62　利用已有图形生成新图形

第7章　在图形中添加文字

【学习目标】
- 掌握创建、修改文字样式的方法。
- 学会书写单行文字及添加特殊字符。
- 学会使用多行文字及添加特殊字符。
- 了解注释性对象。
- 学会编辑文字内容及格式。
- 熟悉创建表格对象的方法。

本章主要介绍单行文字、多行文字及表格对象的创建和编辑方法。

7.1　创建及修改文字样式

创建文字对象时，它们的外观都由与其关联的文字样式所决定。默认情况下，Standard 文字样式是当前样式，用户也可以根据需要创建新的文字样式。

文字样式主要控制与文本连接的字体文件、字符宽度、文字倾斜角度及高度等属性。另外，可以通过它设计出相反的、颠倒的或竖直方向的文本。

命令启动方法
- 菜单命令：【格式】/【文字样式】。
- 面板：【默认】选项卡中【注释】面板上的 A 按钮。
- 命令：STYLE（简写为 ST）。

下面练习在图形文件中建立新的文字样式。

【练习7-1】：　创建文字样式。

1. 单击【注释】面板上的 A 按钮，打开【文字样式】对话框，如图 7-1 所示。
2. 单击 新建(N)... 按钮，打开【新建文字样式】对话框，在【样式名】文本框中输入文字样式的名称"工程文字"，如图 7-2 所示。

图7-1　【文字样式】对话框

图7-2　【新建文字样式】对话框

3. 单击 确定 按钮，返回【文字样式】对话框，在【字体名】下拉列表中选择【gbeitc.shx】，勾选【使用大字体】复选框，然后在【大字体】下拉列表中选择【gbcbig.shx】，如图 7-1 所示。

4. 单击 应用(A) 按钮完成创建。

设置字体、字高和特殊效果等外部特征，以及修改、删除文字样式等操作都是在【文字样式】对话框中进行的。该对话框中常用选项的功能介绍如下。

- 【样式】列表框：该列表框中显示了图样中所有文字样式的名称，可以从中选择一个，使其成为当前样式。
- 新建(N)... 按钮：单击此按钮，可以创建新的文字样式。
- 删除(D) 按钮：在【样式】列表框中选择一个文字样式，再单击此按钮，就可以将该文字样式删除。当前样式和正在使用的文字样式不能被删除。
- 【字体名】下拉列表：此下拉列表罗列了所有的字体。带有双"T"标志的是 Windows 系统提供的"TrueType"字体，其他都是 AutoCAD 自己的字体（*.shx），其中"gbenor.shx"和"gbeitc.shx"（斜体西文）字体是符合国标的工程字体。
- 【使用大字体】：大字体是指专为双文字设计的字体。其中"gbcbig.shx"字体是符合国标的工程汉字字体，该字体文件还包含一些常用的特殊字符。由于"gbcbig.shx"字体文件不包含西文字体定义，所以使用时可以将其与"gbenor.shx"和"gbeitc.shx"字体配合使用。
- 【高度】：输入字体的高度。如果用户在该文本框中指定了文本高度，则当使用 TEXT（单行文字）命令时，系统将不再提示"指定高度"。
- 【颠倒】：勾选此复选框，文字将上下颠倒显示。该复选框仅影响单行文字，如图 7-3 所示。

AutoCAD 2000   ∀utoCAD 2000
取消勾选【颠倒】复选框   勾选【颠倒】复选框

图7-3   取消勾选或勾选【颠倒】复选框

- 【反向】：勾选此复选框，文字将首尾反向显示。该复选框仅影响单行文字，如图 7-4 所示。

AutoCAD 2000   0002 DACotuA
取消勾选【反向】复选框   勾选【反向】复选框

图7-4   取消勾选或勾选【反向】复选框

- 【垂直】：勾选此复选框，文字将沿竖直方向排列，如图 7-5 所示。

AutoCAD   A
u
t
o
C
A
D

取消勾选【垂直】复选框   勾选【垂直】复选框

图7-5   取消勾选或勾选【垂直】复选框

- 【宽度因子】: 默认的宽度因子为 1。若输入小于 1 的数值, 文本将变窄, 如图 7-6 所示; 若输入大于 1 的数值, 文本将变宽。

AutoCAD 2000　　　AutoCAD 2000

宽度比例因子为 1.0　　　　　宽度比例因子为 0.7

图7-6　调整宽度比例因子

- 【倾斜角度】: 该文本框用于指定文本的倾斜角度。角度值为正时向右倾斜, 角度值为负时向左倾斜, 如图 7-7 所示。

AutoCAD 2000　　*AutoCAD 2000*

倾斜角度为 30º　　　　　　　倾斜角度为 −30º

图7-7　设置文字的倾斜角度

修改文字样式也是在【文字样式】对话框中进行的, 其过程与创建文字样式相似。

修改文字样式时, 应注意以下几点。

(1)　修改完成后, 单击【文字样式】对话框中的 [应用(A)] 按钮, 修改生效, 系统立即更新图样中与此文字样式关联的文字。

(2)　当修改文字样式连接的字体文件时, 系统将改变所有文字的外观。

(3)　修改文字的颠倒、反向和垂直特性时, 系统将改变单行文字的外观; 而修改文字高度、宽度因子及倾斜角度时, 则不会引起已有单行文字外观的改变, 但会影响此后创建的文字对象。

(4)　对于多行文字, 只有【垂直】【宽度因子】【倾斜角度】选项才能影响已有多行文字的外观。

7.2　单行文字

单行文字用于传递比较简短的文字信息, 每一行都是单独的对象, 可以灵活地移动、复制及旋转。下面介绍单行文字的创建方法。

7.2.1　创建单行文字

TEXT 命令用于创建单行文字对象。发出此命令后, 用户不仅可以设定文本的对齐方式和文字的倾斜角度, 还能用十字光标在不同的地方选择点以定位文本 (系统变量 TEXTED 等于 2), 该特性允许用户只发出一次命令就能在图形的多个区域放置文本。

默认情况下, 与新建文字关联的文字样式是 "Standard"。如果要输入中文, 应使当前文字样式与中文字体相关联。此外, 也可以创建一个采用中文字体的新文字样式。

一、　命令启动方法

- 菜单命令:【绘图】/【文字】/【单行文字】。
- 面板:【默认】选项卡中【注释】面板上的 A 单行文字 按钮。
- 命令: TEXT 或 DTEXT (简写为 DT)。

【练习7-2】:　使用 TEXT 命令在图形中创建单行文字。

1.　打开素材文件 "dwg\第 7 章\7-2.dwg"。

2. 创建新文字样式并使其为当前样式。样式名为"工程文字",与该样式相连的字体文件是"gbeitc.shx"和"gbcbig.shx"。
3. 启动 TEXT 命令书写单行文字。

命令: _text	
指定文字的起点或 [对正(J)/样式(S)]:	//单击点 A, 如图 7-8 所示
指定高度 <3.0000>: 5	//输入文字高度
指定文字的旋转角度 <0>:	//按 Enter 键
横臂升降机构	//输入文字
行走轮	//在点 B 处单击,并输入文字
行走轨道	//在点 C 处单击,并输入文字
行走台车	//在点 D 处单击,输入文字并按 Enter 键
台车行走速度 5.72m/min	//输入文字并按 Enter 键
台车行走电机功率 3kW	//输入文字
立架	//在点 E 处单击,并输入文字
配重系统	//在点 F 处单击,输入文字并按 Enter 键
	//按 Enter 键结束
命令:	
TEXT	//重复命令
指定文字的起点或 [对正(J)/样式(S)]:	//单击点 G
指定高度 <5.0000>:	//按 Enter 键
指定文字的旋转角度 <0>: 90	//输入文字旋转角度
设备总高 5500	//输入文字并按 Enter 键
	//按 Enter 键结束

在点 H 处输入"横臂升降行程 1500",结果如图 7-8 所示。

 若发现图形中的文本没有正确显示出来,很可能是因为文字样式所连接的字体不合适。

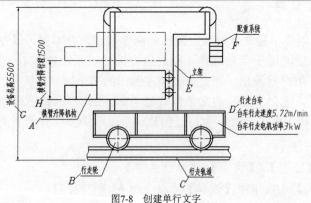

图7-8　创建单行文字

二、　命令选项

*   样式(S): 指定当前的文字样式。
*   对正(J): 设定文字的对齐方式,详见 7.2.2 小节。

7.2.2 单行文字的对齐方式

发出 TEXT 命令后，系统提示用户指定文本的插入点，此点和实际字符的位置关系由对齐方式中的"对正(J)"选项决定。对于单行文字，系统提供了十多种对正方式。默认情况下，文本是左对齐的，即指定的插入点是文字的左基线点，如图7-9所示。

如果要改变单行文字的对齐方式，就选择"对正(J)"选项。在"指定文字的起点或[对正(J)/样式(S)]:"提示下，输入"j"，则系统提示如下。

　　[左(L)/居中(C)/右(R)/对齐(A)/中间(M)/布满(F)/左上(TL)/中上(TC)/右上(TR)/左中(ML)/正中(MC)/右中(MR)/左下(BL)/中下(BC)/右下(BR)]:

下面对以上给出的选项进行详细说明。

- 对齐(A): 选择此选项时，系统提示指定文本分布的起始点和结束点。当用户选定两点并输入文本后，系统会将文字压缩或扩展，使其充满指定的宽度范围，而文字的高度则按适当比例变化，使文本不至于被扭曲。
- 布满(F): 选择此选项时，系统增加了"指定高度"的提示。选择此选项也将压缩或扩展文字，使其充满指定的宽度范围，但文字的高度值等于指定的数值。

分别利用"对齐(A)"和"布满(F)"选项在矩形框中填写文字，结果如图7-10所示。

图7-9　左对齐方式　　　　图7-10　利用"对齐(A)"及"布满(F)"选项添加文字

- 左(L)/居中(C)/右(R)/中间(M)/左上(TL)/中上(TC)/右上(TR)/左中(ML)/正中(MC)/右中(MR)/左下(BL)/中下(BC)/右下(BR): 通过这些选项可以设置文字的插入点，各插入点的位置如图7-11所示。

图7-11　各插入点的位置

7.2.3 在单行文字中加入特殊符号

工程图中用到的许多字符都不能通过标准键盘直接输入，如文字的下画线、直径符号等。若使用 TEXT 命令创建文字注释，则必须输入特殊的代码来产生特定的字符，这些代码及对应的特殊字符如表7-1所示。

表 7-1　　　　　　　　　　　　　　特殊字符的代码

代码	字符	代码	字符
%%o	文字的上画线	%%p	±
%%u	文字的下画线	%%c	直径符号
%%d	角度的度符号		

使用表中代码生成特殊字符的示例如图 7-12 所示。

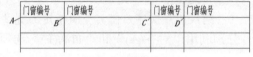

添加%%u特殊%%u字符	添加**特殊**字符
%%c100	φ100
%%p0.010	±0.010

图7-12　创建特殊字符

7.2.4　使用 TEXT 命令填写表格

使用 TEXT 命令可以方便地在表格中填写文字，但很难保证表中文字项目的位置对齐，因为使用 TEXT 命令时只能通过拾取点来确定文字的位置。

【练习7-3】：　向表格中添加文字。

1. 打开素材文件 "dwg\第 7 章\7-3.dwg"。
2. 使用 TEXT 命令在表格的第一行中书写文字 "门窗编号"，结果如图 7-13 所示。
3. 使用 COPY 命令将 "门窗编号" 由点 *A* 复制到点 *B*、*C*、*D*，结果如图 7-14 所示。

图7-13　书写单行文字

图7-14　复制文字

4. 双击文字（启动 TEXTEDIT 命令），修改文字内容，再使用 MOVE 命令调整 "洞口尺寸" "位置" 的位置，结果如图 7-15 所示。

门窗编号	洞口尺寸	数量	位置

图7-15　修改文字内容并调整其位置

5. 把已经填写的文字向下复制，结果如图 7-16 所示。
6. 双击文字，修改文字内容，结果如图 7-17 所示。

门窗编号	洞口尺寸	数量	位置
门窗编号	洞口尺寸	数量	位置
门窗编号	洞口尺寸	数量	位置
门窗编号	洞口尺寸	数量	位置
门窗编号	洞口尺寸	数量	位置

图7-16　向下复制文字

门窗编号	洞口尺寸	数量	位置
M1	4260×2700	2	阳台
M2	1500×2700	1	主入口
C1	1800×1800	2	楼梯间
C2	1020×1500	2	卧室

图7-17　修改文字内容

7.3　多行文字

MTEXT 命令用于创建复杂的文字说明。使用 MTEXT 命令生成的文字段落称为多行文字，它可以由任意数目的文字行组成，所有的文字构成一个单独的实体。使用 MTEXT 命令时，可以指定文本分布的宽度，而文字高度可以沿竖直方向无限延伸。另外，还能设置多行文字中单个字符或某部分文字的属性（包括文本的字体、倾斜角度和高度等）。

7.3.1 创建多行文字

要创建多行文字，首先要了解【文字编辑器】选项卡。下面详细介绍【文字编辑器】选项卡的使用方法及常用选项的功能。

命令启动方法

- 菜单命令:【绘图】/【文字】/【多行文字】。
- 面板:【默认】选项卡中【注释】面板上的$\mathsf{A}^{\text{多行文字}}$按钮。
- 命令: MTEXT (简写为 T)。

【练习7-4】: 创建多行文字。

使用 MTEXT 命令创建多行文字前，一般要设定当前绘图区域的大小（或绘图窗口的高度），这样便于估计输入的文字在绘图区域中显示的大致高度，避免其过大或过小。

启动 MTEXT 命令后，系统提示如下。

指定第一角点: //在绘图窗口中指定文本边框的一个角点，系统显示相应的样例文字

指定对角点: //指定文本边框的对角点

指定了文本边框的第一个角点后，再移动十字光标指定文本边框的另一个角点，一旦建立了文本边框，系统就会弹出【文字编辑器】选项卡及顶部带有标尺的文字输入框，这两部分组成了多行文字编辑器，如图 7-18 所示。利用此编辑器，用户可以方便地创建多行文字并设置文字样式、对齐方式、字体及字高等属性。

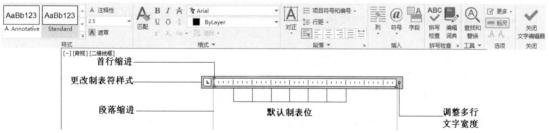

图7-18 多行文字编辑器

用户在文字输入框中输入文本（输入中文），当文本到达文本边框的右边界时自动换行，或者按 Shift+Enter 组合键换行（若按 Enter 键换行，则表示已输入的文字构成一个段落）。默认情况下，文字输入框是半透明的，用户可以观察到输入的文字与其他对象是否重叠。若要改为全透明，可以单击【选项】面板上的 ☑更多 ▾ 按钮，在打开的下拉菜单中选择【编辑器设置】/【显示背景】命令。

下面对多行文字编辑器的主要功能做说明。

一、【文字编辑器】选项卡

- 【样式】下拉列表: 设置多行文字的文字样式。若将一个新样式与现有的多行文字相关联，则不会影响文字的某些特殊格式，如粗体、斜体、堆叠等。
- 【文字高度】下拉列表: 从此下拉列表中选择或直接输入文字高度，可以设置文字的高度。多行文字对象中可以包含不同高度的文字。
- 【字体】下拉列表: 从此下拉列表中选择需要的字体。多行文字对象中可以包含不同字体的文字。

- ![按钮]：将选定文字的格式传递给目标文字。
- ![按钮]：添加或删除所选文字的删除线。
- ![按钮]：当左、右文字之间有堆叠字符（∧、/、#）时，将使左边的文字堆叠在右边文字的上方。其中"/"用于转化为水平分数线，"#"用于转化为倾斜分数线。
- x^2、x_2按钮：将选定的文字变为上标或下标。
- Aa ·按钮：更改所选字母的大小写。
- **B**按钮：如果所选用的字体支持粗体，则可以通过此按钮将文本修改为粗体形式，该按钮深色显示为打开状态。
- *I*按钮：如果所选用的字体支持斜体，则可以通过此按钮将文本修改为斜体形式，该按钮深显为打开状态。
- ∪按钮：为选定的文字添加下画线。
- 【颜色】下拉列表：为输入的文字设定颜色或修改已选定文字的颜色。
- 【格式】面板中的【倾斜角度】文本框：设定文字的倾斜角度。
- 【追踪】文本框：控制字符之间的距离。输入大于 1 的数值，将增大字符间距；输入小于 1 的数值，将缩小字符间距。
- 【宽度因子】文本框：设定文字的宽度因子。输入小于 1 的数值，文本将变窄；输入大于 1 的数值，文本将变宽。
- ![按钮]：设置多行文字整体的对正方式。
- ![项目符号和编号]·按钮：给段落文字添加数字编号、项目符号或大写字母形式的编号。
- ![行距]·按钮：设定段落文字的行间距。
- ![按钮]、![按钮]、![按钮]、![按钮]、![按钮]、![按钮]按钮：设定文字的对齐方式。这 6 个按钮的功能分别为默认、左对齐、居中、右对齐、对正和分散对齐。
- ![按钮]：将文字分成多列。单击此按钮，弹出下拉菜单，该菜单中包含【不分栏】【静态栏】【动态栏】命令。
- ![@按钮]：单击此按钮，弹出下拉菜单，该菜单中包含了许多常用的符号。
- ![按钮]：插入日期、面积等字段，字段的值随关联的对象自动更新。
- ![标尺按钮]：显示或隐藏文字输入框上部的标尺。

二、文字输入框

(1) 标尺：设置首行文字及段落文字的缩进，还可以设置制表位，操作方法如下。

- 拖动标尺上第一行的缩进滑块，可以改变所选段落第一行的缩进位置。
- 拖动标尺上第二行的缩进滑块，可以改变所选段落其余行的缩进位置。
- 标尺上显示了默认的制表位，如图 7-18 所示。要设置新的制表位，可以单击标尺。要删除创建的制表位，可以用鼠标将制表位拖出标尺。

(2) 快捷菜单：在文本输入框中单击鼠标右键，弹出快捷菜单，该菜单中包含了一些标准编辑命令和多行文字特有的命令，如图 7-19 所示（只显示了部分命令）。

- 【符号】：该命令包含以下常用子命令。

    【度数】：在十字光标定位处插入特殊字符"%%d"，表示度数符号"°"。

【正/负】：在十字光标定位处插入特殊字符"%%p"，表示加减符号"±"。

【直径】：在十字光标定位处插入特殊字符"%%c"，表示直径符号"ϕ"。

【几乎相等】：在十字光标定位处插入符号"≈"。

【角度】：在十字光标定位处插入符号"∠"。

【不相等】：在十字光标定位处插入符号"≠"。

【下标 2】：在十字光标定位处插入下标"2"。

【平方】：在十字光标定位处插入上标"2"。

【立方】：在十字光标定位处插入上标"3"。

【其他】：选择该命令，系统打开【字符映射表】对话框，在该对话框的【字体】下拉列表中选择字体，对话框显示所选字体包含的各种字符，如图 7-20 所示。若要插入一个字符，先选择它并单击 选择(S) 按钮，系统将选择的字符放在【复制字符】文本框中，依次选择所有要插入的字符，然后单击 复制(C) 按钮，关闭【字符映射表】对话框，返回多行文字编辑器，在要插入字符的地方单击，再单击鼠标右键，从弹出的快捷菜单中选择【粘贴】命令，这样就将字符插到多行文字中了。

图7-19　快捷菜单

图7-20　【字符映射表】对话框

- 【输入文字】：选择该命令，打开【选择文件】对话框，通过该对话框可以将用其他文字处理器创建的文本文件输入当前图形中。

- 【段落对齐】：设置多行文字的对齐方式。

- 【段落】：设定制表位和缩进，控制段落的对齐方式、段落间距、行间距。

- 【项目符号和列表】：给段落文字添加编号或项目符号等。

- 【查找和替换】：用于搜索及替换指定的字符串。

- 【背景遮罩】：在文字后设置背景。

- 【堆叠】：使可层叠的文本堆叠起来（见图 7-21），这对创建分数及公差形式的文本很有用。系统通过特殊字符"/""^""#"来表明多行文字是可层叠的。输入层叠文本的方式为"左边文本+特殊字符+右边文本"，堆叠后，左面文本被放在右边文本的上面。

$1/3$　　　　　　　　　$\frac{1}{3}$

$100+0.021\verb|^|-0.008$　$100^{+0.021}_{-0.008}$

$1\#12$　　　　　　　　$\frac{1}{12}$

输入可堆叠的文字　　　　　堆叠结果

图7-21　堆叠文本

【练习7-5】： 练习创建多行文字，文字内容如图 7-22 所示。

钢筋构造要求
1. 钢筋保护层为25mm。
2. 所有光面钢筋端部均应加弯钩。

图7-22 创建多行文字

1. 设定绘图窗口的高度。绘制一条竖直线段，线段长度为 10000。双击鼠标滚轮，使线段充满整个绘图窗口。

2. 选择菜单命令【格式】/【文字样式】，打开【文字样式】对话框，设定文字高度为"400"，其余采用默认值。

3. 单击【默认】选项卡中【注释】面板上的 A 多行文字按钮，或者输入 MTEXT 命令，系统提示如下。

指定第一角点： //在点 A 处单击，如图 7-22 所示

指定对角点： //在点 B 处单击

4. 打开【文字编辑器】选项卡，在【字体】下拉列表中选择【黑体】选项，然后输入文字，如图 7-23 所示。

5. 在【字体】下拉列表中选择【宋体】选项，在【字体高度】下拉列表框中输入"350"，然后输入文字，如图 7-24 所示。

钢筋构造要求

图7-23 输入文字（1）

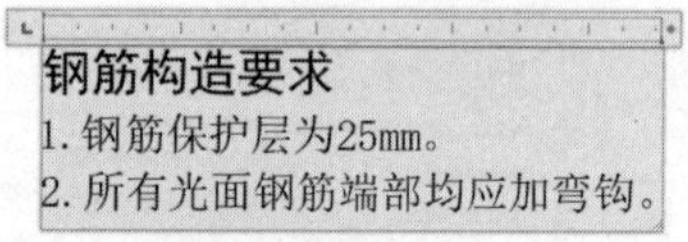

钢筋构造要求
1. 钢筋保护层为25mm。
2. 所有光面钢筋端部均应加弯钩。

图7-24 输入文字（2）

6. 单击 ✔ 按钮完成创建。

7.3.2 添加特殊字符

以下过程演示了如何在多行文字中加入特殊字符，文字内容如下。

管道穿墙及穿楼板时，应装ϕ40 的钢质套管。

供暖管道管径 DN≤32 采用螺纹连接。

【练习7-6】： 添加特殊字符。

1. 设定绘图窗口的高度为 10000。

2. 选择菜单命令【格式】/【文字样式】，打开【文字样式】对话框，设定文字高度为"500"，其余采用默认设置。

3. 单击【注释】面板上的 A 多行文字按钮，再指定文字分布的宽度，打开【文字编辑器】选项卡。在【字体】下拉列表中选择【宋体】选项，然后输入文字，如图 7-25 所示。

4. 在要插入直径符号的位置单击，再指定当前字体为【txt】，然后单击鼠标右键，弹出快捷菜单，选择【符号】/【直径】命令，结果如图 7-26 所示。

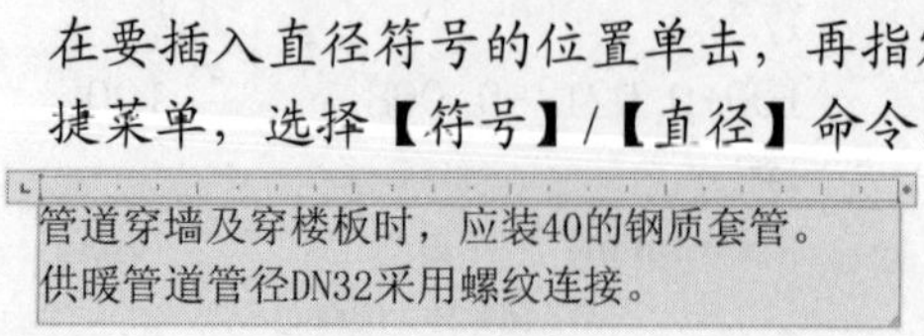

管道穿墙及穿楼板时，应装40的钢质套管。
供暖管道管径DN32采用螺纹连接。

图7-25 输入文字

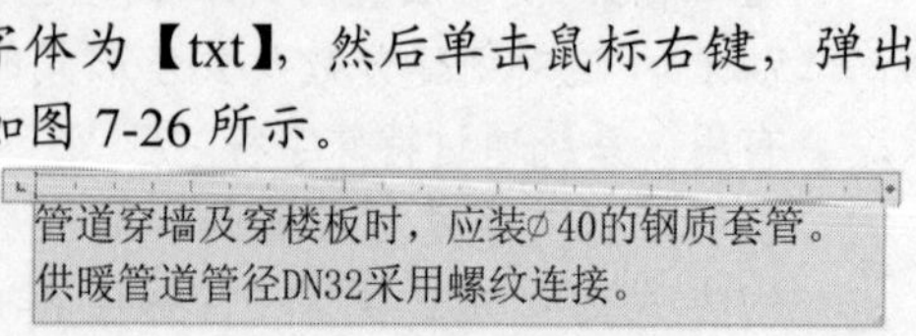

管道穿墙及穿楼板时，应装ϕ40的钢质套管。
供暖管道管径DN32采用螺纹连接。

图7-26 插入直径符号

5. 在文字输入框中单击鼠标右键，弹出快捷菜单，选择【符号】/【其他】命令，打开

【字符映射表】对话框。

6. 在【字符映射表】对话框的【字体】下拉列表中选择【宋体】选项，然后选择需要的字符“≤”，如图 7-27 所示。
7. 单击 选择(S) 按钮，再单击 复制(C) 按钮。
8. 返回文字输入框，在需要插入“≤”符号的位置单击，然后单击鼠标右键，弹出快捷菜单，选择【粘贴】命令，结果如图 7-28 所示。

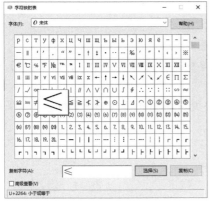

字符映射表
字体(F):
宋体
帮助(H)
复制字符(A):
≤
选择(S)
复制(C)
高级查看(V)
U+2264: 小于或等于

图7-27　【字符映射表】对话框

管道穿墙及穿楼板时，应装∅40的钢质套管。
供暖管道管径DN≤
32采用螺纹连接。

图7-28　插入“≤”符号

要点提示　粘贴符号“≤”后，系统将自动回车。

9. 把符号“≤”的高度修改为 500，再将十字光标放置在此符号的后面，按 Delete 键，结果如图 7-29 所示。

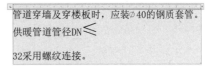

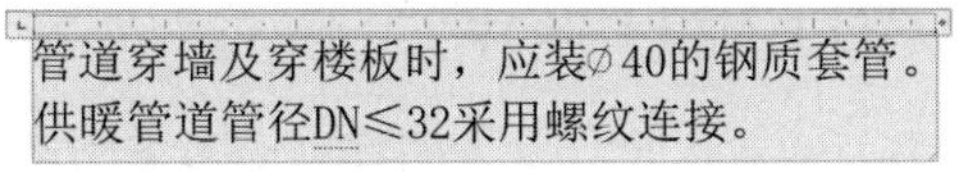

管道穿墙及穿楼板时，应装∅40的钢质套管。
供暖管道管径DN≤32采用螺纹连接。

图7-29　修改符号高度并调整其位置

10. 单击✔按钮完成创建。

7.3.3　在多行文字中设置不同字体及文字高度

输入多行文字时，用户可以随时选择不同字体及指定不同文字高度。

【练习7-7】：　在多行文字中设置不同字体及文字高度。

1. 设定绘图窗口的高度为 100。
2. 单击【注释】面板上的 A 多行文字 按钮，再指定文字分布宽度，打开【文字编辑器】选项卡，在【字体】下拉列表中选择【黑体】选项，在【字体高度】下拉列表框中输入“5”，然后输入文字，如图 7-30 所示。
3. 在【字体】下拉列表中选择【仿宋】选项，在【字体高度】下拉列表框中输入“3.5”，然后输入文字，如图 7-31 所示。

热处理要求

图7-30　输入文字（1）

热处理要求
对零件进行时效处理

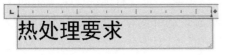

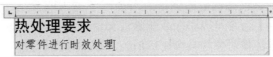

图7-31　输入文字（2）

4. 单击 ✔ 按钮完成创建。

7.3.4 创建分数及公差形式文字

下面使用多行文字编辑器创建分数及公差形式文字，文字内容如下。

$$\varnothing 100\frac{H7}{m6}$$

$$200^{+0.020}_{-0.016}$$

【练习7-8】： 创建分数及公差形式文字。

1. 打开【文字编辑器】选项卡，输入多行文字，如图 7-32 所示。

2. 选中 "H7/m6"，单击鼠标右键，在弹出的快捷菜单中选择【堆叠】命令，结果如图 7-33 所示。

3. 选中 "+0.020^-0.016"，单击鼠标右键，在弹出的快捷菜单中选择【堆叠】命令，结果如图 7-34 所示。

Ø100H7/m6 200+0.020^-0.016	Ø100$\frac{H7}{m6}$ 200+0.020^-0.016	Ø100$\frac{H7}{m6}$ 200$^{+0.020}_{-0.016}$
图7-32 输入多行文字	图7-33 创建分数形式文字	图7-34 创建公差形式文字

4. 单击 ✔ 按钮完成创建。

 使用堆叠的方法也可创建文字的上标或下标，输入方式为 "上标^" "^下标"。例如，输入 "53^"，选中 "3^"，然后单击鼠标右键，在弹出的快捷菜单中选择【堆叠】命令，结果为 "5^3"。

7.4 在建筑图中使用注释性文字

在建筑图中书写文字时需要注意：尺寸文本的高度应设置为图纸上的实际高度与打印比例倒数的乘积。例如，文字在图纸上的高度为 3.5，打印比例为 1∶100，则书写文字时设定的文字高度应为 350。

在建筑图中书写说明文字时，也可以采用注释性文字，此类对象具有注释比例属性，只需设置注释对象当前的注释比例等于出图比例，就能保证出图后的文字高度与最初的设定值一致。

可以认为注释比例就是打印比例，创建注释文字后，系统自动以当前注释比例的倒数缩放其外观，这样就保证了输出图形后，文字外观等于设定值。例如，设定文字高度为 3.5，设置当前注释比例为 1∶100，创建文字后其注释比例为 1∶100，显示在绘图窗口中的文字外观将放大 100 倍，文字高度变为 350。这样当以 1∶100 比例出图后，文字高度变为 3.5。

若文字样式是注释性的，则与其关联的文字就是注释性的。在【文字样式】对话框中勾选【注释性】复选框，可将文字样式设置为注释性文字样式，如图 7-35 所示。

注释对象可以具有一个或多个注释比例，设定其中之一为当前注释比例，则注释对象外观以该比例值的倒数为缩放因子变大或变小。选择注释对象，通过右键快捷菜单中的【特性】命令可以添加或删除注释比例。单击 AutoCAD 状态栏底部的 ⚖ 1:1 / 100% ▾ 按钮，可以指定注释对象的某个比例值为当前注释比例值。

图7-35   【文字样式】对话框

7.5 编辑文字

编辑文字的常用方法有以下 3 种。

(1) 双击文字以编辑它（若是单行文字，还可以连续编辑）。对于单行文字及多行文字，将分别打开文字编辑框及【文字编辑器】选项卡。

(2) 使用 TEDIT 命令连续编辑单行文字或多行文字。选择的对象不同，系统打开的内容不同。对于单行文字，系统打开文字编辑框；对于多行文字，则打开【文字编辑器】选项卡。

(3) 使用 PROPERTIES 命令修改文字。选择要修改的文字后，单击鼠标右键，弹出快捷菜单，选择【特性】命令，打开【特性】面板。在此面板中用户不仅能修改文字的内容，还能编辑文字的其他属性，如倾斜角度、对齐方式、文字高度及文字样式等。

【练习7-9】：   以下练习内容包括修改文字内容、改变多行文字的字体及文字高度、调整多行文字的边界宽度及为文字指定新的文字样式。

7.5.1 修改文字内容

使用 TEDIT 命令编辑单行文字或多行文字。

1.   打开素材文件 "dwg\第 7 章\7-9.dwg"，该文件所包含的文字内容如下。

工程说明

1.本工程±0.000 标高所相当的

绝对标高由现场决定。

2.混凝土强度等级为 C20。

3.基础施工时，需与设备工种密

切配合做好预留洞预留工作。

2.   启动 TEDIT 命令（或双击文字），系统提示"选择注释对象"，选择文字，打开【文字编辑器】选项卡，选择标题中的文字"工程"，将其修改为"设计"，如图 7-36 所示。

3.   选择文字"设计说明"，然后在【字体】下拉列表中选择【黑体】选项，在【字体高度】下拉列表框中输入"500"，按 Enter 键，结果如图 7-37 所示。

4.   单击 ✓ 按钮完成创建。

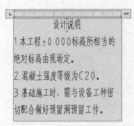

图7-36 修改文字内容

图7-37 修改字体及文字高度

7.5.2 调整多行文字的边界宽度

继续前面的练习，改变多行文字的边界宽度。

1. 选择多行文字，系统显示关键点，如图 7-38 左图所示，激活右边的关键点，进入拉伸编辑模式。

2. 向右移动十字光标，拉伸多行文字边界，结果如图 7-38 右图所示。

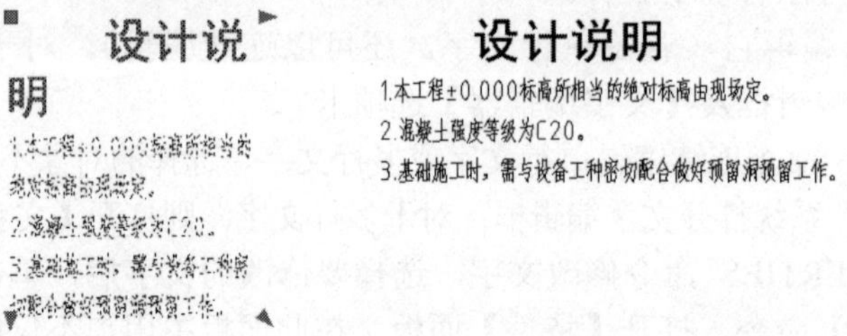

图7-38 拉伸多行文字边界

7.5.3 为文字指定新的文字样式

继续前面的练习，为文字指定新的文字样式。

1. 选择菜单命令【格式】/【文字样式】，打开【文字样式】对话框，利用该对话框创建新的文字样式，样式名为"样式-1"，使该文字样式关联中文字体【楷体】。

2. 选择所有文字，单击鼠标右键，在弹出的快捷菜单中选择【特性】命令，打开【特性】面板，在该面板的【样式】下拉列表中选择【样式-1】选项，在【文字高度】文本框中输入"400"，按 Enter 键，结果如图 7-39 所示。

采用新样式及设定新文字高度后的文字外观如图 7-40 所示。

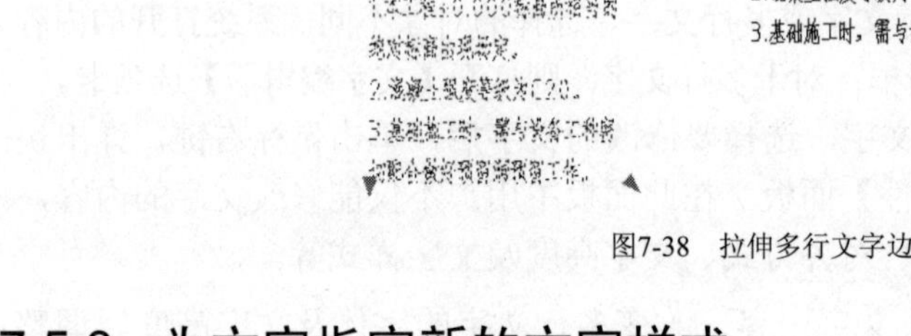

图7-39 指定新文字样式并修改文字高度

图7-40 修改后的文字外观

7.5.4　编辑文字实例

【练习7-10】：　打开素材文件"dwg\第 7 章\7-10.dwg"，如图 7-41 左图所示，修改文字内容、字体及文字高度，结果如图 7-41 右图所示。右图中的文字特性如下。

- "技术要求"：文字高度为"5"，字体为【gbeitc,gbcbig】。
- 其余文字：文字高度为"3.5"，字体为【gbeitc,gbcbig】。

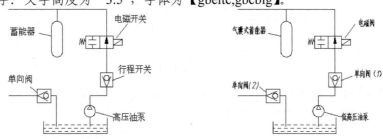

图7-41　编辑文字

1. 创建新文字样式，新样式名称为"工程文字"，与其相连的字体文件是【gbeitc.shx】和【gbcbig.shx】。

2. 启动 TEDIT 命令，使用该命令修改"蓄能器""行程开关"等单行文字的内容，再使用 PROPERTIES 命令将这些文字的高度修改为"3.5"，并使其与样式【工程文字】相连，结果如图 7-42 左图所示。

3. 使用 TEDIT 命令修改"技术要求"等多行文字的内容，再改变文字高度，并使其采用【gbeitc,gbcbig】字体（与样式【工程文字】相连），结果如图 7-42 右图所示。

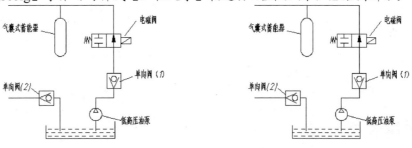

图7-42　修改文字内容及高度等

7.6　综合练习——创建单行文字及多行文字

【练习7-11】：　打开素材文件"dwg\第 7 章\7-11.dwg"，在图中添加单行文字，如图 7-43 所示。文字高度为"3.5"，字体采用【楷体】。

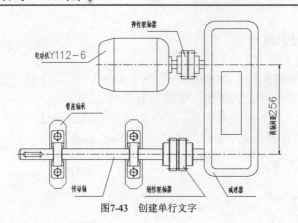

图7-43 创建单行文字

【练习7-12】： 打开素材文件 "dwg\第 7 章\7-12.dwg"，在图中添加多行文字，如图 7-44 所示。图中的文字特性如下。

- "α、λ、δ、≈、≥"：文字高度为 "4"，字体为【symbol】。
- 其余文字：文字高度为 "5"，中文字体采用【gbcbig.shx】，西文字体采用 【gbeitc.shx】。

【练习7-13】： 打开素材文件 "dwg\第 7 章\7-13.dwg"，在图中添加单行文字及多行文字，如图 7-45 所示，图中的文字特性如下。

- 单行文字的字体为【宋体】，文字高度为 "10"，其中部分文字沿 60° 方向书写，文字倾斜角度为 "30°"。
- 多行文字的文字高度为 "12"，字体为【黑体】和【宋体】。

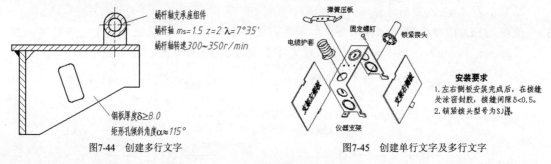

图7-44 创建多行文字   图7-45 创建单行文字及多行文字

7.7 创建表格对象

在 AutoCAD 中，可以创建表格对象。创建表格对象时，系统生成一个空白表格，随后用户可以在该表中填入文字信息，并可以很方便地修改表格的宽度、高度及表中的文字，还可以按行、列的方式删除表格单元格或合并表中的相邻单元格。

7.7.1 表格样式

表格对象的外观由表格样式控制。默认情况下，表格样式是 "Standard"，但用户可以根据需要创建新的表格样式。"Standard" 表格的外观如图 7-46 所示，第一行是标题行，第二行是表头行，其余行是数据行。

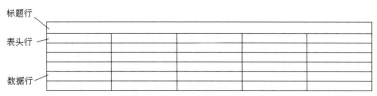

图7-46　"Standard"表格的外观

　　在表格样式中，用户可以设定标题文字和数据文字的文字样式、文字高度、对齐方式及单元格的填充颜色，还可以设定单元格边框的线宽和颜色，以及控制是否显示边框等。

命令启动方法

- 菜单命令:【格式】/【表格样式】。
- 面板:【默认】选项卡中【注释】面板上的 按钮。
- 命令: TABLESTYLE。

【练习7-14】: 创建新的表格样式。

1. 创建新文字样式，新样式名称为"工程文字"，与其相连的字体文件是【gbeitc.shx】和【gbcbig.shx】。

2. 启动 TABLESTYLE 命令，打开【表格样式】对话框，如图 7-47 所示，利用该对话框可以新建、修改及删除表样式。

3. 单击 新建(N)... 按钮，打开【创建新的表格样式】对话框，在【基础样式】下拉列表中选择新样式的原始样式，即【Standard】选项，该原始样式为新样式提供默认设置。在【新样式名】文本框中输入新样式的名称"表格样式-1"，如图 7-48 所示。

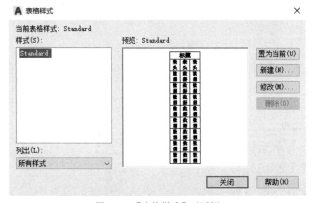

图7-47　【表格样式】对话框

图7-48　【创建新的表格样式】对话框

4. 单击 继续 按钮，打开【新建表格样式:表格样式-1】对话框，如图 7-49 所示。在【单元样式】下拉列表中分别选择【数据】【标题】【表头】选项，同时在【文字】选项卡中指定文字样式为【工程文字】，文字高度为"3.5"，在【常规】选项卡中指定文字对齐方式为【正中】。

5. 单击 确定 按钮，返回【表格样式】对话框，单击 置为当前(U) 按钮，使新的表格样式成为当前样式。

图7-49 【新建表格样式:表格样式-1】对话框

【新建表格样式】对话框中常用选项的功能介绍如下。

(1) 【常规】选项卡。

- 【填充颜色】: 指定表格单元的背景颜色，默认值为【无】。
- 【对齐】: 设置表格单元中文字的对齐方式。
- 【格式】: 设置数据类型及格式。
- 【水平】: 设置单元文字与左右单元格边框之间的距离。
- 【垂直】: 设置单元文字与上下单元格边框之间的距离。

(2) 【文字】选项卡。

- 【文字样式】: 选择文字样式。单击□按钮，打开【文字样式】对话框，利用该对话框可以创建新的文字样式。
- 【文字高度】: 输入文字的高度。
- 【文字角度】: 设定文字的倾斜角度。逆时针为正，顺时针为负。

(3) 【边框】选项卡。

- 【线宽】: 指定表格单元格的边框线宽。
- 【颜色】: 指定表格单元格的边框颜色。
- 田按钮: 将边框特性设置应用于所有单元格。
- 回按钮: 将边框特性设置应用于单元格的外部边框。
- 田按钮: 将边框特性设置应用于单元格的内部边框。
- 田、田、田、田按钮: 将边框特性设置应用于单元格的下、左、上、右边框。
- 田按钮: 隐藏单元格的边框。

(4) 【表格方向】下拉列表。

- 【向下】: 创建从上向下读取的表格对象。标题行和表头行位于表格的顶部。
- 【向上】: 创建从下向上读取的表格对象。标题行和表头行位于表格的底部。

7.7.2 创建及修改空白表格

可以使用 TABLE 命令创建空白表格，空白表格的外观由当前表格样式决定。使用该命令时，用户要输入的主要参数有行数、列数、行高及列宽等。

命令启动方法

- 菜单命令：【绘图】/【表格】。
- 面板：【默认】选项卡中【注释】面板上的▦按钮。
- 命令：TABLE。

【**练习7-15**】：　使用 TABLE 命令创建图 7-50 所示的空白表格。

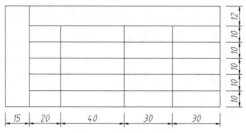

图7-50　创建空白表格

1. 创建新文字样式，新样式的名称为"工程文字"，与其相连的字体文件是【gbeitc.shx】和【gbcbig.shx】。

2. 创建新表格样式，样式名称为"表格样式-1"，与其相连的文字样式为【工程文字】，文字高度设定为"3.5"。

3. 单击【注释】面板上的▦按钮，打开【插入表格】对话框，如图 7-51 所示。在该对话框中我们可以通过选择表格样式，指定表的行、列数目及相关尺寸来创建表格。

图7-51　【插入表格】对话框

4. 单击 确定 按钮，再关闭文字编辑器，创建出图 7-52 所示的表格。

5. 在表格内按住鼠标左键并拖动鼠标，同时选中第 1 行和第 2 行，弹出【表格单元】选项卡，单击【行】面板上的▤按钮，删除选中的两行，结果如图 7-53 所示。

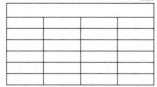

图7-52　创建的空白表格

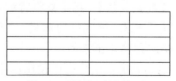

图7-53　删除第 1 行和第 2 行

6. 选中第 1 列的任一单元格，单击鼠标右键，弹出快捷菜单，选择【列】/【在左侧插入】命令，在左侧插入新的一列，结果如图 7-54 所示。

7. 选中第 1 行的任一单元格，单击鼠标右键，弹出快捷菜单，选择【行】/【在上方插入】命令，在上方插入新的一行，结果如图 7-55 所示。

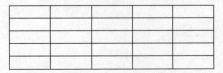

图7-54 插入新的一列

图7-55 插入新的一行

8. 按住鼠标左键并拖动鼠标，选中第 1 列的所有单元格，单击鼠标右键，弹出快捷菜单，选择【合并】/【全部】命令，合并第 1 列的所有单元格，结果如图 7-56 所示。

9. 按住鼠标左键并拖动鼠标，选中第 1 行的所有单元格，单击鼠标右键，弹出快捷菜单，选择【合并】/【全部】命令，合并第 1 行的所有单元格，结果如图 7-57 所示。

图7-56 合并第一列的所有单元格

图7-57 合并第一行的所有单元格

10. 分别选中单元格 A、B，利用关键点拉伸方式调整单元格的尺寸，结果如图 7-58 所示。

11. 选中单元格 C，单击鼠标右键，弹出快捷菜单，选择【特性】命令，打开【特性】面板，在【单元宽度】【单元高度】文本框中分别输入 "20" 和 "10"，结果如图 7-59 所示。

图7-58 调整单元格的尺寸

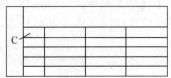

图7-59 调整单元格的宽度及高度

12. 使用类似的方法继续编辑表格。

【插入表格】对话框中常用选项的功能介绍如下。

- 【表格样式】：指定表格样式，其默认样式为【Standard】。

- 按钮：单击此按钮，打开【表格样式】对话框，利用该对话框用户可以创建新的表格样式或修改现有的样式。

- 【指定插入点】：指定表格左上角的位置。

- 【指定窗口】：利用矩形框指定表格的位置和大小。若事先指定了表格的行、列数目，则列宽和行高取决于矩形框的大小。

- 【列数】：指定表格的列数。

- 【列宽】：指定表格的列宽。

- 【数据行数】：指定数据行的行数。

- 【行高】：设定行的高度。"行高"是系统根据表格样式中的文字高度及单元格边距确定出来的。

已创建的表格，用户可以使用以下方法修改表格单元格的长、宽尺寸及表格对象的行、列数目。

(1) 选中单元格，打开【表格单元】选项卡（见图 7-60），利用此选项卡可以插入及删除单元格、合并单元格、修改文字对齐方式等。

(2) 选中一个单元格，拖动单元格边框的夹点就可以使单元格所在的行、列变宽或变窄。

图7-60　【表格单元】选项卡

(3)　选中一个单元格，单击鼠标右键，弹出快捷菜单，利用其中的【特性】命令也可以修改单元格的长、宽尺寸等。

若想一次性编辑多个单元格，可以使用以下方法进行选择。

(1)　在表格中按住鼠标左键并拖动鼠标，出现一个虚线矩形框，在该矩形框内以及与矩形框相交的单元格都将被选中。

(2)　在单元格内单击以选中它，再按住 Shift 键并在另一个单元格内单击，则这两个单元格及它们之间的所有单元格都将被选中。

7.7.3　在表格对象中填写文字

在单元格中可以填写文字或块信息。使用 TABLE 命令创建表格后，系统会亮显表格的第 1 个单元格，同时打开【文字编辑器】选项卡，此时用户就可以输入文字了。此外，双击某单元格也能将其激活，从而可以在其中填写或修改文字信息。当要移动到相邻的下一个单元格时，可按 Tab 键，或者使用箭头键向左、右、上或下移动。

【练习7-16】：　打开素材文件"dwg\第 7 章\7-16.dwg"，在表格中填写文字，结果如图 7-61 所示。

1.　双击表格左上角的第 1 个单元格，将其激活，在其中填写文字，结果如图 7-62 所示。

类型	编号	洞口尺寸		数量	备注
		宽	高		
窗	C1	1800	2100	2	
	C2	1500	2100	3	
	C3	1800	1800	1	
门	M1	3300	3000	3	
	M2	4260	3000	2	
卷帘门	JLM	3060	3000	1	

图7-61　在表格中填写文字

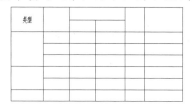

图7-62　在左上角的第一个单元格中填写文字

2.　使用方向键进入其他单元格继续填写文字，结果如图 7-63 所示。

3.　选择"类型"和"编号"，单击鼠标右键，弹出快捷菜单，选择【特性】命令，打开【特性】面板，在【文字高度】文本框中输入"7"，再使用同样的方法将"数量"和"备注"的文字高度修改为"7"，结果如图 7-64 所示。

类型	编号	洞口尺寸		数量	备注
		宽	高		
窗	C1	1800	2100	2	
	C2	1500	2100	3	
	C3	1800	1800	1	
门	M1	3300	3000	3	
	M2	4260	3000	2	
卷帘门	JLM	3060	3000	1	

图7-63　在其他单元格中填写文字

类型	编号	洞口尺寸		数量	备注
		宽	高		
窗	C1	1800	2100	2	
	C2	1500	2100	3	
	C3	1800	1800	1	
门	M1	3300	3000	3	
	M2	4260	3000	2	
卷帘门	JLM	3060	3000	1	

图7-64　修改文字高度

4.　选择除第 1 行、第 1 列外的所有文字，单击鼠标右键，弹出快捷菜单，选择【特性】命令，打开【特性】面板，在【对齐】下拉列表中选择【左中】选项，结果如图 7-61 所示。

【练习7-17】：创建及填写标题栏，如图 7-65 所示。

10 10 16 16 12 16
8x7=56
标记 处数 更改文件号 年月日
设计 签名 年月日 标准化 签名 年月日
审核
工艺 批准
材料标记
12 12
阶段标记 重量 比例
10 9 9
共 张 第 张
单位名称
图样名称
图样代号
18 20 18
12 12 16 12 12 16 50 50

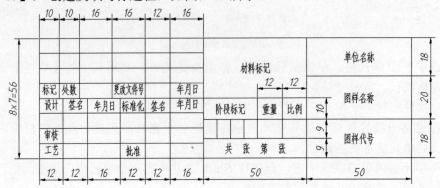

图7-65 创建及填写标题栏

1. 创建新的表格样式，样式名为“工程表格”。设定单元格中的文字采用字体【gbeitc.shx】和【gbcbig.shx】，文字高度为“5”，对齐方式为【正中】，文字与单元格边框的距离为“0.1”。
2. 指定【工程表格】为当前样式，使用 TABLE 命令创建 4 个表格，如图 7-66 左图所示。使用 MOVE 命令将这些表格组合成标题栏，结果如图 7-66 右图所示。

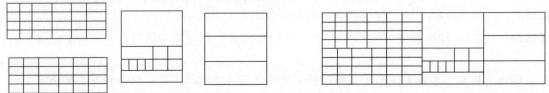

图7-66 创建 4 个表格并将其组合成标题栏

3. 双击表格的某单元格以激活它，在其中输入文字，按箭头键移动到其他单元格继续填写文字，结果如图 7-67 所示。

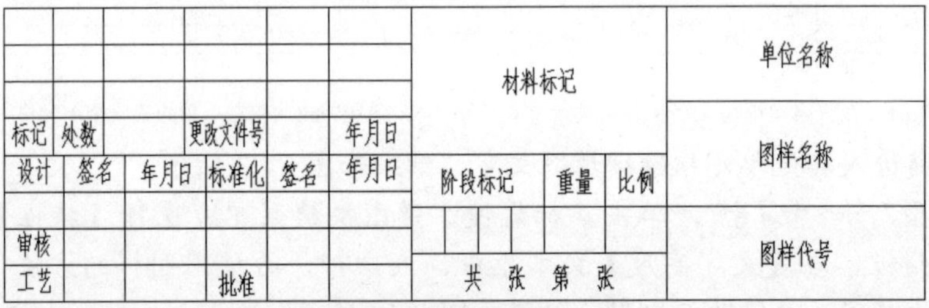

标记 处数 更改文件号 年月日
设计 签名 年月日 标准化 签名 年月日
审核
工艺 批准
材料标记
阶段标记 重量 比例
共 张 第 张
单位名称
图样名称
图样代号

图7-67 在表格中填写文字

要点提示 双击“更改文件号”单元格，选择所有文字，在【格式】面板的 0.7 文本框中将文字的宽度比例因子更改为“0.8”，这样表格单元格就有足够的宽度来容纳文字了。

7.8 习题

1. 打开素材文件“dwg\第 7 章\7-18.dwg”，如图 7-68 所示。在图中添加单行文字，文字高度为“3.5”，字体为【楷体】。
2. 打开素材文件“dwg\第 7 章\7-19.dwg”，在图中添加单行文字及多行文字，如图 7-69 所示。

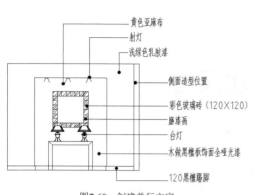

黄色亚麻布
射灯
浅绿色乳胶漆
侧面造型位置
彩色玻璃砖（120X120）
磨漆画
台灯
木做黑檀板饰面全哑光漆
120黑檀踢脚

图7-68　创建单行文字

四层用户
三层用户
二层用户
一层用户
溢水
热水箱
补水
排污
DN80
热水泵2.2kW/380V
说　明
1. 设备选型：各水泵均采用上海连成泵业有限公司产品。
2. 管材选择：DN<100者采用镀锌钢管，丝扣连接。
3. 各热水供应管均需做好保温，保温材料采用超细玻璃棉外加铝薄片管壳，保温厚度为40mm。

图7-69　创建单行文字及多行文字

图中文字的属性如下。

(1)　上面的文字为单行文字，字体为【楷体】，文字高度为“80”。

(2)　下面的文字为多行文字，文字高度为“80”，“说明”的字体为【黑体】，其余文字采用【楷体】。

3.　打开素材文件“dwg\第 7 章\7-20.dwg”，如图 7-70 所示，在表格中填写单行文字，文字高度分别为“500”和“350”，字体为【gbcbig.shx】。

类别	设计编号	洞口尺寸（mm）		樘数	采用标准图集及编号		备　　注
		宽	高		图集代号	编号	
门	M1	1800	2300	1			不锈钢门（样式由业主自定）
	M2	1500	2200	1			实木门（样式由业主自定）
	M3	1500	2200	1			夹板门（样式由业主自定）
	M4	900	2200	11			夹板门（样式由业主自定）
窗	C1	2350,3500	6400	1	98ZJ721		铝合金窗（详见大样）
	C2	2900,2400	9700	1	98ZJ721		铝合金窗（详见大样）
	C3	1800	2550	1	98ZJ721		铝合金窗（详见大样）
	C4	1800	2250	2	98ZJ721		铝合金窗（详见大样）

图7-70　在表格中填写单行文字

4.　使用 TABLE 命令创建表格，然后修改表格并填写文字，文字高度为“3.5”，字体为【仿宋】，结果如图 7-71 所示。

30
30
30
8
8
8
8
8
金属材料
工程塑料
胶合板
木材
混凝土

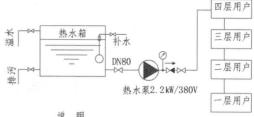

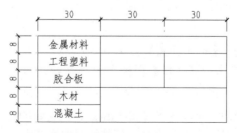

图7-71　创建表格并填写文字

第8章 标注尺寸

【学习目标】

- 掌握创建及编辑标注样式的方法。
- 掌握创建连续型及基线型尺寸标注的方法。
- 学会创建直径和半径尺寸标注。
- 学会创建引线标注。
- 掌握尺寸公差及形位公差标注。
- 熟悉如何编辑尺寸标注。
- 掌握创建注释性尺寸的方法。

本章将介绍标注尺寸的基本方法及如何控制尺寸标注的外观，并通过典型实例说明怎样建立及编辑各种类型的尺寸。

8.1 标注尺寸的集成命令 DIM

DIM 命令是一种集成化的标注命令，可以一次性创建多种类型的尺寸，如长度、对齐、角度、直径尺寸及半径尺寸等。下面先创建标注样式，然后使用 DIM 命令生成各类尺寸。

8.1.1 创建标注样式

尺寸标注是一个复合体，它以图块的形式存储在图形中（第 9 章将讲解图块的概念），其组成部分包括尺寸线、尺寸线两端的起止符号（箭头或斜线等）、尺寸界线及标注文字等，所有组成部分的外观都由标注样式来控制。

在标注尺寸前，一般都要创建标注样式，否则系统将使用默认样式"ISO-25"生成尺寸标注。在 AutoCAD 中，用户可以定义多种不同的标注样式并为之命名。标注时，只需指定某个样式为当前样式，就能创建相应的标注形式。

命令启动方法

- 菜单命令:【格式】/【标注样式】。
- 面板:【默认】选项卡中【注释】面板上的 按钮。
- 命令: DIMSTYLE（简写为 DIMSTY）。

【练习8-1】: 打丌素材文件"dwg\第 8 章\8-1.dwg"，创建新的标注样式，再使用 DIM 命令生成尺寸标注。保存该文件，后续练习继续使用。

1. 创建一个新文件。
2. 建立新文字样式，样式名为"标注文字"，与该样式相连的字体文件是【gbenor.shx】和【gbcbig.shx】。

3.　单击【注释】面板上的 按钮，打开【标注样式管理器】对话框，如图 8-1 所示。该对话框用来管理标注样式，通过它可以命名新的标注样式或修改样式中的尺寸变量。

4.　单击 新建(N)... 按钮，打开【创建新标注样式】对话框，如图 8-2 所示。在该对话框的【新样式名】文本框中输入新的样式名称"工程标注"，在【基础样式】下拉列表中指定某个标注样式作为新样式的基础样式，则新样式将包含该基础样式的所有设置。此外，还可以在【用于】下拉列表中设定新样式控制的尺寸类型，有关这方面的内容将在8.1.5 小节中详细讨论。默认情况下，【用于】下拉列表中的选项是【所有标注】，意思是新样式将控制所有类型的尺寸。

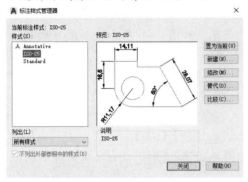

图8-1　【标注样式管理器】对话框

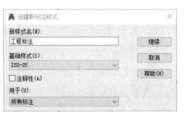

图8-2　【创建新标注样式】对话框

5.　单击 继续 按钮，打开【新建标注样式:工程标注】对话框，如图 8-3 所示。在【线】选项卡的【基线间距】【超出尺寸线】【起点偏移量】文本框中分别输入"7""2""3"。

图8-3　【新建标注样式:工程标注】对话框

- 【基线间距】：决定平行尺寸线之间的距离。例如，创建基线型尺寸标注时，相邻尺寸线之间的距离由该选项控制，如图 8-4 所示。
- 【超出尺寸线】：控制尺寸界线超出尺寸线的距离，如图 8-4 所示。国标中规定，尺寸界线一般超出尺寸线 2～3mm。
- 【起点偏移量】：控制尺寸界线起点与标注对象端点之间的距离，如图 8-4 所示。

6.　在【符号和箭头】选项卡的【第一个】下拉列表中选择【建筑标记】选项，在【箭头大小】文本框中输入"2"，该值用于设定短线标记沿水平或竖直方向的长度。

7. 在【文字】选项卡的【文字样式】下拉列表中选择【标注文字】选项，在【文字高度】【从尺寸线偏移】文本框中分别输入"3.5"和"0.8"，在【文字对齐】分组框中选择【与尺寸线对齐】选项。

- 【文字样式】：在此下拉列表中选择文字样式或单击右侧的⋯按钮，打开【文字样式】对话框，创建新的文字样式。
- 【从尺寸线偏移】：设定标注文字与尺寸线之间的距离，如图 8-4 所示。
- 【与尺寸线对齐】：使标注文字与尺寸线对齐。对于国标标注，应选择此选项。

8. 在【调整】选项卡的【使用全局比例】文本框中输入"100"。该比例值将影响尺寸标注所有组成元素的大小，如标注文字和尺寸箭头等，如图 8-4 所示。当用户欲以 1：100 的比例将图样打印在标准幅面的图纸上时，为保证尺寸外观合适，应设定标注的全局比例为打印比例的倒数，即 100。

9. 打开【主单位】选项卡，在【线性标注】分组框的【单位格式】【精度】【小数分隔符】下拉列表中分别选择【小数】【0.00】【"."（句点）】，在【角度标注】分组框的【单位格式】【精度】下拉列表中分别选择【十进制度数】【0.0】。

10. 单击 ▢确定 按钮，得到一个新的尺寸样式；再单击 置为当前(U) 按钮，使新样式成为当前样式。

11. 在建筑图中，标注直径、半径及角度尺寸时，尺寸的起止符号应采用箭头形式，因此还需创建控制这些尺寸的子样式（样式簇，参见 8.1.5 小节）。在【标注样式管理器】对话框中单击 新建(N)... 按钮，打开【创建新标注样式】对话框，如图 8-5 所示。在【基础样式】下拉列表中指定子样式的基础样式（父样式），在【用于】下拉列表中选择【直径标注】选项，则子样式将控制直径类型的尺寸。

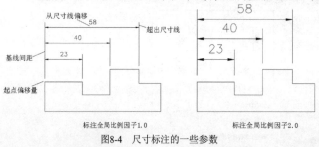

图8-4 尺寸标注的一些参数

图8-5 【创建新标注样式】对话框

12. 单击 继续 按钮，打开【新建标注样式】对话框，在【符号和箭头】选项卡的【第一个】下拉列表中选择【实心闭合】选项，在【箭头大小】文本框中输入"2"。

13. 单击 确定 按钮，得到"工程标注"的"直径"子样式。使用同样的方法创建"半径"子样式和"角度"子样式。

8.1.2 标注水平、竖直及对齐尺寸

DIM 命令可以一次性创建多种类型的尺寸，使用该命令标注尺寸时，一般可以采用以下两种方法。

(1) 在标注对象上指定尺寸线的起始点及终止点，创建尺寸标注。

(2) 直接选择要标注的对象。

标注完一个对象后，不要退出命令，可以继续标注新的对象。

一、 命令启动方法

- 面板:【默认】选项卡中【注释】面板上的 按钮。
- 命令: DIM。

启动 DIM 命令并指定标注对象后，可以通过上下、左右移动十字光标创建相应方向的水平或竖直尺寸。标注倾斜对象时，沿倾斜方向移动十字光标就生成对齐尺寸。对齐尺寸的尺寸线平行于倾斜的标注对象。如果用户通过选择两个点来创建对齐尺寸，则尺寸线与两点的连线平行。

标注过程中，用户可以随时修改标注文字及文字的倾斜角度，还能动态地调整尺寸线的位置。

使用 DIM 命令创建线型尺寸，如图 8-6 所示。

命令: _dim

选择对象或指定第一个尺寸界线原点或 [角度(A)/基线(B)/连续(C)/坐标(O)/对齐(G)/分发(D)/图层(L)/放弃(U)]:　　　　　//指定第一条尺寸界线的起始点或选择要标注的对象

指定第二个尺寸界线原点或 [放弃(U)]: //指定第二条尺寸界线的起始点

指定尺寸界线位置或第二条线的角度 [多行文字(M)/文字(T)/文字角度(N)/放弃(U)]:

　　　　　　　　//移动十字光标将尺寸线放置在适当的位置，然后单击，完成操作

不要退出 DIM 命令，继续以同样的方法标注其他尺寸，结果如图 8-6 所示。若标注文字的位置不合适，可以激活关键点进行调整。

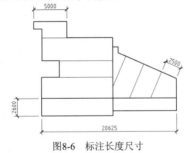

图8-6　标注长度尺寸

二、 命令选项

- 角度(A): 创建角度尺寸。
- 基线(B): 创建基线型尺寸。
- 连续(C): 创建连续型尺寸。
- 坐标(O): 生成坐标标注。
- 对齐(G): 先选择基准尺寸，再选择对齐尺寸，使多条尺寸线对齐。
- 分发(D): 使平行尺寸线均布。
- 图层(L): 忽略当前图层设置。选择一个对象或输入图层名称指定尺寸标注放置的图层。
- 多行文字(M): 打开多行文字编辑器，利用此编辑器可以输入新的标注文字。

 若修改了系统自动标注的文字，就会失去该尺寸标注的关联性，即尺寸标注内容不随标注对象的改变而改变。

- 文字(T): 使用户可以在命令窗口中输入新的尺寸文字。
- 文字角度(A): 设置文字的放置角度。

8.1.3　创建连续型及基线型尺寸标注

连续型尺寸标注是一系列首尾相连的标注形式,而基线型尺寸标注是指所有的尺寸都从同一点开始标注,即它们共用一条尺寸界线。利用 DIM 命令的"连续(C)""基线(B)"选项可以创建这两种尺寸。

- 连续(C): 选择该选项,选择已有尺寸的尺寸线一端作为标注起始点生成连续型尺寸。
- 基线(B): 选择该选项,选择已有尺寸的尺寸线一端作为标注起始点生成基线型尺寸。

继续前面的练习,创建连续型及基线型尺寸,如图 8-7 所示。

```
命令: _dim
选择对象或指定第一个尺寸界线原点或 [角度(A)/基线(B)/连续(C)/坐标(O)/对齐(G)/分
发(D)/图层(L)/放弃(U)]:C            //使用"连续(C)"选项
指定第一个尺寸界线原点以继续:        //在"2600"的尺寸线上端选择一点
指定第二个尺寸界线原点或 [选择(S)/放弃(U)] <选择>:
                                 //选择连续型尺寸的其他点,然后按 Enter 键
指定第一个尺寸界线原点以继续:        //在"2500"的尺寸线左上端选择一点
指定第二个尺寸界线原点或 [选择(S)/放弃(U)] <选择>:
                                 //选择连续型尺寸的其他点,然后按 Enter 键
指定第一个尺寸界线原点以继续:        //再按 Enter 键
选择对象或指定第一个尺寸界线原点或 [角度(A)/基线(B)/连续(C)/坐标(O)/对齐(G)/分
发(D)/图层(L)/放弃(U)]:B            //使用"基线(B)"选项
指定作为基线的第一个尺寸界线原点或 [偏移(O)]:O     //使用"偏移(O)"选项
指定偏移距离 <3.000000>:9           //设定平行尺寸线之间的距离
指定作为基线的第一个尺寸界线原点或 [偏移(O)]: //在"5000"的尺寸线左端选择一点
指定第二个尺寸界线原点或 [选择(S)/偏移(O)/放弃(U)] <选择>:
                                 //选择基线型尺寸的其他点,然后按 Enter 键
```

结果如图 8-7 所示。

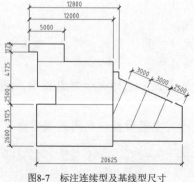

图8-7　标注连续型及基线型尺寸

8.1.4 利用当前样式的覆盖方式标注角度

DIM 命令的"角度(A)"选项用于创建角度尺寸,选择该选项后,选择角的两边、3 个点或一段圆弧就可以生成角度尺寸。利用 3 点生成角度时,第 1 个选择点是角的顶点。

国标对角度标注有规定,如图 8-8 所示,角度文本一律水平书写,一般书写在尺寸线的中断处,必要时可以书写在尺寸线的上方或外面,也可以绘制引线标注。显然,角度文本的书写方式与线性尺寸文本是不同的。

图8-8 角度文本注写规则

为使角度文本的放置形式符合国标规定,可以采用当前样式的覆盖方式标注角度。此方式是指临时修改标注样式,修改后,仅影响此后创建的尺寸的外观。标注完成后,再设定以前的样式为当前样式继续标注。

若想利用当前样式的覆盖方式改变已有尺寸的标注外观,可以使用尺寸更新命令更新尺寸。单击【注释】选项卡中【标注】面板上的 按钮启动该命令,然后选择尺寸即可。

【练习8-2】: 打开素材文件"dwg\第 8 章\8-2.dwg",使用 DIM 命令并结合当前样式的覆盖方式标注角度,如图 8-9 所示。

1. 单击【默认】选项卡中【注释】面板上的 按钮,打开【标注样式管理器】对话框。
2. 单击 替代(O)... 按钮,打开【替代当前样式:国标标注】对话框。
3. 打开【文字】选项卡,在【文字对齐】分组框中选择【水平】选项,如图 8-10 所示。

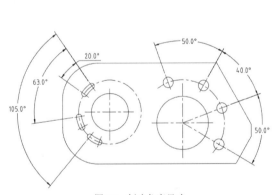

图8-9 创建角度尺寸

图8-10 【替代当前样式:国标标注】对话框

4. 返回绘图窗口,启动 DIM 命令,选择"角度(A)"选项创建角度尺寸,角度文本将水平放置。再选择"连续(C)"及"基线(B)"选项创建连续型及基线型角度尺寸,如图 8-9 所示。
5. 角度标注完成后,若要恢复为原来的标注样式,需打开【标注样式管理器】对话框,在该对话框的列表框中选择需要的标注样式,然后单击 置为当前(U) 按钮,系统弹出一个提示对话框,单击 确定 按钮完成修改。
6. 用户也可以在使用 DIM 命令的过程中临时改变标注样式(当前样式的覆盖方式),然后标注角度。标注完成后,退出当前样式的覆盖方式,系统自动返回 DIM 命令,继续完成其他标注。

8.1.5 使用角度尺寸样式簇标注角度

对于某种类型的尺寸，其标注外观可能需要做一些调整，例如，创建角度尺寸时要求文字放置在水平位置，但标注直径时想生成圆的中心标记。在 AutoCAD 中，用户可以通过角度标注样式簇对某种特定类型的尺寸进行控制。

除了利用当前样式的覆盖方式标注角度，还可以建立专门用于控制角度标注外观的样式簇。下面的练习说明了如何利用角度尺寸样式簇创建角度尺寸。

【练习8-3】：　打开素材文件"dwg\第 8 章\8-3.dwg"，利用角度标注样式簇标注角度，如图 8-11 所示。

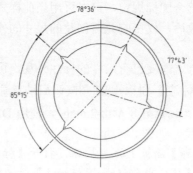

图8-11　标注角度

1. 单击【注释】面板上的 按钮，打开【标注样式管理器】对话框，再单击 新建(N)... 按钮，打开【创建新标注样式】对话框，在【用于】下拉列表中选择【角度标注】选项，如图 8-12 所示。
2. 单击 继续 按钮，打开【新建标注样式:国标标注:角度】对话框，打开【文字】选项卡，在【文字对齐】分组框中选择【水平】选项。
3. 打开【主单位】选项卡，在【角度标注】分组框中设置【单位格式】为【度/分/秒】、【精度】为【0d00′】，如图 8-13 所示。

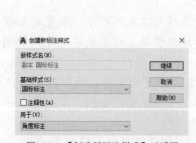

图8-12　【创建新标注样式】对话框

图8-13　【新建标注样式:国标标注:角度】对话框

4. 返回绘图窗口，启动 DIM 命令，利用"角度(A)"及"连续(C)"选项创建角度尺寸，结果如图 8-11 所示。所有角度尺寸的外观都由样式簇控制。

8.1.6 标注直径和半径尺寸

启动 DIM 命令，选择圆或圆弧就能创建直径或半径尺寸。标注时，系统会自动在标注内容前面加入"φ"或"R"符号。实际标注中，直径和半径尺寸的标注形式多种多样，若通过当前样式的覆盖方式进行标注就非常方便，例如使标注文字水平放置等。

【练习8-4】： 打开素材文件"dwg\第 8 章\8-4.dwg"，使用 DIM 命令创建直径及半径尺寸，如图 8-14 所示。

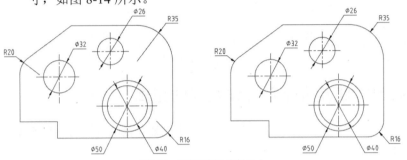

图8-14 标注直径及半径尺寸

1. 单击【注释】面板上的 按钮，打开【标注样式管理器】对话框，单击 替代(0)... 按钮，打开【文字】选项卡，设定标注文字为水平放置。

2. 启动 DIM 命令，将十字光标移动到圆或圆弧上，系统自动提示创建直径或半径尺寸，若没有，则需利用相关选项进行切换，结果如图 8-14 左图所示。图中半径标注的尺寸线与圆心相连，接下来利用尺寸更新命令进行修改。

3. 打开【标注样式管理器】对话框，单击 替代(0)... 按钮，打开【替代当前样式】对话框，打开【符号和箭头】选项卡，设置圆心标记为【无】；再打开【调整】选项卡，取消勾选【在尺寸界线之间绘制尺寸线】复选框。

4. 返回绘图窗口，单击【注释】选项卡中【标注】面板上的 按钮，启动尺寸更新命令，选择所有的半径尺寸进行更新，结果如图 8-14 右图所示。

5. 用户也可以在使用 DIM 命令的过程中临时改变标注样式（当前样式的覆盖方式），然后标注直径或半径尺寸。标注完成后，退出当前样式的覆盖方式，系统自动返回 DIM 命令，继续完成其他标注。

启动 DIM 命令后，当将十字光标移动到圆或圆弧上时，系统显示标注预览图片，同时命令窗口中列出相应的选项。

- 半径(R)、直径(D)：生成半径或直径尺寸。
- 折弯(J)：创建折线形式的标注，如图 8-15 左图所示。
- 弧长(L)：标注圆弧长度，如图 8-15 右图所示。
- 角度(A)：标注圆弧的圆心角或圆上一段圆弧的角度。

图8-15 折线及圆弧标注

8.1.7 使多个尺寸线共线

DIM 命令的"对齐(G)"选项可以使多个标注的尺寸线共线，选择该选项，先指定一条尺寸线为基准线，然后选择其他尺寸线，使其与基准尺寸线共线，如图 8-16 所示。

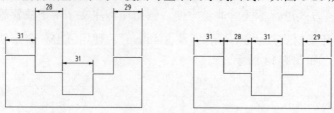

图8-16 使尺寸线共线

8.1.8 均布尺寸线及设定尺寸线之间的距离

DIM 命令的"分发(D)"选项可以使平行尺寸线在某一范围内均匀分布或按指定的间距值分布，如图 8-17 左图所示。"分发(D)"选项有以下两个子选项。

- 相等(E)：将所有选中的平行尺寸线均匀分布，但分布的总范围不变，如图 8-17 中图所示。
- 偏移(O)：设定偏移距离值，然后选中一个基准尺寸线，再选中其他尺寸线，则尺寸线按指定的偏移值进行分布，如图 8-17 右图所示。

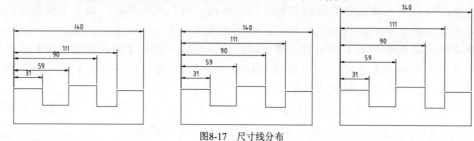

图8-17 尺寸线分布

8.2 引线标注

MLEADER 命令用于创建引线标注，引线标注由箭头、引线、基线及多行文字或图块组成，如图 8-18 所示。其中，箭头的形式、引线外观、文字属性及图块形状等都由引线样式控制。

图8-18 引线标注的组成

选中引线标注对象，若利用关键点移动基线，则引线、多行文字或图块会随之移动；若利用关键点移动箭头，则只有引线跟随移动，基线、多行文字或图块不动。

命令启动方法

- 菜单命令:【标注】/【多重引线】。
- 面板:【默认】选项卡中【注释】面板上的按钮。
- 命令: MLEADER（简写为 MLD）。

【练习8-5】:　打开素材文件"dwg\第 8 章\8-5.dwg",使用 MLEADER 命令创建引线标注,如图 8-19 所示。

1. 单击【注释】面板上的按钮,打开【多重引线样式管理器】对话框,如图 8-20 所示,利用该对话框可以新建、修改、重命名和删除引线样式。

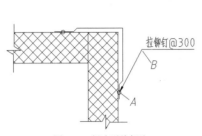

图8-19　创建引线标注

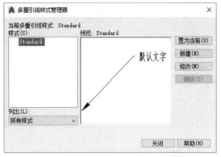

图8-20　【多重引线样式管理器】对话框

2. 单击 修改(M)... 按钮,打开【修改多重引线样式: Standard】对话框,如图 8-21 所示,在该对话框中完成以下设置。

图8-21　【修改多重引线样式: Standard】对话框

- 【引线格式】选项卡设置的选项如图 8-22 所示。
- 【引线结构】选项卡设置的选项如图 8-23 所示。【设置基线距离】栏中的数值表示基线的长度,【指定比例】栏中的数值为引线标注的整体缩放比例值。

图8-22　【引线格式】选项卡

图8-23　【引线结构】选项卡

- 【内容】选项卡设置的选项如图 8-21 所示。其中,【基线间隙】栏中的数值表示基线与标注文字之间的距离。

3. 单击【注释】面板上的 <u>△引线</u> 按钮，启动创建引线标注命令。

> 命令：_mleader
>
> 指定引线箭头的位置或 [引线基线优先(L)/内容优先(C)/选项(O)] <选项>：
>
> //指定引线起始点 A，如图 8-19 所示
>
> 指定引线基线的位置： //指定引线下一个点 B
>
> //打开【文字编辑器】选项卡，输入文字"拉铆钉@300"

结果如图 8-19 所示。

> **要点提示** 创建引线标注时，若文本或指引线的位置不合适，则可以利用夹点编辑方式进行调整。

MLEADER 命令的常用选项如下。

- 引线基线优先(L)：创建引线标注时，首先指定基线的位置。
- 内容优先(C)：创建引线标注时，首先指定多行文字或图块的位置。

8.3 尺寸公差及形位公差标注

创建尺寸公差的方法有两种。

(1) 利用当前样式的覆盖方式标注尺寸公差。打开【标注样式管理器】对话框，单击 <u>替代(O)...</u> 按钮，打开【公差】选项卡并设置尺寸的上偏差、下偏差。

(2) 标注时，选择"多行文字(M)"选项打开多行文字编辑器，然后采用堆叠文字的方式标注尺寸公差。

标注形位公差可以使用 TOLERANCE 和 QLEADER（简写为 LE）命令，前者只能生成公差框格，后者既能生成公差框格又能生成标注指引线。

8.3.1 标注尺寸公差

【练习8-6】： 利用当前样式的覆盖方式标注尺寸公差。

1. 打开素材文件 "dwg\第 8 章\8-6.dwg"。
2. 打开【标注样式管理器】对话框，然后单击 <u>替代(O)...</u> 按钮，打开【替代当前样式】对话框，打开【公差】选项卡。
3. 在【方式】【精度】【垂直位置】下拉列表中分别选择【极限偏差】【0.000】【中】选项，在【上偏差】【下偏差】【高度比例】文本框中分别输入 "0.039""0.015""0.75"，如图 8-24 所示。

> **要点提示** 默认情况下，系统自动在上偏差前面添加"+"，在下偏差前面添加"-"。若在输入偏差值时加上"+"或"-"，则最终标注的符号将是默认符号与输入符号相乘的结果。

4. 返回绘图窗口，启动 DIM 命令，标注线段 AB 的尺寸公差，结果如图 8-25 所示。

> **要点提示** 标注尺寸公差时，若空间过小，可以考虑使用较窄的文字进行标注。具体方法是先建立一个新的文字样式，在该样式中设置文字宽度比例因子小于 1，然后通过当前样式的覆盖方式使当前标注样式连接新文字样式，这样标注的文字宽度就会变窄。

图8-24 【公差】选项卡

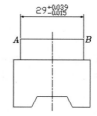

图8-25 标注线段 *AB* 的尺寸公差

【练习8-7】： 通过堆叠文字的方式标注尺寸公差。

1. 启动 DIM 命令，指定标注对象并选择"多行文字(M)"选项，打开【文字编辑器】选项卡，在此选项卡中采用堆叠文字的方式标注尺寸公差，如图 8-26 上图所示。

2. 选中创建的尺寸公差，单击鼠标右键，在弹出的快捷菜单中选择【堆叠特性】命令，打开【堆叠特性】对话框，利用此对话框调整公差的文字高度及位置等特性，如图 8-26 下图所示。

图8-26 标注尺寸公差

8.3.2 标注形位公差

标注形位公差常使用 QLEADER 命令，示例如下。

【练习8-8】： 使用 QLEADER 命令标注形位公差。

1. 打开素材文件"dwg\第 8 章\8-8.dwg"。

2. 启动 QLEADER 命令，系统提示"指定第一个引线点或 [设置(S)] <设置>:"，直接按 Enter 键，打开【引线设置】对话框，在【注释】选项卡中选择【公差】选项，如图 8-27 所示。

图8-27　【引线设置】对话框

3. 单击 确定 按钮，系统提示如下。

指定第一个引线点或 [设置(S)]<设置>：　　　　//在轴线上捕捉点 A，如图 8-28 所示

指定下一点：　　　　　　　　　　　　　　　//打开正交功能并在点 B 处单击

指定下一点：　　　　　　　　　　　　　　　//在点 C 处单击

4. 打开【形位公差】对话框，在该对话框中输入公差值，如图 8-28 所示。

5. 单击 确定 按钮，结果如图 8-29 所示。

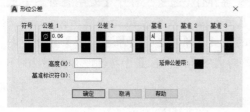

图8-28　【形位公差】对话框

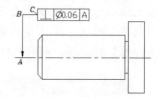

图8-29　标注形位公差

8.4　编辑尺寸标注

　　尺寸标注的各个组成部分（如文字的大小、箭头的形式等）都可以通过调整标注样式进行修改，但变动标注样式后，所有与此样式关联的尺寸标注都将发生变化。如果仅想改变某个尺寸的外观或标注文本的内容该怎么办？本节将通过一个实例说明编辑单个尺寸标注的一些方法。

【练习8-9】：　以下练习内容包括修改尺寸标注文字、改变尺寸界线和文字的倾斜角度及恢复标注文字，调整标注位置、均布及对齐尺寸线，编辑尺寸标注属性，更新标注等。

8.4.1　修改尺寸标注文字

　　可以使用 TEDIT 命令或双击文字以修改文字内容。

1. 打开素材文件 "dwg\第 8 章\8-9.dwg"。

2. 双击标注文字 "84"，打开【文字编辑器】选项卡，在文字输入框中输入直径代码添加直径符号，如图 8-30 所示。

3. 单击 ✔ 按钮或文字输入框外部，返回绘图窗口，再选中尺寸 "104"，在该尺寸文字前加入直径代码，结果如图 8-31 右图所示。

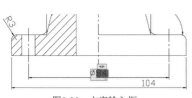

图8-30 文字输入框

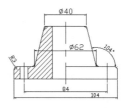
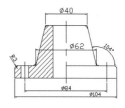

图8-31 修改尺寸文本

8.4.2 改变尺寸界线和文字的倾斜角度及恢复标注文字

DIMEDIT 命令可以用于调整尺寸文本的位置、修改文本内容，此外，还可以将尺寸界线倾斜至某个角度、旋转尺寸文字。该命令的优点是可以同时编辑多个尺寸标注。

下面使用 DIMEDIT 命令使尺寸"$\phi62$"的尺寸界线倾斜，如图 8-32 所示。

接上例。单击【注释】选项卡中【标注】面板的上 ⌐按钮，或者输入 DIMEDIT 命令，系统提示如下。

```
命令: _dimedit
输入标注编辑类型[默认(H)/新建(N)/旋转(R)/倾斜(O)]<默认>:o      //选择"倾斜(O)"选项
选择对象: 找到 1 个                                      //选择尺寸"φ62"
选择对象:                                               //按 Enter 键
输入倾斜角度 (按 ENTER 表示无):120                        //输入尺寸线的倾斜角度
```

结果如图 8-32 所示。

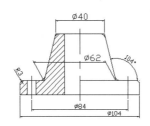

图8-32 使尺寸界线倾斜某一角度

DIMEDIT 命令中的选项介绍如下。

- 默认(H): 将标注文字放置在标注样式中定义的位置。
- 新建(N): 利用该选项打开多行文字编辑器，通过此编辑器输入新的标注文字或将修改的标注文字恢复为默认值。
- 旋转(R): 将标注文本旋转一定角度。
- 倾斜(O): 使尺寸界线倾斜一定角度。创建轴测图尺寸标注时，此选项非常有用。

8.4.3 调整标注位置、均布及对齐尺寸线

关键点编辑方式非常适合用于移动尺寸线和标注文字。进入这种编辑方式后，一般通过移动尺寸线两端或标注文字所在处的关键点来调整尺寸线的位置。

平行尺寸线之间的距离可以使用 DIMSPACE 命令调整，该命令可以使平行尺寸线按用户指定的数值等间距分布。单击【注释】选项卡中【标注】面板上的 █按钮，即可启动

DIMSPACE 命令。

对于连续的线性标注及角度标注，可以通过 DIMSPACE 命令使所有尺寸线对齐，此时设定尺寸线间距为"0"即可。

下面使用关键点编辑方式调整尺寸标注的位置。

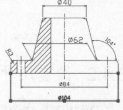

1. 接上例。选择尺寸"⌀104"，激活文本所在处的关键点，系统自动进入拉伸编辑模式。

2. 向下移动十字光标调整文本的位置，结果如图 8-33 所示。

调整尺寸标注位置的最佳方法是采用关键点编辑方式，激活关键点后就可以移动文本或尺寸线到适当的位置。若还不能满足要求，则可以使用 EXPLODE 命令将尺寸标注分解为单个对象，然后再分别调整这些对象以达到满意的效果。

图8-33 调整文本的位置

8.4.4 编辑尺寸标注属性

使用 PROPERTIES 命令可以非常方便地编辑尺寸，用户可以一次性同时选择多个尺寸标注，启动 PROPERTIES 命令或选择右键快捷菜单中的【特性】命令后，打开【特性】面板，用户可以利用该面板修改尺寸标注的许多属性。PROPERTIES 命令的另一个优点是当多个尺寸标注的某个属性不同时，也能将其设置为相同。例如，有几个尺寸标注的文字高度不同，可以同时选择这些尺寸，然后使用 PROPERTIES 命令将所有标注文字的高度值修改为相同的数值。

下面使用 PROPERTIES 命令修改标注文字的高度。

1. 接上例。选择尺寸"⌀40"和"⌀62"，启动 PROPERTIES 命令，打开【特性】面板，如图 8-34 所示。

2. 在【文字高度】文本框中输入"3.5"，如图 8-34 所示。

3. 返回绘图窗口，按 Esc 键取消选择，结果如图 8-35 所示。

图8-34 修改文字高度

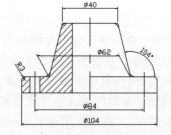

图8-35 修改结果

8.4.5 更新标注

如果发现尺寸标注的格式不合适，可以使用"更新标注"命令进行修改。过程是：先以当前样式的覆盖方式改变标注样式，然后通过"更新标注"命令将要修改的尺寸按新的标注样式进行更新。使用此命令时，用户可以连续地对多个尺寸标注进行更新。

单击【注释】选项卡中【标注】面板上的 按钮，即可启动"更新标注"命令。

下面练习将半径尺寸及角度尺寸的文本水平放置。

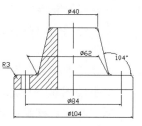

图8-36 更新尺寸标注

1. 接上例。单击【注释】面板上的 按钮，打开【标注样式管理器】对话框。

2. 单击 替代(0)... 按钮，打开【替代当前样式】对话框。

3. 打开【文字】选项卡，在【文字对齐】分组框中选择【水平】选项。

4. 返回绘图窗口，单击【注释】选项卡中【标注】面板上的 按钮，选择角度尺寸及半径尺寸，按 Enter 键，结果如图 8-36 所示。

 选择要修改的尺寸，再使用 PROPERTIES 命令使这些尺寸连接新的标注样式。操作完成后，系统更新被选择的尺寸标注。

8.5 在工程图中创建注释性尺寸

在工程图中创建尺寸标注时，需要注意一个问题：尺寸文本的高度及箭头大小的设置。若设置不当，打印出图后，由于打印比例的影响，尺寸外观往往不合适。要解决这个问题，可以采用下面的方法。

(1) 在标注样式中将标注文本的高度及箭头大小等属性设置成与图纸中的真实大小一致，再设定标注全局比例因子为打印比例的倒数。例如，打印比例为 1∶2，标注全局比例就设置为 2。标注时标注外观放大一倍，打印时就缩小 50%。

(2) 另一个方法是创建注释性尺寸，此类尺寸具有注释比例属性，系统会根据注释比例值自动缩放尺寸外观，缩放比例因子为注释比例的倒数。因此，若在工程图中标注注释性尺寸，只需设置注释对象当前的注释比例等于出图比例，就能保证出图后标注文本的外观与最初标注样式中的设定值一致。

创建注释性尺寸的步骤如下。

1. 创建新的标注样式并使其成为当前样式。在【创建新标注样式】对话框中勾选【注释性】复选框，设定新样式为注释性样式，如图 8-37 左图所示。也可以在【修改标注样式: ISO-25】对话框中修改已有的样式为注释性样式，如图 8-37 右图所示。

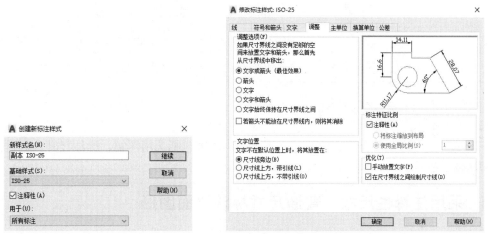

图8-37 创建注释性标注样式

2. 在注释性标注样式中设定尺寸文字高度、箭头外观大小与图纸上一致。

3. 单击绘图窗口状态栏底部的 ▲ 1:2 / 50% ▾ 按钮，在弹出的菜单中设定当前注释比例等于打印比例。

4. 创建尺寸标注，该尺寸为注释性尺寸，具有注释比例属性，其注释比例值为当前设置值。

5. 单击绘图窗口状态栏底部的 ▲ 按钮，然后改变当前注释比例，系统将自动把新的比例赋予注释性对象，该对象外观的大小随之发生变化。

可以认为注释比例就是打印比例，创建注释尺寸后，系统自动以当前注释比例的倒数缩放其外观，这样就保证了输出图形后尺寸外观大小等于设定值。例如，设定标注文字度为3.5，设置当前注释比例为 1：2，创建尺寸标注后其注释比例就为 1：2，显示在绘图窗口中的标注外观将放大一倍，文字高度变为 7。这样当以 1：2 比例出图后，文字高度变为 3.5。

注释对象可以具有一个或多个注释比例，设定其中之一为当前注释比例，则注释对象的外观以该比例的倒数为缩放因子变大或变小。选择注释对象，通过右键快捷菜单中的【特性】命令可以添加或删除注释比例。单击绘图窗口状态栏底部的 ▲ 1:2 / 50% ▾ 按钮，可以在弹出的菜单中指定注释对象的某个比例为当前注释比例。

8.6 创建各类尺寸的命令按钮

AutoCAD 提供了创建长度、角度、直径及半径等类型尺寸的命令按钮，如表 8-1 所示，这些按钮包含在【默认】和【注释】选项卡中。

表 8-1   创建各类尺寸的命令按钮

尺寸类型	命令按钮	功能
长度尺寸	线性	标注水平、竖直及倾斜方向的尺寸
对齐尺寸	对齐	对齐尺寸的尺寸线平行于倾斜的标注对象。如果用户是通过选择两个点来创建对齐尺寸，则尺寸线与两点的连线平行
连续型尺寸	连续	创建一系列首尾相连的尺寸标注
基线型尺寸	基线	所有的尺寸都从同一点开始标注，即它们共用一条尺寸界线
角度尺寸	角度	通过拾取两条边线、3 个点或一段圆弧来创建角度尺寸
半径尺寸	半径	选择圆或圆弧创建半径尺寸，系统自动在标注文字前面加上"R"符号
直径尺寸	直径	选择圆或圆弧创建直径尺寸，系统自动在标注文字前面加上"ϕ"符号

8.7 尺寸标注综合练习

下面是平面图形及组合体标注的综合练习题，内容包括选用图幅、标注尺寸、创建尺寸公差和形位公差等。

8.7.1 采用注释性尺寸、普通尺寸标注平面图形

【练习8-10】：打开素材文件"dwg\第 8 章\8-10.dwg"，采用注释性尺寸标注该图形；如图

8-38 所示。图幅选用 A3 幅面，绘图比例为 1∶50，标注文字高度为 3.5，字体为【gbeitc.shx】。

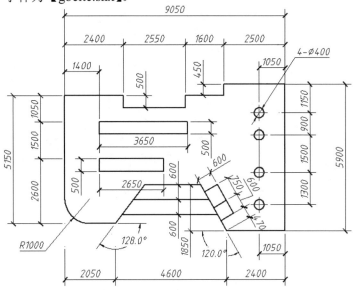

图8-38　标注平面图形（1）

1. 打开包含标准图框的图形文件 "dwg\第 8 章\A3.dwg"，把 A3 图框复制到要标注的图形中，使用 SCALE 命令缩放 A3 图框，缩放比例为 50。
2. 使用 MOVE 命令将图形实体放入图框内。
3. 创建一个名为 "尺寸标注" 的图层，并将其设置为当前图层。
4. 创建新文字样式，样式名为 "标注文字"，与该样式相连的字体文件是【gbeitc.shx】和【gbcbig.shx】。
5. 创建一个注释性尺寸样式，名称为 "国标标注"，对该样式做以下设置。
   - 标注文本连接【标注文字】，文字高度为 "3.5"，精度为【0.0】，小数点格式为【"."(句点)】。
   - 标注文本与尺寸线之间的距离为 "0.8"。
   - 尺寸线端部短斜线的大小为 "2"。
   - 尺寸界线超出尺寸线的长度为 "2"。
   - 尺寸线起始点与标注对象端点之间的距离为 "3"。
   - 标注基线尺寸时，平行尺寸线之间的距离为 "8"。
   - 使【国标标注】成为当前样式。
6. 单击绘图窗口状态栏底部的 2:1 / 200% 按钮，在弹出的菜单中设置当前注释比例为【1∶50】，该比例等于打印比例。
7. 打开对象捕捉，设置捕捉类型为【端点】【交点】，标注尺寸。

【练习8-11】：打开素材文件 "dwg\第 8 章\8-11.dwg"，采用普通尺寸标注该图形，结果如图 8-39 所示。图幅选用 A3 幅面，绘图比例为 2∶1，标注文字高度为 "2.5"，字体为【gbeitc.shx】。

该图形的标注过程与练习 8-10 类似，只是标注样式为普通标注样式，但应设定标注全局比例因子为 0.5，即出图比例的倒数。

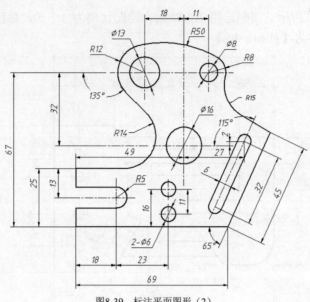

图8-39　标注平面图形（2）

8.7.2　标注组合体尺寸

【**练习8-12**】：　打开素材文件"dwg\第 8 章\8-12.dwg"，采用注释性尺寸标注组合体，结果如图 8-40 所示。图幅选用 A3 幅面，绘图比例为 1∶50（注释比例），标注文字高度为"3.5"，字体为【gbeitc.shx】。

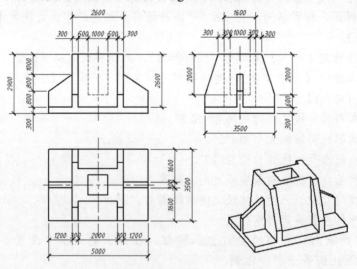

图8-40　标注组合体尺寸

1.　插入 A3 幅面图框，并将图框放大 50 倍。使用 MOVE 命令布置好视图。

2.　创建注释性标注样式，并设置当前注释比例为 1∶50。

3.　标注组合体各组成部分的定形尺寸、定位尺寸，再标注总体尺寸，结果如图 8-40 所示。

8.7.3　插入图框及标注 1∶100 的建筑平面图

【练习8-13】：打开素材文件"dwg\第 8 章\8-13.dwg"，该文件中包含一张 A3 幅面的建筑平面图，绘图比例为 1∶100。标注此图形，结果如图 8-41 所示。

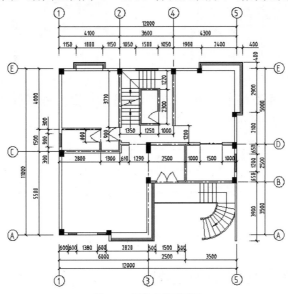

图8-41　标注建筑平面图

1. 建立一个名为"建筑-标注"的图层，设置图层颜色为红色、线型为【Continuous】，并使其成为当前图层。
2. 创建新文字样式，样式名为"标注文字"，与该样式相关联的字体文件是【gbenor.shx】和【gbcbig.shx】。
3. 创建一个注释性标注样式，名称为"工程标注"，对该样式进行以下设置。
   - 标注文本连接【标注文字】，文字高度为"2.5"，精度为【0.0】，小数点格式为【"."(句点)】。
   - 标注文本与尺寸线之间的距离为"0.8"。
   - 尺寸起止符号为【建筑标记】，其大小为"2"。
   - 尺寸界线超出尺寸线的长度为"2"。
   - 尺寸线起始点与标注对象端点之间的距离为"3"。
   - 标注基线尺寸时，平行尺寸线之间的距离为"8"。
   - 使【工程标注】成为当前样式。
4. 单击绘图窗口状态栏底部的 ![按钮] 1:2 / 50% ▼ 按钮，设置当前注释比例为【1∶100】。若不采用注释性尺寸，则应设定标注全体比例因子为打印比例的倒数，然后进行标注。
5. 激活对象捕捉，设置捕捉类型为【端点】【交点】。
6. 使用 XLINE 命令绘制水平辅助线 A 及竖直辅助线 B、C 等，竖直辅助线是墙体、窗户等结构的引出线，水平辅助线与竖直辅助线的交点是标注尺寸的起始点和终止点，标注尺寸"1150""1800"等，结果如图 8-42 所示。
7. 使用同样的方法标注图样左边、右边及下边的轴线间距尺寸及结构细节尺寸。

8. 标注建筑物内部的结构细节尺寸，如图 8-43 所示。

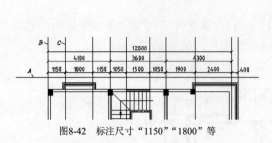

图8-42　标注尺寸"1150""1800"等　　　　　　　图8-43　标注结构细节尺寸等

9. 绘制轴线引出线，再绘制半径为"350"的圆，在圆内书写轴线编号，文字高度为"350"，结果如图 8-44 所示。

图8-44　书写轴线编号

10. 复制圆及轴线编号，双击编号，修改编号数字，结果如图 8-41 所示。

8.7.4　标注不同绘图比例的剖面图

【练习8-14】：打开素材文件"dwg\第 8 章\8-14.dwg"，该文件中包含一张 A3 幅面的图纸，图纸上有两个剖面图，绘图比例分别为 1∶20 和 1∶10，标注这两个图形，结果如图 8-45 所示。

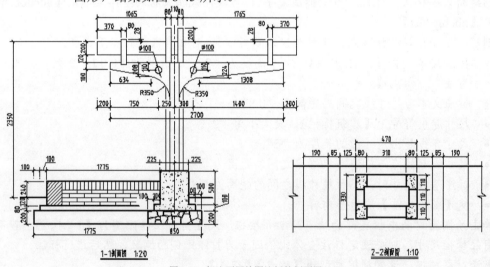

图8-45　标注不同绘图比例的剖面图

1. 建立一个名为"建筑-标注"的图层，设置图层颜色为红色、线型为【Continuous】，并使其成为当前图层。

2. 创建新文字样式，样式名为"标注文字"，与该样式相关联的字体文件是【gbenor.shx】和【gbcbig.shx】。

3. 创建一个尺寸样式，名称为"工程标注"，对该样式进行以下设置。

    - 标注文本连接【标注文字】，文字高度为"2.5"，精度为【0.0】，小数点格式为【"."(句点)】。
    - 标注文本与尺寸线之间的距离为"0.8"。
    - 尺寸起止符号为【建筑标记】，其大小为"2"。
    - 尺寸界线超出尺寸线的长度为"2"。
    - 尺寸线起始点与标注对象端点之间的距离为"3"。
    - 标注基线尺寸时，平行尺寸线之间的距离为"8"。
    - 标注全局比例因子为"20"。
    - 使【工程标注】成为当前样式。

4. 激活对象捕捉，设置捕捉类型为【端点】【交点】。

5. 标注尺寸"370""1065"等，再使用当前样式的覆盖方式标注直径尺寸和半径尺寸，结果如图 8-46 所示。

6. 使用 XLINE 命令绘制水平辅助线 *A* 及竖直辅助线 *B*、*C* 等，水平辅助线与竖直辅助线的交点是标注尺寸的起始点和终止点，标注尺寸"200""750"等，结果如图 8-47 所示。

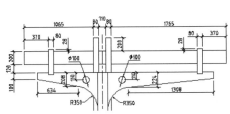

图8-46 标注尺寸"370""1065"等

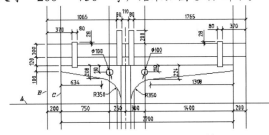

图8-47 标注尺寸"200""750"等

7. 标注尺寸"100""1775"等，结果如图 8-48 所示。

8. 以"工程标注"为基础样式创建新样式，样式名为"工程标注 1-10"。新样式的标注数值比例因子为"0.5"，除此之外，新样式的尺寸变量与基础样式的完全相同。

由于 1∶20 的剖面图是按 1∶1 的比例绘制的，所以 1∶10 的剖面图比真实尺寸放大了两倍，为使标注文字能够正确反映出建筑物的实际大小，应设定标注数字比例因子为"0.5"。

9. 使【工程标注 1-10】成为当前样式，然后标注尺寸"310""470"等，结果如图 8-49 所示。

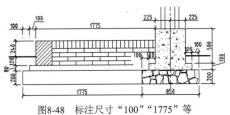

图8-48 标注尺寸"100""1775"等

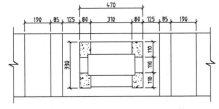

图8-49 标注尺寸"310""470"等

8.8 习题

1. 打开素材文件"dwg\第 8 章\8-15.dwg"，标注该图形，结果如图 8-50 所示。标注文字采用的字体为【gbenor.shx】，文字高度为"2.5"，标注全局比例因子为"50"。

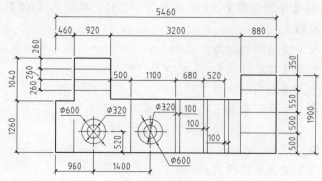

图8-50　标注图形（1）

2. 打开素材文件"dwg\第 8 章\8-16.dwg"，标注该图形，结果如图 8-51 所示。标注文字采用的字体为【gbenor.shx】，文字高度为"2.5"，标注全局比例因子为"150"。

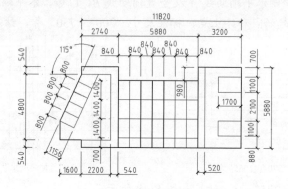

图8-51　标注图形（2）

3. 打开素材文件"dwg\第 8 章\8-17.dwg"，标注该图形，结果如图 8-52 所示。标注文字采用的字体为【gbenor.shx】，文字高度为"2.5"，标注全局比例因子为"100"。

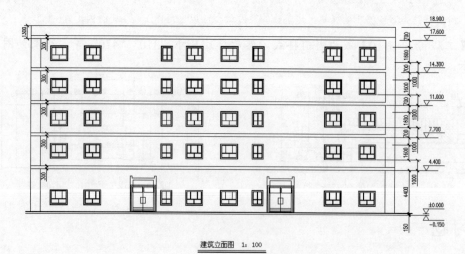

建筑立面图　1：100

图8-52　标注图形（3）

4. 打开素材文件"dwg\第 8 章\8-18.dwg",标注该图形,结果如图 8-53 所示。标注文字采用的字体为【gbenor.shx】,文字高度为"2.5",标注全局比例因子为"100"。

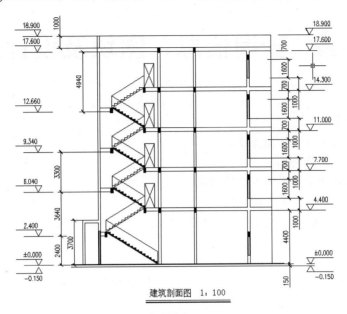

图8-53　标注图形(4)

第9章 查询信息、图块及设计工具

【学习目标】
- 熟悉查询点的坐标的方法。
- 掌握测量距离的方法。
- 学会如何计算图形的面积及周长。
- 掌握创建及插入图块的方法。
- 学会如何创建、使用及编辑图块的属性。
- 熟悉如何使用外部引用。
- 熟悉如何使用 AutoCAD 设计中心。

本章主要介绍查询距离、面积及周长等图形信息的方法，并讲解图块、图块属性及外部引用、AutoCAD 设计中心的相关知识。

9.1 查询图形信息的方法

本节介绍查询图形信息的方法。

9.1.1 查询点的坐标

ID 命令用于查询图形对象上某点的绝对坐标，坐标值以"x,y,z"形式显示。对于二维图形，z 坐标值为零。

命令启动方法
- 菜单命令:【工具】/【查询】/【点坐标】。
- 面板:【默认】选项卡中【实用工具】面板上的 点坐标按钮。
- 命令: ID。

【练习9-1】: 查询点的坐标。

打开素材文件"dwg\第 9 章\9-1.dwg"，单击【实用工具】面板上的 点坐标按钮，启动 ID 命令，系统提示如下。

```
命令: '_id 指定点: cen       //捕捉圆心 A，如图 9-1 所示
于 X = 1463.7504   Y = 1166.5606   Z = 0.0000
                        //系统显示圆心的坐标值
```

图9-1 查询点的坐标

 ID 命令显示的坐标值与当前坐标系的位置有关。如果用户创建了新坐标系，则 ID 命令测量的同一点坐标值也将发生变化。

9.1.2 快速测量

单击【默认】选项卡中【实用工具】面板上的 ▅▅▅ 快速按钮，启动快速测量功能。此时，十字光标变为水平及竖直相交线。移动十字光标，与光标线接触的线段自动显示长度及两线之间的夹角。

输入 MEASUREGEOM（简写 MEA）命令，利用"快速(Q)"选项也可以启动快速测量功能。该命令的"模式(M)"选项可以设定启动 MEA 命令时是否直接进入快速测量状态。

9.1.3 测量距离及连续线长度

利用 MEA 命令的【距离(D)】选项（或 DIST 命令）可以测量两点之间的距离，还可以计算两点连线与 xy 平面的夹角，以及两点连线在 xy 平面内的投影与 x 轴的夹角，如图 9-2 所示，此外，还能测出连续线的长度。

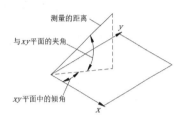

图9-2 测量距离及夹角

命令启动方法

- 菜单命令：【工具】/【查询】/【距离】。
- 面板：【默认】选项卡中【实用工具】面板上的 ▭ 距离按钮。

命令：MEASUREGEOM（简写为 MEA）。

【练习9-2】： 练习 MEA 命令的使用。

打开素材文件"dwg\第 9 章\9-2.dwg"，单击【实用工具】面板上的 ▭ 距离按钮，启动 MEA 命令，系统提示如下。

图9-3 测量距离

```
指定第一点：                        //捕捉端点 A，如图 9-3 所示
指定第二个点或 [多个点(M)]：          //捕捉端点 B
距离 = 206.9383，XY 平面中的倾角 = 106，与 XY 平面的夹角 = 0
X 增量 = -57.4979，  Y 增量 = 198.7900，Z 增量 = 0.0000
输入一个选项 [距离(D)/半径(R)/角度(A)/面积(AR)/体积(V)/快速(Q)/模式(M)/退出(X)]
<距离>：x                          //结束
```

MEA 命令显示的测量值的含义如下。

- 距离：两点之间的距离。
- XY 平面中的倾角：两点连线在 xy 平面上的投影与 x 轴之间的夹角。
- 与 XY 平面的夹角：两点连线与 xy 平面之间的夹角。
- X 增量：两点的 x 坐标差值。
- Y 增量：两点的 y 坐标差值。
- Z 增量：两点的 z 坐标差值。

要点提示 使用 MEA 命令时，两点的选择顺序不影响距离值，但影响该命令的其他测量值。

(1) 计算由线段构成的连续线长度。

启动 MEA 命令，选择"多个点(M)"选项，然后指定连续线的端点就能计算出连续线的长度，如图 9-4 左图所示。

(2) 计算包含圆弧的连续线长度。

启动 MEA 命令，选择"多个点(M)"/"圆弧(A)"及"直线(L)"选项，就可以像绘制多段线一样测量含圆弧的连续线的长度，如图 9-4 右图所示。

启动 MEA 命令后，打开动态提示，系统将在命令提示窗口中显示测量的结果。完成一次测量的同时将弹出快捷菜单，选择【距离】命令，可以继续测量另一条连续线的长度。

图9-4　测量长度

9.1.4　测量半径及直径

利用 MEA 命令的"半径(R)"选项可以测量圆弧的半径或直径。

命令启动方法

- 菜单命令：【工具】/【查询】/【半径】。
- 面板：【默认】选项卡中【实用工具】面板上的 ◯ 半径按钮。

启动该命令，选择圆弧或圆，系统在命令提示窗口显示半径及直径值。若同时打开动态提示，系统将在绘图窗口中直接显示测量的结果，如图 9-5 所示。完成一次测量后，还将弹出快捷菜单，选择其中的命令，可以继续进行测量。

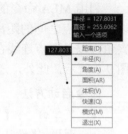

图9-5　测量半径及直径

9.1.5　测量角度

MEA 命令的"角度(A)"选项可以用于测量角度值，包括圆弧的圆心角、两条直线的夹角及 3 点确定的角度等，如图 9-6 所示。

命令启动方法

- 菜单命令：【工具】/【查询】/【角度】。
- 面板：【默认】选项卡中【实用工具】面板上的 � 角度按钮。

打开动态提示，启动该命令，测量角度，系统将在绘图窗口中直接显示测量的结果。

(1) 两条线段的夹角。

单击 按钮，选择夹角的两条边，如图 9-6 左图所示。

(2) 测量圆心角。

单击 按钮，选择圆弧，如图 9-6 中图所示。

(3) 测量 3 点构成的角度。

单击 按钮，先选择夹角的顶点，再选择另外两点，如图 9-6 右图所示。

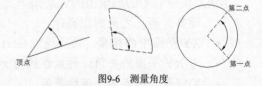

图9-6　测量角度

9.1.6　计算图形面积及周长

MEA 命令的"面积(AR)"选项（或 AREA 命令）可用于测量图形的面积及周长。

一、命令启动方法

- 菜单命令：【工具】/【查询】/【面积】。

- 面板:【默认】选项卡中【实用工具】面板上的 按钮。

启动该命令的同时打开动态提示,系统将在命令提示窗口中直接显示测量结果。

(1) 测量折线包围区域的面积及周长。

启动 MEA 或 AREA 命令,然后指定折线的端点就能计算出折线包围区域的面积及周长,如图 9-7 左图所示。若折线包围区域不闭合,则系统假定其闭合并进行计算,所得的周长是折线包围区域闭合后的数值。

(2) 测量包含圆弧区域的面积及周长。

启动 MEA 或 AREA 命令,选择"圆弧(A)"或"直线(L)"选项,就可以像创建多段线一样"绘制"图形的外轮廓,如图 9-7 右图所示。"绘制"完成后,系统显示面积及周长。

图9-7 测量图形面积及周长

若轮廓不闭合,则系统假定其闭合并进行计算,所得周长是轮廓闭合后的数值。

【练习9-3】: 使用 MEA 命令计算图形面积,如图 9-8 所示。

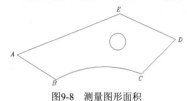

图9-8 测量图形面积

打开素材文件"dwg\第 9 章\9-3.dwg",单击【默认】选项卡中【实用工具】面板上的 按钮,启动 MEA 命令,系统提示如下。

```
指定第一个角点或 [对象(O)/增加面积(A)/减少面积(S)/退出(X)] <对象(O)>: A
                                        //选择"增加面积(A)"选项
指定第一个角点或 [对象(O)/减少面积(S)/退出(X)]:      //捕捉点 A
   ("加"模式)指定下一个点或 [圆弧(A)/长度(L)/放弃(U)]: //捕捉点 B
   ("加"模式)指定下一个点或 [圆弧(A)/长度(L)/放弃(U)]: A
                                        //选择"圆弧(A)"选项
指定圆弧的端点(按住 Ctrl 键以切换方向)或
[角度(A)/圆心(CE)/闭合(CL)/方向(D)/直线(L)/半径(R)/第二个点(S)/放弃(U)]: S
                                        //选择"第二个点(S)"选项
指定圆弧上的第二个点: nea              //启用捕捉最近的点
到                                     //捕捉圆弧上的一点
指定圆弧的端点:                        //捕捉点 C
指定圆弧的端点(按住 Ctrl 键以切换方向)或
[角度(A)/圆心(CE)/闭合(CL)/方向(D)/直线(L)/半径(R)/第二个点(S)/放弃(U)]: L
                                        //选择"直线(L)"选项
   ("加"模式)指定下一个点或 [圆弧(A)/长度(L)/放弃(U)/总计(T)] <总计>:
                                        //捕捉点 D
   ("加"模式)指定下一个点或 [圆弧(A)/长度(L)/放弃(U)/总计(T)] <总计>:
                                        //捕捉点 E
```

```
("加"模式)指定下一个点或 [圆弧(A)/长度(L)/放弃(U)/总计(T)] <总计>:
                                                    //按 Enter 键

区域 = 933629.2416，周长 = 4652.8657
总面积 = 933629.2416
指定第一个角点或 [对象(O)/减少面积(S)/退出(X)]：S      //选择"减少面积(S)"选项
指定第一个角点或 [对象(O)/增加面积(A)/退出(X)]：O      //选择"对象(O)"选项
("减"模式) 选择对象：                               //选择圆
区域 = 36252.3386，圆周长 = 674.9521
总面积 = 897376.9029
("减"模式) 选择对象：                               //按 Esc 键结束
```

二、 命令选项

(1) 对象(O)：求出所选对象的面积，有以下两种情况。

- 用户选择的对象是圆、椭圆、面域、正多边形及矩形等闭合图形。
- 对于非封闭的多段线及样条曲线，系统将假定有一条连线使其闭合，然后计算出闭合区域的面积，而所计算出的周长却是多段线或样条曲线的实际长度。

(2) 增加面积(A)：进入"加"模式。可以将新测量的面积加入总面积中。

(3) 减少面积(S)：进入"减"模式。可以将新测量的面积从总面积中扣除。

 用户可以将复杂的图形创建成面域，然后利用"对象(O)"选项查询图形的面积及周长。

9.1.7 列出对象的图形信息

LIST 命令用于列表显示对象的图形信息，这些信息随对象类型的不同而不同，一般包括以下内容。

- 对象类型、所在图层及颜色等。
- 对象的几何特性，如线段的长度、端点坐标、圆心位置、半径大小、圆的面积及周长等。

命令启动方法

- 菜单命令：【工具】/【查询】/【列表】。
- 面板：【默认】选项卡中【特性】面板上的 列表按钮。
- 命令：LIST（简写为 LI）。

【练习9-4】： 练习 LIST 命令的使用。

打开素材文件"dwg\第 9 章\9-4.dwg"，单击【特性】面板上的 列表按钮，启动 LIST命令，系统提示如下。

```
命令：_list
选择对象：找到 1 个        //选择圆，如图 9-9 所示
选择对象：               //按 Enter 键结束，系统打开文本窗口
    圆     图层："0"
```

　　空间：模型空间

　　　句柄 = 1e9

　　圆心 点，X=1643.5122 Y=1348.1237 Z= 0.0000

　　半径 59.1262

　　周长 371.5006

　　面积 10982.7031

图9-9　练习 LIST 命令的使用

 用户可以将复杂的图形创建成面域，然后使用 LIST 命令查询其面积及周长等。

9.1.8　查询图形信息综合练习

【练习9-5】：　打开素材文件 "dwg\第 9 章\9-5.dwg"，如图 9-10 所示，试计算以下内容。

(1) 图形外轮廓的周长。

(2) 图形面积。

(3) 圆心 *A* 到中心线 *B* 的距离。

(4) 中心线 *B* 的倾斜角度。

1. 使用 REGION 命令将图形外轮廓线框 *C*（见图 9-11）创建成面域，然后使用 LIST 命令获取此线框的周长，数值为 1766.97。

2. 将线框 *D*、*E* 及 4 个圆创建成面域，运用 "差" 运算，将面域 *C* "减去" 面域 *D*、*E* 及 4 个圆面域，如图 9-11 所示。

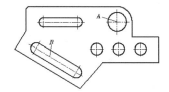

图9-10　获取面积、周长等信息

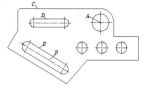

图9-11　差运算

3. 使用 LIST 命令查询面域的面积，数值为 117908.46。

4. 使用 DIST 命令计算圆心 *A* 到中心线 *B* 的距离，数值为 284.95。

5. 使用 LIST 命令获取中心线 *B* 的倾斜角度，数值为 150°。

9.2　图块

　　在工程图中有大量反复使用的图形对象，如建筑图中的门、窗等，机械图中的螺栓、螺钉和垫圈等。这些对象的结构形状相同，只是尺寸有所不同，因而作图时常将它们生成图块，这样为以后的绘图提供了很多便利。

(1) 减少重复性劳动并实现 "积木式" 绘图。

　　将常用件、标准件定制成标准库，作图时在某位置直接插入已定义的图块就可以了，因而不必反复绘制相同的图形元素，这样就实现了 "积木式" 的作图方式。

(2) 节省存储空间。

　　每当向图形中增加一个图元，系统就必须记录此图元的信息，从而增大了存储图形需要的存储空间。对于反复使用的图块，系统仅对其作一次定义。当用户插入图块时，系统只是对已定义的图块进行引用，这样可以节省大量的存储空间。

(3) 方便编辑。

在 AutoCAD 中，图块是作为单一对象来处理的。常用的编辑命令（如 MOVE、COPY 和 ARRAY 等）都适用于图块，它还可以嵌套，即在一个图块中包含其他的图块。此外，如果对某图块进行重新定义，图样中所有引用的图块都将自动更新。

9.2.1 创建图块

使用 BLOCK 命令可以将图形的一部分或整个图形创建成图块，用户可以给图块起名，还可以定义插入基点。

命令启动方法

- 菜单命令：【绘图】/【块】/【创建】。
- 面板：【默认】选项卡中【块】面板上的 按钮。
- 命令：BLOCK（简写为 B）。

【练习9-6】： 创建图块。

1. 打开素材文件 "dwg\第 9 章\9-6.dwg"。
2. 单击【块】面板上的 按钮，打开【块定义】对话框。
3. 在【名称】下拉列表框中输入新建图块的名称 "洗涤槽"，如图 9-12 所示。
4. 选择构成图块的图形元素。单击 按钮（选择对象），返回绘图窗口，在 "选择对象" 提示下选择 "洗涤槽"，然后按 Enter 键，如图 9-13 所示。

图9-12 【块定义】对话框

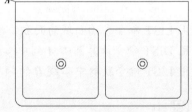

图9-13 创建图块

5. 指定图块的插入基点。单击 按钮（拾取点），返回绘图窗口，在 "指定插入基点" 提示下拾取点 A，如图 9-13 所示。
6. 单击 确定 按钮，系统生成图块。

> **要点提示** 定制符号块时，一般将图形绘制在 1×1 的正方形中，这样便于在插入图块时确定图块沿 x、y 方向的缩放比例因子。

【块定义】对话框中常用选项的功能介绍如下。

- 【名称】：在此下拉列表框中输入新建图块的名称，最多可以使用 255 个字符。单击右侧的 按钮，打开下拉列表，该列表中显示了当前图形所包含的所有图块。

- 【拾取点】：单击此按钮，切换到绘图窗口，用户可以直接在图形中拾取某点作为图块的插入基点。
- 【X】【Y】【Z】文本框：在这 3 个文本框中分别输入插入基点的 x、y、z 坐标值。
- 【选择对象】：单击此按钮，切换到绘图窗口，选择构成图块的图形对象。
- 【保留】：选择该选项，系统生成图块后，还保留构成图块的源对象。
- 【转换为块】：选择该选项，系统生成图块后，把构成图块的源对象也转化为图块。
- 【删除】：该选项使用户可以决定创建图块后是否删除构成图块的源对象。
- 【注释性】：创建注释性图块。
- 【按统一比例缩放】：设定图块沿各坐标轴方向的缩放比例是否一致。

9.2.2 插入图块或外部文件

可以使用 INSERT 命令在当前图形中插入图块或其他图形文件，无论图块、图形多么复杂，系统都将它们视作一个单独的对象。如果需编辑其中的单个图形元素，就必须使用 EXPLODE 命令分解图块或文件块。

命令启动方法

- 菜单命令：【插入】/【块选项板】。
- 面板：【默认】选项卡中【块】面板上的按钮。
- 命令：INSERT（简写为 I）。

【练习9-7】：　创建及插入图块。

1. 打开素材文件 "dwg\第 9 章\9-7.dwg"。
2. 将图中的座椅创建成图块，图块名为 "座椅"，插入点为点 A，如图 9-14 所示。

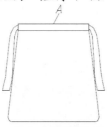

图9-14　创建图块

3. 单击按钮，启动 INSERT 命令，显示当前图形中图块的预览图片，选择 "座椅" 图块，指定插入点后插入图块。
4. 再次单击按钮，选择【最近使用的块】选项，打开【块】面板，如图 9-15 所示。该面板显示文件中包含的图块及最近使用的图块，单击要插入的对象 "座椅"，提示 "指定插入点或 [基点(B)/比例(S)/X/Y/Z/旋转(R)]:"，拾取点后，系统就将所选对象以图块的形式插入当前图形中。也可以按住鼠标左键将图块拖入图形中。
5. 插入其余图块，复制、旋转及镜像图块，结果如图 9-16 所示。

图9-15　【块】面板

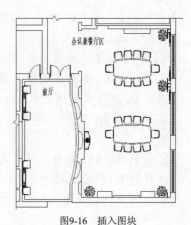

图9-16　插入图块

INSERT 命令常用选项的功能介绍如下。

- 基点(B)：重新指定插入基点。
- 比例(S)：设定图块的缩放比例。
- X/Y/Z：分别设定沿 x 轴方向、y 轴方向、z 轴方向的缩放比例。
- 旋转(R)：指定插入图块时的旋转角度。

【块】面板中包含【库】【收藏夹】【最近使用】【当前图形】4 个选项卡，切换到不同的选项卡，就显示相关的图形及包含的图块，使用鼠标右键单击某一对象，弹出相应的快捷菜单，利用其上的命令可以对图块进行插入及重定义等操作。

 把一个图形文件插入当前图形中时，该图形文件的图层、线型、图块和字体样式等也将加入当前图形中。如果两者中有重名的这类对象，那么当前图形中的定义优先于被插入的图样。

【块】面板中常用选项的功能介绍如下。

- 【过滤器】：输入关键字过滤图块，可以使用通配符。
- 按钮：单击此按钮查找其他图形文件。
- 下拉列表：设定图块的预览方式，如大图标、列表等。
- 【插入点】：不管该复选框是否勾选，单击图块后按系统提示信息插入图块。取消勾选该复选框，可以事先设定插入点的坐标，然后通过右键快捷菜单中的插入命令将图块插到坐标点。
- 【比例】：包含【比例】及【统一比例】两个选项。不管该复选框是否勾选，单击图块后按系统提示信息插入图块。取消勾选该复选框，可以事先设定插入图块时的比例因子。
- 【旋转】：不管该复选框是否勾选，单击图块后按系统提示信息插入图块。取消勾选该复选框，可以事先设定插入图块时的旋转角度。
- 【重复放置】：单击图块，重复插入。

要点提示 用户可以指定 x 轴方向、y 轴方向的负缩放比例因子，此时插入的图块将做镜像变换。

9.2.3 定义图形文件的插入基点

用户可以将当前文件以图块的形式插入其他图形文件，默认的插入基点是坐标原点，这时可能会给用户作图带来麻烦。由于当前图形的原点可能在绘图窗口中的任意位置，这样就常常导致插入图形后没有显示在绘图窗口中，就好像并无任何图形插入当前图样中似的。为了便于控制被插入的图形文件，将其放置在绘图窗口中的适当位置，可以使用 BASE 命令定义图形文件的插入基点，这样在插入时就可以通过这个基点来确定图形的位置。

输入 BASE 命令，系统提示"输入基点"，此时在当前图形中拾取某个点作为图形的插入基点。

9.2.4 在工程图中使用注释性图块

用户可以创建注释性图块。在工程图中插入注释性图块，就不必考虑打印比例对图块外观的影响，只要当前注释比例等于打印比例，就能保证出图后图块外观大小与设定值一致。

使用注释性图块的步骤如下。

(1) 按实际尺寸绘制图块。

(2) 设定当前注释比例为 1∶1，创建注释性图块（在【块定义】对话框中勾选【注释性】复选框），则图块的注释比例为 1∶1。

(3) 设置当前注释比例等于打印比例，然后插入图块，图块自动缩放，缩放比例因子为当前注释比例的倒数（注释性对象自带"打印比例"）。

9.2.5 创建建筑图例库

建筑图例库包含了建筑图中常用的图例，如门、窗、室内家具等，这些图例以图块的形式保存在图形文件中。在绘制建筑图时，用户可以通过设计中心或工具选项板插入图例库中的图块。

【练习9-8】： 利用符号块绘制电路图。

1. 打开素材文件 "dwg\第 9 章\9-8.dwg"。

2. 将图中的 3 个电气符号创建成图块，插入点分别设定在点 A、B、C 处，如图 9-17 所示。

图9-17　创建符号块

> **要点提示** 这 3 个符号的高度都为 1。这样当使用图块时，用户能更方便地控制图块的缩放比例。

3. 在要放置符号的位置绘制矩形，矩形高度为 "5"，如图 9-18 所示。修剪及删除多余线条，结果如图 9-19 所示。

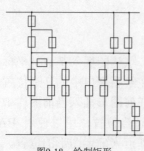

图9-18　绘制矩形

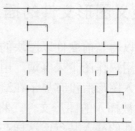

图9-19　修剪结果

4.　插入电气符号块，图块的缩放比例为"5"，如图 9-20 所示。

5.　使用 TEXT 命令书写文字，文字高度为"2.5"，宽度比例因子为"0.8"，字体为【宋体】，结果如图 9-21 所示。

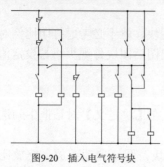

图9-20　插入电气符号块

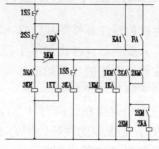

图9-21　书写文字

9.3　图块属性

在 AutoCAD 中，用户可以使图块附带属性。属性类似于商品的标签，包含了图块所不能表达的其他各种文字信息，如材料、型号和制造者等，存储在属性中的信息一般称为属性值。使用 BLOCK 命令创建图块时，将已定义的属性与图形一起生成图块，这样图块中就包含属性了。当然，用户也能仅将属性本身创建成一个图块。

属性有助于用户快速生成关于设计项目的信息报表，或者作为一些符号块的可变文字对象。其次，属性也常用来预定义文本位置、内容或提供文本默认值等。例如，把标题栏中的一些文字项目设成属性对象，就能方便地进行填写或修改了。

9.3.1　定义及使用块属性

ATTDEF 命令用于创建属性定义，该定义包括字高、关联的文字样式、外观标记、默认值及提示信息等项目。

命令启动方法

- 菜单命令:【绘图】/【块】/【定义属性】。
- 面板:【默认】选项卡中【块】面板上的按钮。
- 命令: ATTDEF（简写为 ATT）。

【练习9-9】:　定义及使用属性。

1.　打开素材文件"dwg\第 9 章\9-9.dwg"。

2. 输入 ATTDEF 命令，系统打开【属性定义】对话框，如图 9-22 所示。在【属性】分组框中输入下列内容。

> 标记： 姓名及号码
>
> 提示： 请输入您的姓名及电话号码
>
> 默认： 李燕 2660732

3. 在【文字样式】下拉列表中选择【样式-1】，在【文字高度】文本框中输入数值"3"，单击 确定 按钮，系统提示"指定起点"，在电话机的下边拾取点 A，如图 9-23 所示。

图9-22 【属性定义】对话框

图9-23 定义属性

4. 将属性与图形一起创建成图块。单击【块】面板上的 按钮，打开【块定义】对话框，如图 9-24 所示。

5. 在【名称】下拉列表中输入新建图块的名称"电话机"，在【对象】分组框中选择【保留】选项，如图 9-24 所示。

6. 单击 按钮（选择对象），返回绘图窗口，系统提示"选择对象"，选择电话机及属性，如图 9-23 所示，然后按 Enter 键。

7. 指定图块的插入基点。单击 按钮（拾取点），返回绘图窗口，系统提示"指定插入基点"，拾取点 B，如图 9-23 所示。

8. 单击 确定 按钮，生成图块。

9. 插入附带属性的图块。单击【块】面板上的 按钮，选择【电话机】图块，再指定插入点，系统打开【编辑属性】对话框，在其中设定新的属性值，结果如图 9-25 所示。

图9-24 【块定义】对话框

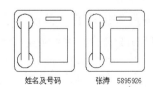

图9-25 插入附带属性的图块

10. 选中图块，利用右键快捷菜单中的【特性】命令修改图块沿坐标轴方向的缩放比例。

【属性定义】对话框中常用选项的功能介绍如下。

- 【不可见】：控制属性值在图形中的可见性。如果想使图中包含属性信息，但又不想使其在图形中显示出来，就勾选该复选框。例如一些文字信息（如零部件的成本、产地和存放仓库等）不必在图样中显示出来，就可以设定为不可见属性。

- 【固定】：勾选该复选框，属性值将变为常量。
- 【验证】：设置是否对属性值进行校验。若勾选该复选框，则插入图块并输入属性值后，系统将再次给出提示，让用户校验输入值是否正确。
- 【预设】：用于设定是否将实际属性值设置成默认值。若勾选该复选框，则插入图块时，系统将不再提示用户输入新属性值，实际属性值等于【属性】分组框中的默认值。
- 【锁定位置】：锁定图块参照中属性的位置。解锁后，属性可以相对于使用夹点编辑的图块的其他部分移动，并且可以调整多行文字属性的大小。
- 【多行】：指定属性值可以包含多行文字。勾选此复选框后，可以指定属性的边界宽度。
- 【标记】：标识图形中每次出现的属性。使用任何字符组合（空格除外）输入属性标记。小写字母会自动转换为大写字母。
- 【提示】：指定插入包含该属性定义的图块时系统显示的提示内容。如果不输入提示内容，属性标记就用作提示。如果勾选【固定】复选框，那么【属性】分组框中的【提示】选项将不可用。
- 【默认】：指定默认的属性值。
- 【插入点】：指定属性位置，直接输入坐标值或勾选【在屏幕上指定】复选框。
- 【对正】：该下拉列表中包含十多种属性文字的对齐方式，如布满、居中、中间、左对齐和右对齐等。这些选项的功能与 TEXT 命令对应选项的功能相同，参见 7.2.2 小节。
- 【文字样式】：从该下拉列表中选择文字样式。
- 【文字高度】：可以直接在文本框中输入属性的文字高度，也可以单击其右侧的按钮切换到绘图窗口，在绘图窗口中拾取两点以指定高度。
- 【旋转】：设定属性文字的旋转角度。

9.3.2 编辑属性定义

创建属性后，用户可以对其进行编辑，常用的命令是 TEDIT 和 PROPERTIES。前者可以修改属性标记、提示内容及默认值，后者能修改属性定义的更多项目。双击属性定义也可以对其进行修改。

一、 使用 TEDIT 命令修改属性定义

调用 TEDIT 命令，系统提示"选择注释对象"，选择属性定义标记后，弹出【编辑属性定义】对话框，如图 9-26 所示。在该对话框中，用户可以修改属性定义的标记、提示及默认值。

二、 使用 PROPERTIES 命令修改属性定义

选择属性定义，单击鼠标右键，在弹出的快捷菜单中选择【特性】命令（即调用PROPERTIES 命令），打开【特性】面板，如图 9-27 所示。该面板中的【文字】栏中列出了属性定义的标记、提示、默认值、高度及旋转角度等项目，用户可以在该面板中对这些信息

进行修改。

图9-26　【编辑属性定义】对话框

图9-27　【特性】面板

9.3.3　编辑图块的属性

若属性已经被创建成图块，可以使用 EATTEDIT 命令来编辑属性值及属性的其他特性。双击带属性的图块，也可以启动该命令。

命令启动方法

- 菜单命令：【修改】/【对象】/【属性】/【单个】。
- 面板：【默认】选项卡中【块】面板上的 单个按钮。
- 命令：EATTEDIT。

【练习9-10】：练习 EATTEDIT 命令的使用。

启动 EATTEDIT 命令，系统提示"选择块"，选择要编辑的图块后，打开【增强属性编辑器】对话框，如图 9-28 所示。在该对话框中，用户可以对图块属性进行编辑。

【增强属性编辑器】对话框中有【属性】【文字选项】【特性】3 个选项卡，它们的功能介绍如下。

- 【属性】选项卡：列出了当前图块对象中各个属性的标记、提示及值，如图 9-28 所示。选中某属性，用户就可以在【值】文本框中修改属性的值。
- 【文字选项】选项卡：用于修改属性文字的一些特性，如文字样式、高度等，如图 9-29 所示。该选项卡中各选项的含义与【文字样式】对话框中对应选项的含义相同，这里不赘述。

图9-28　【增强属性编辑器】对话框

图9-29　【文字选项】选项卡

- 【特性】选项卡：可以修改属性文字的图层、线型、颜色等，如图 9-30 所示。

图9-30　【特性】选项卡

9.3.4　图块属性管理器

命令启动方法

- 菜单命令:【修改】/【对象】/【属性】/【块属性管理器】。
- 面板:【默认】选项卡中【块】面板上的 按钮。
- 命令: BATTMAN。

【块属性管理器】对话框用于管理当前图形中所有图块的属性定义,通过它能够修改属性定义及改变插入图块时系统提示用户输入属性值的顺序。

启动 BATTMAN 命令,打开【块属性管理器】对话框,如图 9-31 所示,该对话框中常用选项的功能介绍如下。

- 选择块: 通过此按钮选择要操作的图块。单击该按钮,切换到绘图窗口,系统提示"选择块",选择图块后,又返回【块属性管理器】对话框。
- 【块】下拉列表: 用户可以通过此下拉列表选择要操作的图块。该列表中显示当前图形中所有具有属性的图块名称。
- 同步(Y): 修改某一属性定义后,单击此按钮,将更新所有图块对象中的属性定义。
- 上移(U): 在属性列表框中选中某属性行,单击此按钮,则该属性行向上移动一行。
- 下移(D): 在属性列表框中选中某属性行,单击此按钮,则该属性行向下移动一行。
- 编辑(E)...: 单击此按钮,打开【编辑属性】对话框。该对话框中有【属性】【文字选项】【特性】3 个选项卡,这些选项卡的功能与【增强属性管理器】对话框中对应选项卡的功能类似,这里不再介绍。
- 设置(S)...: 单击此按钮,打开【块属性设置】对话框,如图 9-32 所示。在该对话框中,用户可以设置在【块属性管理器】对话框的属性列表中显示的内容。

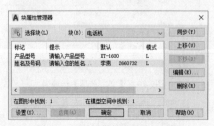

图9-31　【块属性管理器】对话框

图9-32　【块属性设置】对话框

9.3.5 图块及属性综合练习——创建带属性的标题栏图块

【**练习9-11**】: 创建标题栏图块,该图块中要填写的文字项目为图块属性。

1. 打开素材文件 "dwg\第 9 章\9-11.dwg",创建属性项 A、B、C、D,如图 9-33 所示。属性包含的内容如表 9-1 所示,属性项文字高度为 "3.5",字体为【gbcbig.shx】。

图9-33 创建标题栏图块

表 9-1 各属性项包含的内容

项目	标记	提示	值
属性 A	绘图人	请输入绘图人姓名	张三
属性 B	设计人	请输入设计人姓名	张三
属性 C	校对人	请输入校对人姓名	张三
属性 D	审核人	请输入审核人姓名	张三

2. 使用 BLOCK 命令将属性与图形一起创建成图块,图块名为 "标题栏",插入点设定在表格的右下角点。

3. 选择菜单命令【修改】/【对象】/【属性】/【块属性管理器】,打开【块属性管理器】对话框,利用 下移(D) 按钮或 上移(U) 按钮调整属性项目的排列顺序,如图 9-34 所示。

图9-34 调整属性项目的排列顺序

4. 使用 INSERT 命令插入图块 "标题栏",并输入属性值,也可以双击图块修改属性值。

9.4 使用外部引用

当用户将其他图形以图块的形式插入当前图形时,被插入的图形就成为当前图形的一部分,但用户可能并不想如此,而仅想把另一个图形作为当前图形的一个样例,或者想观察一下正在设计的模型与其相关的模型是否匹配,此时就可以通过外部引用(也称为 Xref)的方式将其他图形放置到当前图形中。

Xref 使用户能方便地在当前图形中以引用的方式看到其他图形,被引用的图形并不成为当前图形的一部分，当前图形中仅记录了外部引用文件的位置和名称。即使是这样，用户仍然可以控制被引用图形图层的可见性，并能进行对象捕捉。

利用 Xref 获得图形文件比插入文件块有更多的优点。

（1）由于外部引用的图形并不是当前图形的一部分，因而利用 Xref 组合的图形比由文件块构成的图形所占用存储空间要少。

（2）每当 AutoCAD 装载图形时，都将加载最新的 Xref 版本，因此，若外部图形文件有所改动，则用户装入的引用图形也将跟随着变动。

（3）利用外部引用将有利于多人共同完成一个设计项目，因为 Xref 使设计者之间可以很容易地查看对方的设计图形，从而协调设计内容。另外，Xref 也使设计人员能够同时使用相同的图形文件以进行分工设计。例如，一个建筑设计小组的所有成员通过外部引用就能同时参照建筑物的结构平面图，然后分别开展电路、管道等方面的设计工作。

9.4.1 引用外部图形

调用 XATTACH 命令引用外部图形，可以设定引用图形沿坐标轴方向的缩放比例及引用的方式。

命令启动方法

- 菜单命令：【插入】/【DWG 参照】。
- 面板：【插入】选项卡中【参照】面板上的 按钮。
- 命令：XATTACH（简写为 XA）。

【练习9-12】： 引用外部图形。

1. 创建一个新的图形文件。
2. 单击【插入】选项卡中【参照】面板上的 按钮，打开【选择参照文件】对话框，在此对话框中选择文件 "dwg\第 9 章\9-12-A.dwg"，再单击 打开(0) 按钮，弹出【附着外部参照】对话框，如图 9-35 所示。
3. 单击 确定 按钮，按系统提示指定文件的插入点，移动及缩放视图，结果如图 9-36 所示。

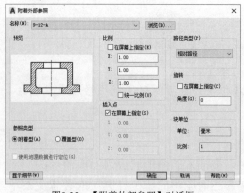

图9-35 【附着外部参照】对话框

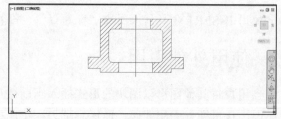

图9-36 插入图形

4. 使用相同的方法引用图形文件 "dwg\第 9 章\9-12-B.dwg"，再使用 MOVE 命令把两个图形组合在一起，结果如图 9-37 所示。

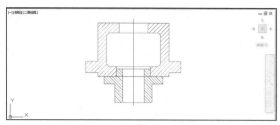

图9-37　插入并组合图形

【附着外部参照】对话框中常用选项的功能介绍如下。

- 【名称】：该下拉列表中显示了当前图形中包含的外部参照文件的名称。用户可以在下拉列表中直接选择文件，也可以单击 浏览(B)… 按钮，利用打开的【选择参照文件】对话框查找其他参照文件。
- 【附着型】：图形文件 A 嵌套了其他的 Xref，而这些文件是以"附着型"的方式被引用的，当新文件引用图形 A 时，用户不仅可以看到图形 A 本身，还能看到图形 A 中嵌套的 Xref。附加方式的 Xref 不能循环嵌套，即如果图形 A 引用了图形 B，而图形 B 又引用了图形 C，则图形 C 不能再引用图形 A。
- 【覆盖型】：图形 A 中有多层嵌套的 Xref，但它们均以"覆盖型"的方式被引用。当其他图形引用图形 A 时，就只能看到图形 A 本身，而其包含的任何 Xref 都不会显示出来。覆盖方式的 Xref 可以循环引用，这使设计人员可以灵活地查看其他图形文件，而无须为图形之间的嵌套关系担忧。
- 【插入点】：在此分组框中指定外部参照文件的插入基点，用户可以直接在【X】【Y】【Z】文本框中输入插入点的坐标，也可以勾选【在屏幕上指定】复选框，然后在屏幕上指定。
- 【比例】：在此分组框中指定外部参照文件的缩放比例，用户可以直接在【X】【Y】【Z】文本框中输入沿这 3 个方向的比例因子，也可以勾选【在屏幕上指定】复选框，然后在屏幕上指定。
- 【旋转】：确定外部参照文件的旋转角度，用户可以直接在【角度】文本框中输入角度值，也可以勾选【在屏幕上指定】复选框，然后在屏幕上指定。

9.4.2　更新外部引用文件

当对被引用的图形做了修改后，系统并不会自动更新当前图形中的 Xref 图形，必须重新加载以更新它。启动 Xref 命令，打开【外部参照】面板，可以选择一个引用文件或同时选择几个文件，然后单击鼠标右键，在弹出的快捷菜单中选择【重载】命令，以加载外部图形，如图 9-38 所示。由于可以随时进行更新，因此用户在设计过程中能及时获得最新的 Xref 文件。

命令启动方法

- 菜单命令：【插入】/【外部参照】。
- 面板：【插入】选项卡中【参照】面板右下角的 按钮。
- 命令：XREF（简写为 XR）。

继续前面的练习，下面修改引用图形，然后在当前图形中更新它。

1. 打开素材文件 "dwg\第 9 章\9-12-A.dwg"，使用 STRETCH 命令将零件下部配合孔的直径尺寸增加 4，保存图形。

2. 切换到新图形文件。单击【插入】选项卡中【参照】面板右下角的 按钮，打开【外部参照】面板，如图 9-38 所示。在该面板的文件列表中选中 "9-12-A.dwg" 文件，单击鼠标右键，弹出快捷菜单，选择【重载】命令以重新加载外部图形。

重新加载外部图形后的结果如图 9-39 所示。

图9-38 【外部参照】面板

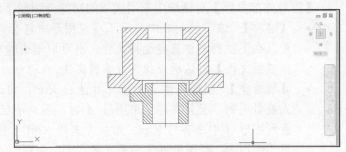

图9-39 重新加载外部图形

【外部参照】面板中常用选项的功能介绍如下。

- 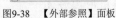：单击此按钮，打开【选择参照文件】对话框，通过该对话框选择要插入的图形文件。

- 【附着】（快捷菜单命令，以下都是）：选择此命令，打开【附着外部参照】对话框，通过此对话框选择要插入的图形文件。

- 【卸载】：暂时移走当前图形中的某个外部参照文件，但在列表框中仍保留该文件的路径。

- 【重载】：在不退出当前图形文件的前提下更新外部引用文件。

- 【拆离】：将某个外部参照文件去除。

- 【绑定】：将外部参照文件永久地插入当前图形，使之成为当前文件的一部分，详细内容见 9.4.3 小节。

9.4.3 转化外部引用文件的内容为当前图形的一部分

由于被引用的图形本身并不是当前图形的内容，因此引用图形的命名项目（如图层、文字样式、尺寸标注样式等）都以特有的格式表示出来。Xref 的命名项目表示形式为 "Xref 名称|命名项目"，通过这种方式，系统将引用文件的命名项目与当前图形的命名项目区别开来。

系统可以把外部引用文件转化为当前图形的内容，转化后 Xref 就变为当前图形中的一个图块。另外，也能把引用图形的命名项目（如图层、文字样式等）转变为当前图形的一部分。通过这种方法，用户可以轻易地使所有图纸的图层、文字样式等命名项目保持一致。

在【外部参照】对话框中，选择要转化的图形文件，然后单击鼠标右键，在弹出的快捷菜单中选择【绑定】命令，打开【绑定外部参照/DGN 参考底图】对话框，如图 9-40 所示。

【绑定外部参照/DGN 参考底图】对话框中有两个选项，其功能介绍如下。

- 【绑定】：选择该选项，引用图形中的所有命名项目的名称由 "Xref 名称|命名项目" 变为 "Xref 名称N命名项目"。其中，字母 "N" 是可以自动增加的

整数，以避免与当前图形中的项目名称重复。

- 【插入】：选择该选项类似于先拆离引用文件，然后再以图块的形式插入外部文件。合并外部图形后，命名项目的名称前不加任何前缀。例如，外部引用文件中有 WALL 图层，利用【插入】选项转化外部图形时，若当前图形中无 WALL 图层，那么系统将创建 WALL 层，否则继续使用原来的 WALL 图层。

在命令行中输入 XBIND 命令，打开【外部参照绑定】对话框，如图 9-41 所示。在该对话框左边的【外部参照】列表框中选择要添加到当前图形中的项目，然后单击 添加(A) -> 按钮，把命名项加入【绑定定义】列表框中，再单击 确定 按钮完成绑定。

图9-40　【绑定外部参照/DGN 参考底图】对话框

图9-41　【外部参照绑定】对话框

 用户可以通过 Xref 连接一系列库文件，如果想要使用库文件中的内容，就使用 XBIND 命令将库文件中的有关项目（如标注样式、图块等）转化成当前图形的一部分。

9.5 AutoCAD 设计中心

AutoCAD 设计中心为用户提供了一个直观、高效且与 Windows 资源管理器相似的操作界面，通过它可以很容易地查找和组织本地局域网或 Internet 上存储的图形文件，同时还能方便地利用其他图形资源及图形文件中的图块、文字样式和标注样式等内容。此外，如果打开了多个文件，还能通过其进行有效的管理。

关于 AutoCAD 设计中心，其主要功能可以概括成以下几点。

(1) 可以从本地磁盘甚至 Internet 上浏览图形文件内容，并通过设计中心打开文件。

(2) 设计中心可以将某图形文件中包含的图块、图层、文字样式和标注样式等信息展示出来，并提供预览的功能。

(3) 利用拖放操作可以将一个图形文件或图块、图层、文字样式等插入另一个图形中使用。

(4) 可以快速查找存储在其他位置的图形文件、图块、文字样式、标注样式和图层等信息。搜索完成后，还可以将结果加载到设计中心或直接拖入当前图形中使用。

下面提供几个练习让读者进一步了解设计中心的使用方法。

9.5.1 浏览及打开图形

【练习9-13】：利用设计中心浏览及打开图形。

1. 单击【视图】选项卡中【选项板】面板上的圓按钮，打开【DESIGNCENTER】面板，如图 9-42 所示。该面板包含以下 3 个选项卡。

- 【文件夹】：显示本地计算机及网上邻居的信息资源，它与 Windows 资源管理器类似。

- 【打开的图形】：列出当前 AutoCAD 中所有打开的图形文件。单击文件名前的图图标，设计中心即列出该图形中包含的命名项目，如图层、文字样式和图块等。

- 【历史记录】：显示最近访问过的图形文件，包括文件的完整路径。

2. 查找"AutoCAD 2022"子目录，选中子目录中的"Sample"文件夹并将其展开，再选中目录中的"Database Connectivity"文件夹并将其展开，单击对话框顶部的 按钮，在弹出的菜单中选择【大图标】，设计中心在右侧的窗口中显示文件夹中图形文件的缩略图，如图 9-42 所示。

3. 选中"Floor Plan Sample.dwg"图形文件的缩略图，【文件夹】选项卡下部显示出相应的预览图片及文件路径，如图 9-42 所示。注意，对话框顶部的预览按钮是按下的。

4. 单击鼠标右键，弹出快捷菜单，如图 9-43 所示，选择【在应用程序窗口中打开】命令，就可以打开此文件。

图9-42　预览文件内容

图9-43　快捷菜单

9.5.2　将图形文件的图块、图层等对象插入当前图形中

【练习9-14】：利用设计中心插入图块、图层等对象。

1. 打开设计中心，查找"AutoCAD 2022"子目录，选中子目录中的"Sample"文件夹并将其展开，再选中目录中的"Database Connectivity"文件夹并展开它。

2. 选中"Floor Plan Sample.dwg"文件，则设计中心右侧的窗口中列出图层、图块和文字样式等项目，如图 9-44 所示。

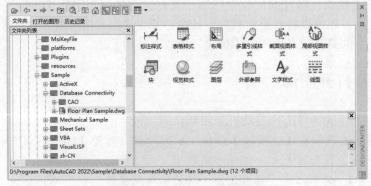

图9-44　显示图层、图块等项目

3. 若要显示图形中图块的详细信息，就先选中【块】，然后单击鼠标右键，在弹出的快捷菜单中选择【浏览】命令，则设计中心列出图形中的所有图块，如图 9-45 所示。

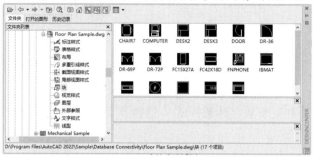

图9-45　显示图块信息

4. 选中某个图块，单击鼠标右键，弹出快捷菜单，选择【插入块】命令，就可以将此图块插入当前图形中。

5. 用上述类似的方法将图层、标注样式和文字样式等项目插入当前图形。

9.6　习题

1. 打开素材文件 "dwg\第 9 章\9-15.dwg"，如图 9-46 所示，计算该图形的面积及周长。

2. 打开素材文件 "dwg\第 9 章\9-16.dwg"，如图 9-47 所示，试计算以下内容。
   (1)　图形外轮廓的周长。
   (2)　线框 A 的周长及围成区域的面积。
   (3)　3 个圆弧槽的总面积。
   (4)　去除圆弧槽及内部异形孔后的图形总面积。

图9-46　计算图形的面积及周长

图9-47　获取面积、周长等信息

3. 创建及插入图块。
   (1)　打开素材文件 "dwg\第 9 章\9-17.dwg"。
   (2)　将图中的"沙发"创建成图块，设定点 A 为插入点，如图 9-48 所示。
   (3)　在图中插入"沙发"块，结果如图 9-49 所示。

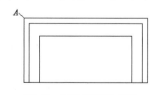

图9-48　创建"沙发"图块

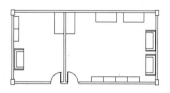

图9-49　插入"沙发"图块

   (4)　将图中的"转椅"创建成图块，设定点 B（中点）为插入点，如图 9-50 所示。
   (5)　在图中插入"转椅"图块，结果如图 9-51 所示。

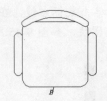

图9-50　创建"转椅"图块

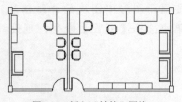

图9-51　插入"转椅"图块

(6) 将图中的"计算机"创建成图块，设定点 C 为插入点，如图 9-52 所示。

(7) 在图中插入"计算机"图块，结果如图 9-53 所示。

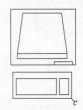

图9-52　创建"计算机"图块

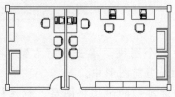

图9-53　插入"计算机"图块

4. 创建图块、插入图块和外部引用。

(1) 打开素材文件"dwg\第 9 章\9-18.dwg"，将图形定义为图块，图块名为"Block"，如图 9-54 所示，插入点在点 A。

(2) 引用素材文件"dwg\第 9 章\9-19.dwg"，然后插入"Block"图块，结果如图 9-55 所示。

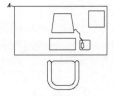

图9-54　创建"Block"图块

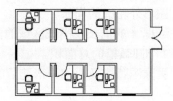

图9-55　插入"Block"图块

5. 创建图块、插入图块和外部引用。

(1) 打开素材文件"dwg\第 9 章\9-20-1.dwg"和"dwg\第 9 章\9-20-2.dwg"。

(2) 激活文件"9-20-1.dwg"，使用 ATTACH 命令插入文件"9-20-2.dwg"，再使用 MOVE 命令移动图形，使两个图形"装配"在一起，结果如图 9-56 所示。

(3) 激活文件"9-20-2.dwg"，如图 9-57 左图所示。使用 STRETCH 命令调整上、下两孔的位置，使两孔之间的距离增加 40，结果如图 9-57 右图所示。

(4) 保存文件"9-20-2.dwg"。

(5) 激活文件"9-20-1.dwg"，使用 XREF 命令重新加载文件"9-20-2.dwg"，结果如图 9-58 所示。

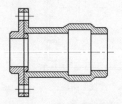

图9-56　引用外部图形并装配

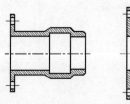

图9-57　调整孔的位置

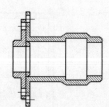

图9-58　重新加载外部文件

第10章 建筑施工图

【学习目标】
- 绘制建筑总平面图的方法和技巧。
- 绘制建筑平面图的方法和技巧。
- 绘制建筑立面图的方法和技巧。
- 绘制建筑剖面图的方法和技巧。
- 绘制建筑详图的方法和技巧。

通过学习本章内容，读者要了解使用 AutoCAD 绘制建筑总平面图、平面图、立面图、剖面图、详图的一般步骤，并掌握绘制建筑图的一些实用技巧。

10.1 绘制建筑总平面图

在设计和建造一幢房屋前，需要一张总平面图说明建筑物的地点、位置、朝向及周围的环境等，总平面图展示了一项工程的整体布局。

建筑总平面图是一个水平投影图（俯视图），绘制时按照一定的比例在图纸上画出房屋轮廓及其他设施水平投影的可见线，以表示建筑物和周围设施在一定范围内的总体布置情况，其展示的主要内容如下。

- 建筑物的位置和朝向。
- 室外场地、道路布置、绿化配置等的情况。
- 新建建筑物与相邻建筑物、周围环境的关系。

10.1.1 使用 AutoCAD 绘制总平面图

绘制总平面图的主要步骤如下。

(1) 将建筑物所在位置的地形图以图块的形式插入当前图形中，然后使用 SCALE 命令缩放地形图，使其大小与实际地形尺寸相吻合。例如，地形图上有一代表长度为 10m 的线段，将地形图插入 AutoCAD 中后执行 SCALE 命令，利用该命令的"参照(R)"选项将该线段由原始尺寸缩放到 10000（单位为 mm）个图形单位。

(2) 绘制新建筑物周围的原有建筑、道路系统及绿化设施等。

(3) 在地形图中绘制新建筑物的轮廓。若已有该建筑物的平面图，可以将该平面图复制到总平面图中，删除不必要的线条，仅保留平面图的外轮廓即可。

(4) 插入标准图框，并以绘图比例的倒数缩放图框。

(5) 标注新建筑物的定位尺寸、室内地面标高及室外整平地面的标高等。设置标注的全局比例因子为绘图比例的倒数。

10.1.2 总平面图绘制实例

【练习10-1】：绘制图 10-1 所示的建筑总平面图。绘图比例为 1：500，采用 A3 幅面图框。

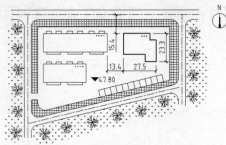

图10-1 绘制建筑总平面图

1. 创建以下图层。

名称	颜色	线型	线宽
总图-新建	白色	Continuous	0.7
总图-原有	白色	Continuous	默认
总图-道路	蓝色	Continuous	默认
总图-绿化	绿色	Continuous	默认
总图-车场	白色	Continuous	默认
总图-标注	白色	Continuous	默认

当创建不同种类的对象时，应切换到相应的图层。

2. 设定绘图窗口的高度为 200000 个图形单位，设置线型全局比例因子为 "500"（绘图比例的倒数）。

3. 打开极轴追踪、对象捕捉及对象捕捉追踪功能。设置极轴追踪增量角为【90】，设定对象捕捉方式为【端点】【交点】，设置仅沿正交方向进行对象捕捉追踪。

4. 使用 XLINE 命令绘制水平及竖直作图基准线，然后使用 OFFSET、LINE、BREAK、FILLET 及 TRIM 等命令绘制道路和停车场，结果如图 10-2 所示。图中所有的圆角半径均为 "6000"。

5. 使用 OFFSET、TRIM 等命令绘制原有建筑和新建建筑，细节尺寸及结果如图 10-3 所示。使用 DONUT 命令绘制表示建筑物层数的圆点，圆点直径为 "1000"。

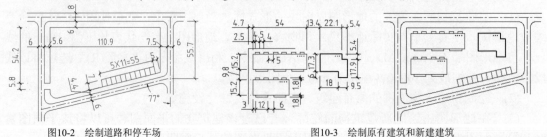

图10-2 绘制道路和停车场   图10-3 绘制原有建筑和新建建筑

6. 利用【设计中心】插入 "图例.dwg" 中的图块 "树木"，再使用 PLINE 命令绘制辅助线 A、B、C，然后填充剖面图案，图案名称分别为【GRASS】和【ANGLE】，如图 10-4 所示，然后删除辅助线。

7. 打开素材文件 "dwg\第 10 章\10-A3.dwg"，该文件包含一个 A3 幅面的图框，将 A3 幅面的图框复制到总平面图中。使用 SCALE 命令缩放图框，缩放比例为 "500"。把总平面图布置在图框中，结果如图 10-5 所示。

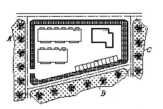

图10-4　插入图块及填充剖面图案

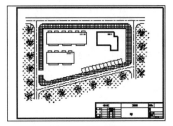

图10-5　插入图框

8. 标注尺寸。尺寸文字高度为 "2.5"，标注全局比例因子为 "500"，尺寸数值比例因子为 "0.001"。

 当以 1：500 比例打印图纸时，标注文字高度为 "2.5"，标注文本是以 "m" 为单位的数值。

9. 利用【设计中心】插入 "图例.dwg" 中的图块 "室外地坪标高""标高""指北针"，图块的缩放比例因子为 "500"。

10.2　绘制建筑平面图

假想用一个剖切平面在门窗洞的位置将房屋水平剖切开，把剖切平面以下的部分进行正投影而形成的图样就是建筑平面图。建筑平面图是建筑施工图中最基本的图形之一，主要用于表示建筑物的平面形状及沿水平方向的布置和组合关系等。

建筑平面图的主要图示内容如下。
- 房屋的平面形状、大小及房间的布局。
- 墙体、柱及墩的位置和尺寸。
- 门、窗及楼梯的位置和类型。

10.2.1　使用 AutoCAD 绘制平面图

使用 AutoCAD 绘制平面图的总体思路是先整体、后局部。主要绘制过程如下。
(1) 创建图层，如墙体图层、轴线图层、柱网图层等。
(2) 绘制一个表示作图区域大小的矩形，双击鼠标滚轮，将该矩形全部显示在绘图窗口中。再使用 EXPLODE 命令分解矩形，形成作图基准线。此外，也可以使用 LIMITS 命令设定绘图区域的大小，然后使用 LINE 命令绘制水平及竖直的作图基准线。
(3) 使用 OFFSET 和 TRIM 命令绘制水平及竖直的定位轴线。
(4) 使用 MLINE 命令绘制外墙体，形成平面图的大致形状。
(5) 绘制内墙体。
(6) 使用 OFFSET 和 TRIM 命令在墙体上绘制门窗洞口。
(7) 绘制门窗、楼梯及其他局部细节。
(8) 插入标准图框，并以绘图比例的倒数缩放图框。

(9) 标注尺寸，尺寸标注全局比例为绘图比例的倒数。

(10) 书写文字，文字高度为图纸上的实际文字高度与绘图比例倒数的乘积。

10.2.2 平面图绘制实例

【练习10-2】： 绘制建筑平面图，如图 10-6 所示。绘图比例为 1：100，采用 A2 幅面图框。为使图形简洁，图中仅标出了总体尺寸、轴线间距尺寸及部分细节尺寸。

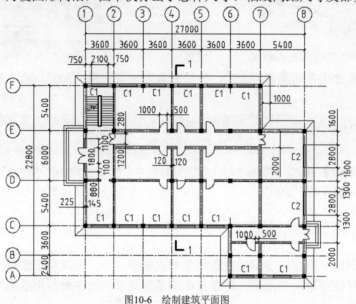

图10-6 绘制建筑平面图

1. 创建以下图层。

名称	颜色	线型	线宽
建筑-轴线	蓝色	CENTER	默认
建筑-柱网	白色	Continuous	默认
建筑-墙体	白色	Continuous	0.7
建筑-门窗	红色	Continuous	默认
建筑-台阶及散水	红色	Continuous	默认
建筑-楼梯	红色	Continuous	默认
建筑-标注	白色	Continuous	默认

2. 设定绘图窗口的高度为 40000 个图形单位，设置线型全局比例因子为 "100"（绘图比例的倒数）。

3. 打开极轴追踪、对象捕捉及对象捕捉追踪功能。设置极轴追踪增量角为【90】，设定对象捕捉方式为【端点】【交点】，设置仅沿正交方向进行对象捕捉追踪。

4. 使用 LINE 命令绘制水平及竖直的作图基准线，然后使用 OFFSET、BREAK、TRIM 等命令绘制轴线，结果如图 10-7 所示。

5. 在绘图窗口的适当位置绘制柱的横截面图，尺寸如图 10-8 左图所示。先绘制一个正方形，再连接两条对角线，然后使用【Solid】图案填充图形，结果如图 10-8 右图所示。正方形两条对角线的交点可以作为柱截面的定位基准点。

6. 使用 COPY 命令绘制柱网，结果如图 10-9 所示。

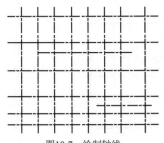

图10-7　绘制轴线

图10-8　绘制柱的横截面图

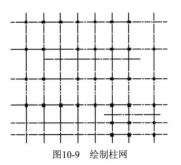

图10-9　绘制柱网

7. 创建以下两个多线样式。

样式名	元素	偏移量
墙体－370	两条直线	145、－225
墙体－240	两条直线	120、－120

8. 关闭"建筑－柱网"图层，指定【墙体-370】为当前样式，使用 MLINE 命令绘制建筑物的外墙体。再设定【墙体-240】为当前样式，绘制建筑物的内墙体，结果如图 10-10 所示。

9. 使用 MLEDIT 命令编辑多线相交的形式，再分解多线，修剪多余线条。

10. 使用 OFFSET、TRIM、COPY 命令绘制所有的门窗洞口，结果如图 10-11 所示。

11. 利用【设计中心】插入素材文件"图例.dwg"中的门窗图块，图块分别是 M1000、M1200、M1800 和 C370×100，再复制这些图块，结果如图 10-12 所示。

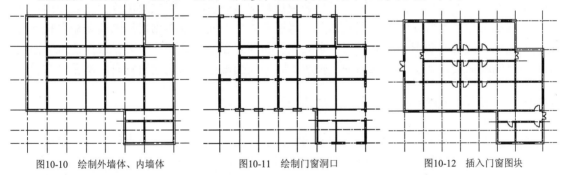

图10-10　绘制外墙体、内墙体　　　　图10-11　绘制门窗洞口　　　　图10-12　插入门窗图块

12. 绘制室外台阶及散水，细节尺寸及结果如图 10-13 所示。

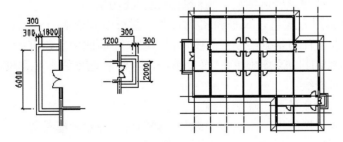

图10-13　绘制室外台阶及散水

13. 绘制楼梯，楼梯尺寸如图 10-14 所示。

14. 打开素材文件"dwg\第 10 章\10-A2.dwg"，该文件包含一个 A2 幅面的图框，将 A2 幅面的图框复制到平面图中。使用 SCALE 命令缩放图框，缩放比例为"100"，然后把平面图布置在图框中，结果如图 10-15 所示。

图10-14 绘制楼梯

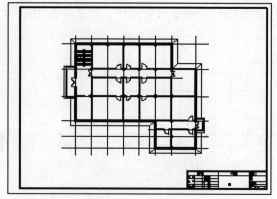

图10-15 插入图框

15. 标注尺寸，尺寸文字高度为"2.5"，标注全局比例因子为"100"。

16. 利用【设计中心】插入"图例.dwg"中的标高图块及轴线编号图块，并填写属性文字，图块的缩放比例因子为"100"。

17. 将文件以名称"平面图.dwg"保存，该文件将用于绘制立面图和剖面图。

10.3 绘制建筑立面图

建筑立面图是按不同投影方向绘制的房屋侧面外形图，它主要表示房屋的外貌和立面装饰情况，其中反映主要入口或能够比较显著地反映房屋外貌特征的立面图称为正立面图，其余立面图相应地称为背立面图、侧立面图。房屋有4个朝向，常根据房屋的朝向命名相应方向的立面图，如南立面图、北立面图、东立面图和西立面图。此外，也可以根据建筑平面图中的首尾轴线命名，如①～⑦立面图。轴线的顺序是当观察者面向建筑物时，从左往右。

10.3.1 使用 AutoCAD 绘制立面图

用户可以将平面图作为绘制立面图的辅助图形。先从平面图绘制竖直投影线将建筑物的主要特征投影到立面图，然后绘制立面图的各部分细节。

绘制立面图的主要过程如下。

(1) 创建图层，如建筑轮廓图层、窗洞图层及轴线图层等。

(2) 通过外部引用方式将建筑平面图插入当前图形中。或者打开已有平面图，将其另存为一个文件，以此文件为基础绘制立面图。也可以从平面图中复制有用的信息。

(3) 从平面图绘制建筑物轮廓的竖直投影线，再绘制地平线、屋顶线等，这些线条构成了立面图的主要布局线。

(4) 利用投影线绘制各层门窗洞口线。

(5) 以布局线为作图基准线绘制墙面细节，如阳台、窗台、壁柱等。

(6) 插入标准图框，并以绘图比例的倒数缩放图框。

(7) 标注尺寸，尺寸标注全局比例为绘图比例的倒数。

(8) 书写文字，文字高度为图纸上的实际文字高度与绘图比例倒数的乘积。

10.3.2　立面图绘制实例

【练习10-3】：　绘制建筑立面图，如图 10-16 所示。绘图比例为 1：100，采用 A3 幅面图框。

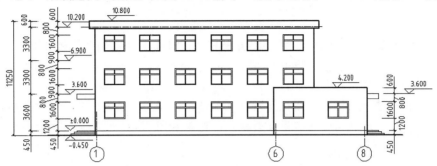

图10-16　绘制建筑立面图

1. 创建以下图层。

名称	颜色	线型	线宽
建筑-轴线	蓝色	CENTER	默认
建筑-构造	白色	Continuous	默认
建筑-轮廓	白色	Continuous	0.7
建筑-地坪	白色	Continuous	1.0
建筑-窗洞	红色	Continuous	0.35
建筑-标注	白色	Continuous	默认

2. 设定绘图窗口的高度为 40000 个图形单位，设置线型全局比例因子为 "100"（绘图比例的倒数）。

3. 打开极轴追踪、对象捕捉及对象捕捉追踪功能。设置极轴追踪增量角为【90】，设定对象捕捉方式为【端点】【交点】，设置仅沿正交方向进行对象捕捉追踪。

4. 利用外部引用方式将 10.2 节创建的文件 "平面图.dwg" 插入当前图形中，再关闭该文件的 "建筑 – 标注" 及 "建筑 – 柱网" 图层。

5. 在平面图中绘制竖直投影线，再使用 LINE、OFFSET、TRIM 命令绘制屋顶线、室外地坪线和室内地坪线等，细节尺寸及绘制结果如图 10-17 所示。

6. 在平面图中绘制竖直投影线，再使用 OFFSET、TRIM 命令绘制窗洞线，结果如图 10-18 所示。

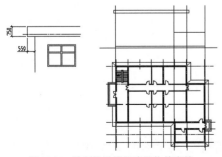

图10-17　绘制投影线和建筑物轮廓等

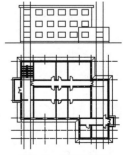

图10-18　绘制窗洞线

7. 绘制窗户，窗户细节尺寸及绘制结果如图 10-19 所示。

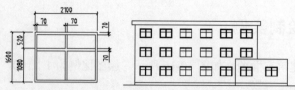

图10-19   绘制窗户

8.   在平面图中绘制竖直投影线，再使用 OFFSET、TRIM 命令绘制雨篷及室外台阶，结果如图 10-20 所示。雨篷厚度为"500"，室外台阶分 3 个踏步，每个踏步高"150"。

9.   拆离外部引用文件，再打开素材文件"dwg\第 10 章\10-A3.dwg"，该文件包含一个 A3 幅面的图框，将 A3 幅面的图框复制到立面图中。使用 SCALE 命令缩放图框，缩放比例为"100"，然后把立面图布置在图框中，结果如图 10-21 所示。

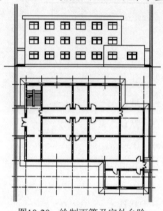

图10-20   绘制雨篷及室外台阶

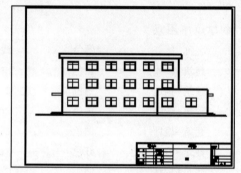

图10-21   插入图框

10.   标注尺寸，尺寸文字高度为"2.5"，标注全局比例因子为"100"。

11.   利用【设计中心】插入"图例.dwg"中的标高图块及轴线编号图块，并填写属性文字，图块的缩放比例因子为"100"。

12.   将文件以名称"立面图.dwg"保存，该文件将用于绘制剖面图。

10.4   绘制建筑剖面图

剖面图主要用于反映房屋内部的结构形式、分层情况及各部分的联系等，其绘制方法是假想用一个铅垂的平面剖切房屋，移去观察者和剖切面之间的部分，然后将剩余的部分按正投影原理绘制出来。

剖面图展示的主要内容如下。

- 在垂直方向上房屋各部分的尺寸及组合。
- 建筑物的层数、层高。
- 房屋在剖面位置上的主要结构形式、构造方式等。

10.4.1   使用 AutoCAD 绘制剖面图

可以将平面图、立面图作为绘制剖面图的辅助图形。将平面图旋转 90°，并布置在适当的位置，从平面图、立面图中绘制竖直及水平的投影线，以形成剖面图的主要特征，然后绘制剖面图各部分的细节。

绘制剖面图的主要过程如下。

(1)　创建图层,如墙体图层、楼面图层及构造图层等。

(2)　将平面图、立面图布置在一个图形中,以这两个图为基础绘制剖面图。

(3)　利用平面图、立面图绘制建筑物轮廓的投影线,修剪多余线条,形成剖面图的主要布局线。

(4)　利用投影线绘制门窗高度线、墙体厚度线及楼板厚度线等。

(5)　以布局线为作图基准线,绘制未剖切到的墙面细节,如阳台、窗台、墙垛等。

(6)　插入标准图框,并以绘图比例的倒数缩放图框。

(7)　标注尺寸,尺寸标注全局比例为绘图比例的倒数。

(8)　书写文字,文字高度为图纸上的实际文字高度与绘图比例倒数的乘积。

10.4.2　剖面图绘制实例

【练习10-4】: 绘制建筑剖面图,如图 10-22 所示。绘图比例为 1 : 100,采用 A3 幅面图框。

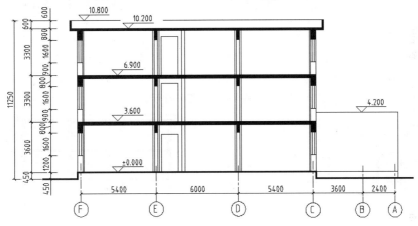

图10-22　绘制建筑剖面图

1.　创建以下图层。

名称	颜色	线型	线宽
建筑-轴线	蓝色	CENTER	默认
建筑-楼面	白色	Continuous	0.7
建筑-墙体	白色	Continuous	0.7
建筑-地坪	白色	Continuous	1.0
建筑-门窗	红色	Continuous	默认
建筑-构造	红色	Continuous	默认
建筑-标注	白色	Continuous	默认

2.　设定绘图窗口的高度为 30000 个图形单位,设置线型全局比例因子为"100"(绘图比例的倒数)。

3.　打开极轴追踪、对象捕捉及对象捕捉追踪功能。设置极轴追踪增量角为【90】,设定对象捕捉方式为【端点】【交点】,设置仅沿正交方向进行对象捕捉追踪。

4.　利用外部引用方式将已创建的文件"平面图.dwg""立面图.dwg"插入当前图形中,再

251

关闭两个文件中的"建筑–标注"图层。

5. 将建筑平面图逆时针旋转 90°，并将其布置在适当位置。利用立面图和平面图绘制投影线，再绘制屋顶左端面线、右端面线，结果如图 10-23 所示。

6. 在平面图中绘制竖直投影线，投影墙体，结果如图 10-24 所示。

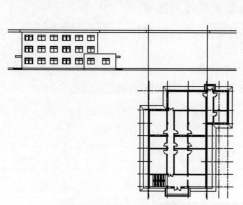

图10-23　绘制投影线及屋顶端面线

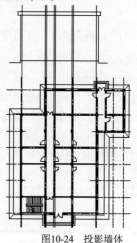

图10-24　投影墙体

7. 在立面图中绘制水平投影线，再使用 OFFSET、TRIM 等命令绘制楼板、窗洞及檐口，结果如图 10-25 所示。

8. 绘制窗户、门、柱及其他细节，结果如图 10-26 所示。

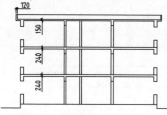

图10-25　绘制楼板、窗洞及檐口

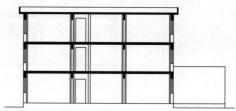

图10-26　绘制窗户、门、柱及其他细节

9. 拆离外部引用文件，再打开素材文件 "dwg\第 10 章\10-A3.dwg"，该文件包含一个 A3 幅面的图框，将 A3 幅面的图纸复制到剖面图中。使用 SCALE 命令缩放图框，缩放比例为 "100"，然后把剖面图布置在图框中，结果如图 10-27 所示。

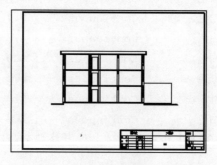

图10-27　插入图框

10. 标注尺寸，尺寸文字高度为 "2.5"，标注全局比例因子为 "100"。

11. 利用【设计中心】插入 "图例.dwg" 中的标高图块及轴线编号图块，并填写属性文字，图块的缩放比例因子为 "100"。

12.　将文件以名称 "剖面图.dwg" 保存。

10.5　绘制建筑详图

建筑平面图、立面图及剖面图主要用于表达建筑物的平面布置情况、外部形状和垂直方向上的结构构造等。由于这些图形的绘图比例较小，而反映的内容却很多，因此建筑物的细部结构很难清晰地表示出来。为了满足施工要求，常要对楼梯、墙身、门窗及阳台等局部结构采用较大的比例进行详细绘制，这样绘制出的图形称为建筑详图。

建筑详图主要包括以下内容。

- 某部分的详细构造及详细尺寸。
- 使用的材料、规格及尺寸。
- 有关施工要求及制作方法的文字说明。

绘制建筑详图的主要过程如下。

(1)　创建图层，如轴线图层、墙体图层及装饰图层等。

(2)　将平面图、立面图或剖面图中的有用对象复制到当前图形中，以减少作图工作量。

(3)　不同绘图比例的详图都按 1：1 比例绘制。可以先绘制作图基准线，然后使用 OFFSET、TRIM 命令绘制图形细节。

(4)　插入标准图框，并以出图比例的倒数缩放图框。

(5)　对绘图比例与出图比例不同的详图进行缩放操作，缩放比例因子等于绘图比例与出图比例的比值，然后将所有详图布置在图框内。例如，绘图比例为 1：20 和 1：40 的两张详图要布置在 A3 幅面的图纸内，出图比例为 1：40，则布图前应先使用 SCALE 命令缩放 1：20 的详图，缩放比例因子为 2。

(6)　标注尺寸，尺寸标注全局比例为出图比例的倒数。

(7)　对于已缩放 n 倍的详图，应采用新样式进行标注。标注全局比例为出图比例的倒数，尺寸数值比例因子为 $1/n$。

(8)　书写文字，文字高度为图纸上的实际文字高度与绘图比例倒数的乘积。

【练习10-5】：　绘制建筑详图，如图 10-28 所示。两个详图的绘图比例分别为 1：10 和 1：20，采用 A3 幅面，出图比例为 1：10。

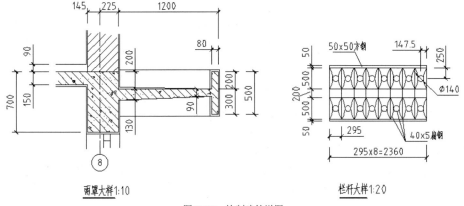

图10-28　绘制建筑详图

1. 创建以下图层。

名称	颜色	线型	线宽
建筑-轴线	蓝色	CENTER	默认
建筑-楼面	白色	Continuous	0.7
建筑-墙体	白色	Continuous	0.7
建筑-门窗	红色	Continuous	默认
建筑-构造	红色	Continuous	默认
建筑-标注	白色	Continuous	默认

2. 设定绘图窗口的高度为 4000 个图形单位，设置线型全局比例因子为"10"（绘图比例的倒数）。

3. 打开极轴追踪、对象捕捉及对象捕捉追踪功能。设置极轴追踪增量角为【90】，设定对象捕捉方式为【端点】【交点】，设置仅沿正交方向进行对象捕捉追踪。

4. 使用 LINE 命令绘制轴线及水平作图基准线，然后使用 OFFSET、TRIM 命令绘制墙体、楼板及雨篷等，结果如图 10-29 所示。

5. 使用 OFFSET、LINE、TRIM 命令绘制墙面、门及楼板面构造等，再填充剖面图案，结果如图 10-30 所示。

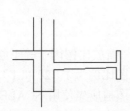

图10-29 绘制墙体、楼板及雨篷等

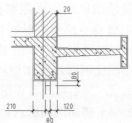

图10-30 绘制墙面、门及楼板面构造等

6. 使用与步骤 4、5 类似的方法绘制栏杆大样图。

7. 打开素材文件"dwg\第 10 章\10-A3.dwg"，该文件包含一个 A3 幅面的图框，将 A3 幅面的图框复制到详图中。使用 SCALE 命令缩放图框，缩放比例为"10"。

8. 使用 SCALE 命令缩放栏杆大样图，缩放比例为 0.5，然后把两个详图布置在图框中，结果如图 10-31 所示。

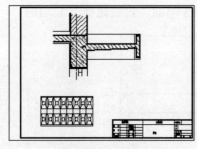

图10-31 插入图框

9. 创建尺寸标注样式"详图 1:10"，尺寸文字高度为"2.5"，标注全局比例因子为"10"。再以"详图 1:10"为基础样式创建新样式"详图 1:20"，该样式尺寸数值比例因子为"2"。

10. 标注尺寸及书写文字，文字高度为"35"。

10.6　创建样板图

从前面几节的绘图实例可以看出，每次建立新图形时，都要生成图层，设置颜色、线型和线宽，设定绘图区域的大小，创建标注样式、文字样式等，这些工作是一些重复性劳动，非常耗费时间。另外，若每次重复这些设定，也很难保证所有设计图形的图层、文字样式及标注样式等项目的一致性。要解决以上问题，可以采取下面的方法。

一、　从已有工程图生成新图形

打开已有工程图，删除不必要的内容，将其另存为一个新文件，则新图形具有与原图形相同的绘图环境。

二、　利用自定义样板图生成新图形

工程图中常用的图纸幅面包括 A0、A1、A2、A3 等，可以针对每种标准幅面的图纸定义一个样板图，其扩展名为".dwt"，该图包含的内容有各类图层、工程文字样式、工程标注样式、图框、标题栏及会签栏等。当要创建新图形时，可以指定已定义的样板图为原始图，这样就将样板图中的标准设置全部传递给了新图形。

【练习10-6】：定义 A3 幅面样板图。

1. 建立保存样板文件的文件夹，名称为"工程样板文件"。
2. 新建一个图形，在该图形中绘制 A3 幅面的图框、标题栏及会签栏。可以将标题栏及会签栏创建成表格对象，这样便于填写文字。
3. 创建图层，如"建筑－轴线"图层、"建筑－墙体"图层等，并设定图层颜色、线型及线宽属性。
4. 新建文字样式"工程文字"，设定该样式连接的字体文件为【gbenor.shx】和【gbcbig.shx】。
5. 创建名为"工程标注"的标注样式，该样式连接的文字样式是【工程文字】。
6. 选择菜单命令【文件】/【另存为】，打开【图形另存为】对话框，在该对话框的【保存于】下拉列表中选择【工程样板文件】选项，在【文件名】下拉列表框中输入样板文件的名称"A3"，再通过【文件类型】下拉列表设定文件扩展名为".dwt"。
7. 单击 保存(S) 按钮，打开【样板选项】对话框，如图 10-32 所示。在【说明】列表框中输入关于样板文件的说明文字，然后单击 确定 按钮。

图10-32　【样板选项】对话框

8. 选择菜单命令【工具】/【选项】，打开【选项】对话框，在该对话框中将"工程样板文件"添加到 AutoCAD 自动搜索样板文件的路径中，如图 10-33 所示。这样每次建立新图形时，系统就打开"工程样板文件"文件夹，并显示其中的样板文件。

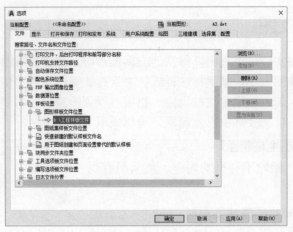

图10-33　【选项】对话框

10.7　习题

1.　使用 AutoCAD 绘制平面图、立面图及剖面图的主要作图步骤是什么？
2.　除了使用 LIMITS 命令设定绘图区域的大小，还可以使用哪些方法进行设定？
3.　如何插入标准图框？
4.　若绘图比例为 1∶150，则标注尺寸时，标注全局比例应设置为多少？
5.　绘制剖面图时，可以使用哪些方法从平面图、立面图中获取有用的信息？
6.　如何将图例库中的图块插入当前图形中？
7.　若要将图例库中的所有图块一次性插入当前图形中，应如何操作？
8.　若要在同一张图纸上布置多个不同绘图比例的详图，应如何操作？
9.　已将详图放大一倍，要使尺寸标注数值反映原始长度，应如何设定？
10.　绘图比例为 1∶100，要使打印在图纸上的文字高度为 3.5，则书写文字时的高度为多少？
11.　样板文件有何作用？如何创建样板文件？

第11章　结构施工图

【学习目标】
- 绘制基础平面图的方法和技巧。
- 绘制结构平面图的方法和技巧。
- 绘制钢筋混凝土构件图的方法和技巧。

通过学习本章，读者要了解使用 AutoCAD 绘制基础平面图、楼层结构平面图和钢筋混凝土构件图的一般步骤，并掌握绘制这些图形的实用技巧。

11.1　基础平面图

基础平面图用于表达建筑物基础的平面布局及详细构造。其绘制方法是假想用水平剖切平面在相对标高为±0.000 处将建筑物剖开，移去上面的部分，再去除基础周围的回填土后进行水平投影。

11.1.1　绘制基础平面图的步骤

基础平面图的绘图比例一般与建筑平面图的相同，两图的轴线分布情况应一致。绘制基础平面图的步骤如下。

(1) 创建图层，如墙体图层、基础图层及标注图层等。
(2) 绘制轴线、柱网及墙体，或者从建筑平面图中复制这些对象。
(3) 使用 XLINE、OFFSET、TRIM 等命令绘制基础轮廓。
(4) 插入标准图框，并以绘图比例的倒数缩放图框。
(5) 标注尺寸，尺寸标注全局比例为绘图比例的倒数。
(6) 书写文字，文字高度为图纸上的实际文字高度与绘图比例倒数的乘积。

11.1.2　基础平面图绘制实例

【练习11-1】：绘制建筑物基础平面图，如图 11-1 所示。绘图比例为 1∶100，采用 A2 幅面的图框。

1. 打开素材文件 "dwg\第 11 章\建筑平面图.dwg"，关闭 "建筑－标注" "建筑－楼梯" 等图层，只保留 "建筑－轴线" "建筑－墙体" "建筑－柱网" 图层。
2. 创建新图形，设定绘图窗口的高度为 40000 个图形单位，设置线型全局比例因子为 "100"（绘图比例的倒数）。

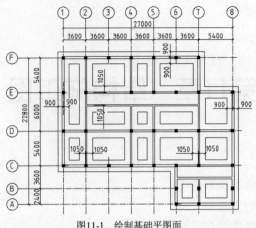

图11-1 绘制基础平图面

3. 将"建筑平面图.dwg"中的轴线、墙体及柱网复制到新图形中，再使用 JOINT、STRETCH 等命令使断开的墙体连接起来，结果如图 11-2 所示。

4. 将新图形的"建筑－轴线""建筑－墙体""建筑－柱网"图层修改为"结构－轴线""结构－基础墙体""结构－柱网"，然后创建以下图层。

名称	颜色	线型	线宽
结构－基础	白色	Continuous	0.35
结构－标注	红色	Continuous	默认

5. 使用 XLINE、OFFSET、TRIM 命令绘制基础墙两侧的基础外形轮廓，结果如图 11-3 所示。

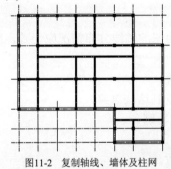

图11-2 复制轴线、墙体及柱网

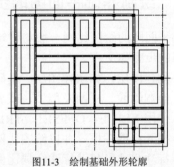

图11-3 绘制基础外形轮廓

6. 插入标准图框、标注尺寸及书写文字。

11.2 结构平面图

结构平面图是表示室外地坪以上的建筑物各层梁、板、柱和墙等构件平面布置情况的图形。其绘制方法是假想沿着楼板上表面将建筑物剖开，移去上面的部分，然后从上往下进行投影。

11.2.1 绘制结构平面图的步骤

绘制结构平面图时，一般应选用与建筑平面图相同的绘图比例，绘制出与建筑平面图完全一致的轴线。

绘制结构平面图的步骤如下。

(1) 创建图层，如墙体图层、钢筋图层及标注图层等。

(2) 绘制轴线、柱网及墙体，或者从建筑平面图中复制这些对象。

(3) 绘制板、梁等构件的轮廓。

(4) 在绘图区域的适当位置使用 PLINE 或 LINE 命令绘制钢筋线，然后使用 COPY、ROTATE、MOVE 命令在板内布置钢筋。

(5) 插入标准图框，并以绘图比例的倒数缩放图框。

(6) 标注尺寸，尺寸标注全局比例为绘图比例的倒数。

(7) 书写文字，文字高度为图纸上的实际文字高度与绘图比例倒数的乘积。

11.2.2 结构平面图绘制实例

【练习11-2】： 绘制楼层结构平面图，如图 11-4 所示。绘图比例为 1：100，采用 A2 幅面的图框。这个例题的目的是演示绘制结构平面图的步骤，因此仅绘制了楼板的部分配筋。

1. 打开素材文件 "dwg\第 11 章\建筑平面图.dwg"。关闭 "建筑－标注" "建筑－楼梯" 等图层，只保留 "建筑－轴线" "建筑－墙体" "建筑－柱网" 图层。

2. 创建新图形，设定绘图窗口的高度为 40000 个图形单位，设置线型全局比例因子为 "100"（绘图比例的倒数）。

3. 将 "建筑平面图.dwg" 中的轴线、墙体及柱网复制到新图形中。使用 ERASE、EXTEND、STRETCH 命令使断开的墙体连接起来，结果如图 11-5 所示。

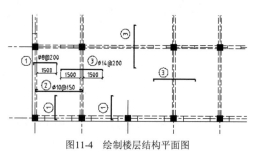

图11-4 绘制楼层结构平面图

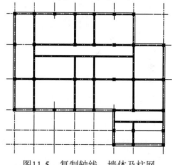

图11-5 复制轴线、墙体及柱网

4. 将新图形的 "建筑－轴线" "建筑－墙体" "建筑－柱网" 图层修改为 "结构－轴线" "结构－墙体" "结构－柱网"，然后创建以下图层。

名称	颜色	线型	线宽
结构-钢筋	白色	Continuous	0.70
结构-标注	红色	Continuous	默认

5. 在绘图区域的适当位置使用 PLINE 或 LINE 命令绘制钢筋，结果如图 11-6 所示。

6. 使用 COPY、ROTATE、MOVE 等命令在楼板内布置钢筋，部分结果如图 11-7 所示。

7. 在楼梯间绘制交叉对角线，再将楼板下的不可见构件修改为虚线。

8. 请读者自行绘制楼板内的其余配筋，然后插入图框、标注尺寸及书写文字。

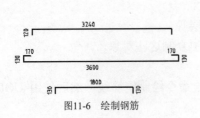

图11-6　绘制钢筋

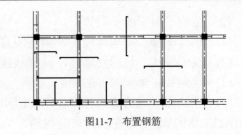

图11-7　布置钢筋

11.3　钢筋混凝土构件图

钢筋混凝土构件图可表示构件的形状大小、钢筋本身及其在混凝土中的布置情况。该构件图的绘制方法是假定混凝土是透明的，然后将构件进行投影，这样构件内的钢筋是可见的，其分布情况一目了然。必要时，还可以将钢筋抽出来绘制钢筋详图并列出钢筋表。

11.3.1　绘制钢筋混凝土构件图的步骤

绘制钢筋混凝土构件图时，一般先绘制构件的外形轮廓，然后绘制构件内的钢筋。绘制此类图的步骤如下。

(1)　创建图层，如钢筋图层、梁图层及标注图层等。

(2)　可以将已有施工图中的有用对象复制到当前图形中，以减少作图工作量。

(3)　不同绘图比例的构件图都按 1∶1 比例绘制。一般先绘制轴线、重要轮廓边线等，再以这些线为作图基准线，使用 OFFSET、TRIM 命令绘制构件外轮廓。

(4)　在绘图区域的适当位置使用 PLINE 或 LINE 命令绘制钢筋线，然后使用 COPY、ROTATE、MOVE 命令将钢筋布置在构件中。也可以构件轮廓线为基准线，使用 OFFSET、TRIM 命令绘制钢筋。

(5)　使用 DONUT 命令绘制表示钢筋断面的圆点，圆点外径等于图纸上的圆点直径尺寸与出图比例倒数的乘积。

(6)　插入标准图框，并以出图比例的倒数缩放图框。

(7)　对绘图比例与出图比例不同的构件图进行缩放操作，缩放比例因子等于绘图比例与出图比例的比值，然后将所有构件图布置在图框内。例如，绘图比例为 1∶20 和 1∶40 的两张构件图要布置在 A3 幅面的图纸内，出图比例为 1∶40，布图前应先使用 SCALE 命令缩放 1∶20 的构件图，缩放比例因子为 2。

(8)　标注尺寸，尺寸标注全局比例为出图比例的倒数。

(9)　对于已缩放 n 倍的构件图，应采用新样式进行标注。标注全局比例为出图比例的倒数，尺寸数值比例因子为 $1/n$。

(10)　书写文字，文字高度为图纸上的实际文字高度与绘图比例倒数的乘积。

11.3.2　钢筋混凝土构件图绘制实例

【练习11-3】：绘制钢筋混凝土构件图，如图 11-8 所示。绘图比例分别为 1∶25 和 1∶10，图幅采用 A2 幅面的图框，出图比例为 1∶25。

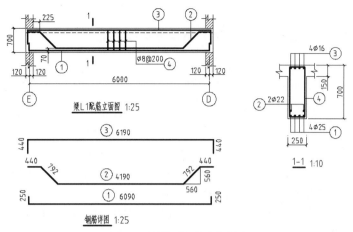

图11-8　绘制钢筋混凝土构件图

1.　创建以下图层。

名称	颜色	线型	线宽
结构−轴线	蓝色	CENTER	默认
结构−梁	白色	Continuous	默认
结构−钢筋	白色	Continuous	0.7
结构−标注	红色	Continuous	默认

2.　设定绘图窗口的高度为 10000 个图形单位，设置线型全局比例因子为 "25"（出图比例的倒数）。

3.　打开极轴追踪、对象捕捉及对象捕捉追踪功能。设置极轴追踪增量角为【90】，设定对象捕捉方式为【端点】【交点】，设置仅沿正交方向进行对象捕捉追踪。

4.　使用 LINE 命令绘制轴线及水平作图基准线，然后使用 OFFSET、TRIM 命令绘制墙体及梁的轮廓，结果如图 11-9 所示。

图11-9　绘制墙体及梁的轮廓

5.　使用 PLINE 或 LINE 命令在绘图区域的适当位置绘制钢筋，然后使用 COPY、MOVE 等命令在梁内布置钢筋，结果如图 11-10 所示。钢筋保护层的厚度为 "25"。

6.　使用 LINE、OFFSET、DONUT 命令绘制梁的断面图，结果如图 11-11 所示。图中圆点的直径为 "20"。

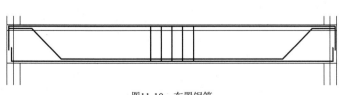

图11-10　布置钢筋

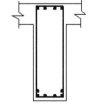

图11-11　绘制梁的断面图

7.　使用 SCALE 命令缩放断面图，缩放比例为 "2.5"，该值等于断面图的绘图比例与出图比例的比值。

8. 插入标准图框、标注尺寸及书写文字，请读者自行完成。

11.4 习题

1. 绘制基础平面图、结构平面图及钢筋混凝土构件图的主要作图步骤是什么？
2. 绘制结构平面图时，可以使用哪种方法从建筑平面图中获取有用的信息？
3. 与使用 LINE 命令相比，使用 PLINE 命令绘制钢筋线有何优点？
4. 出图比例为 1：30。若要求图纸上钢筋断面的直径为 1.5mm，则使用 DONUT 命令绘制断面圆点时，应设定圆点的外径是多少？
5. 要在标准图纸上布置两个构件图，构件图的绘图比例分别为 1：10 和 1：30。若出图比例设定为 1：30，则应对哪个图形进行缩放？缩放比例是多少？图形缩放后，怎样才能使标注文字反映构件的真实大小？

第12章　轴测图

【学习目标】
- 掌握激活轴测投影模式的方法。
- 掌握角、圆、圆柱体、球体、任意回转体、正六棱柱的轴测投影的绘制方法。
- 掌握在轴测图中添加文字的方法。
- 学会如何给轴测图标注尺寸。

本章主要介绍绘制轴测图的基本方法，并通过实例讲解如何在轴测图中书写文字和标注尺寸。

12.1　轴测投影模式、轴测面及轴测轴

在 AutoCAD 中，用户可以利用轴测投影模式绘制轴测图。激活此模式后，十字光标会自动调整到与当前指定的轴测面一致的位置。

长方体的等轴测投影如图 12-1 所示，其投影中只有 3 个面是可见的。为便于绘图，将这 3 个面作为画线、找点等操作的基准平面，并称它们为轴测面，根据其位置的不同分为左轴测面、右轴测面和顶轴测面。激活了轴测模式后，用户就可以在这 3 个面之间进行切换，同时系统会自动改变十字光标的形状，以使它们看起来好像处于当前轴测面内。

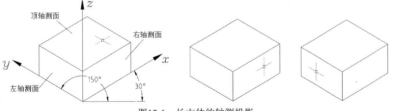

图12-1　长方体的轴测投影

在图 12-1 所示的轴测图中，长方体的可见边与水平线之间的夹角分别是 30°、90°、150°。现在，在轴测图中建立一个假想的坐标系，该坐标系的坐标轴称为轴测轴，它们所处的位置如下。

- x 轴与水平位置的夹角是 30°。
- y 轴与水平位置的夹角是 150°。
- z 轴与水平位置的夹角是 90°。

进入轴测投影模式后，十字光标将始终与当前轴测面的轴测轴方向一致。可以使用以下方法激活轴测投影模式。

【练习12-1】：激活轴测投影模式。

1. 打开素材文件 "dwg\第 12 章\12-1.dwg"，单击状态栏上的 ⬜ 按钮，激活轴测投影模

式，十字光标将处于左轴测面内，如图 12-2 左图所示。

2. 单击轴测图按钮右侧的三角形按钮，在弹出的列表中选择【顶部等轴测平面】选项，或者按 F5 键切换至顶轴测面，如图 12-2 中图所示，再按 F5 键可以切换至右轴测面，如图 12-2 右图所示。

图12-2　十字光标在不同的轴测面

12.2　在轴测投影模式下作图

进入轴测投影模式后，仍然是利用基本的二维绘图命令来创建直线、椭圆等图形对象，但要注意这些图形对象轴测投影的特点，如水平直线的轴测投影将变为斜线，而圆的轴测投影将变为椭圆。

12.2.1　在轴测投影模式下绘制直线

在轴测投影模式下绘制直线常采用以下 3 种方法。

(1) 通过输入点的极坐标来绘制直线。所绘直线与不同的轴测轴平行，输入的极坐标角度值会有所不同，有以下几种情况。

- 所绘直线与 x 轴平行时，极坐标角度应输入 30° 或 −150°。
- 所绘直线与 y 轴平行时，极坐标角度应输入 150° 或 −30°。
- 所绘直线与 z 轴平行时，极坐标角度应输入 90° 或 −90°。
- 如果所绘直线与任何轴测轴都不平行，则必须先找出直线上的两点，然后连线。

(2) 打开正交模式辅助绘线，此时所绘直线将自动与当前轴测面内的某轴测轴方向平行。例如，若处于右轴测面且打开正交模式，那么所绘直线的方向为 30° 或 90°。

(3) 打开极轴追踪、对象捕捉和对象捕捉追踪功能，设定自动追踪的增量角为【30】，这样就能很方便地绘制沿 30°、90° 或 150° 方向的直线。

【练习12-2】：在轴测投影模式下绘线。

1. 单击状态栏上的 ﹀ 按钮，激活轴测投影模式。
2. 输入点的极坐标绘线。

```
命令：<等轴测平面 右视>                    //按两次 F5 键切换到右轴测面
命令：_line
指定第一个点：                            //单击点 A，如图 12-3 所示
指定下一点或 [放弃(U)]：@100<30           //输入点 B 的相对坐标
指定下一点或 [放弃(U)]：@150<90           //输入点 C 的相对坐标
指定下一点或 [闭合(C)/放弃(U)]：@40<-150  //输入点 D 的相对坐标
指定下一点或 [闭合(C)/放弃(U)]：@95<-90   //输入点 E 的相对坐标
指定下一点或 [闭合(C)/放弃(U)]：@60<-150  //输入点 F 的相对坐标
```

指定下一点或 [闭合(C)/放弃(U)]: c　　　　//使线框闭合

结果如图 12-3 所示。

3. 打开正交模式绘线。

命令: <等轴测平面 左视>	//按 F5 键切换到左轴测面
命令: <正交 开>	//打开正交模式
命令: _line	
指定第一个点: int	//启用交点捕捉
于	//捕捉点 A，如图 12-4 所示
指定下一点或 [放弃(U)]: 100	//输入线段 AG 的长度
指定下一点或 [放弃(U)]: 150	//输入线段 GH 的长度
指定下一点或 [闭合(C)/放弃(U)]: 40	//输入线段 HI 的长度
指定下一点或 [闭合(C)/放弃(U)]: 95	//输入线段 IJ 的长度
指定下一点或 [闭合(C)/放弃(U)]: end	//启动端点捕捉
于	//捕捉点 F
指定下一点或 [闭合(C)/放弃(U)]:	//按 Enter 键结束命令

结果如图 12-4 所示。

4. 打开极轴追踪、对象捕捉及对象捕捉追踪功能。设置极轴追踪增量角为【30】，设定对象捕捉方式为【端点】【交点】，设置沿所有极轴角方向进行对象捕捉追踪。

命令: <等轴测平面 俯视>	//按 F5 键切换到顶轴测面
命令: <等轴测平面 右视>	//按 F5 键切换到右轴测面
命令: _line	
指定第一个点: 20	//从点 A 沿 30° 方向追踪并输入追踪距离
指定下一点或 [放弃(U)]: 30	//从点 K 沿 90° 方向追踪并输入追踪距离
指定下一点或 [放弃(U)]: 50	//从点 L 沿 30° 方向追踪并输入追踪距离
指定下一点或 [闭合(C)/放弃(U)]:	//从点 M 沿-90° 方向追踪并捕捉交点 N
指定下一点或 [闭合(C)/放弃(U)]:	//按 Enter 键结束命令

结果如图 12-5 所示。

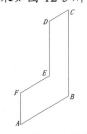
图12-3　在右轴测面内绘线（1）

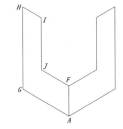
图12-4　在左轴测面内绘线

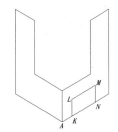
图12-5　在右轴测面内绘线（2）

12.2.2　在轴测面内绘制平行线

通常情况下使用 OFFSET 命令绘制平行线，但在轴测面内绘制平行线与在标准模式下绘制平行线的方法有所不同。如图 12-6 所示，在

图12-6　绘制平行线

顶轴测面内作线段 *A* 的平行线 *B*，要求它们之间沿 30° 方向的间距是 30，如果使用 OFFSET 命令，并直接输入偏移距离 30，则偏移后两线之间的垂直距离等于 30，而沿 30° 方向的间距并不是 30。为避免上述情况发生，常使用 COPY 命令或 OFFSET 命令的"通过 (T)"选项来绘制平行线。

COPY 命令可以在二维空间和三维空间中对对象进行复制。使用此命令时，系统提示输入两个点或一个位移值。如果指定两点，则第一点到第二点的距离和方向就表示新对象相对于原对象的位移。如果在"指定基点或 [位移(D)]:"提示下直接输入一个坐标值（直角坐标或极坐标），然后在第二个"指定第二个点"的提示下按 Enter 键，那么输入的值就会被认为是新对象相对于原对象的偏移值。

【练习12-3】：在轴测面内作平行线。

1. 打开素材文件"dwg\第 12 章\12-3.dwg"。
2. 打开极轴追踪、对象捕捉及对象捕捉追踪功能。设置极轴追踪增量角为【30】，设定对象捕捉方式为【端点】【交点】，设置沿所有极轴角方向进行对象捕捉追踪。
3. 使用 COPY 命令生成平行线。

```
命令：_copy
选择对象：找到 1 个                                    //选择线段 A，如图 12-7 所示
选择对象：                                            //按 Enter 键
指定基点或 [位移(D)/模式(O)] <位移>：                   //单击一点
指定第二个点或 [阵列(A)]<使用第一个点作为位移>：26
                                                    //沿-150°方向追踪并输入追踪距离
指定第二个点或[阵列(A)/退出(E)/放弃(U)] <退出>：52
                                                    //沿-150°方向追踪并输入追踪距离
指定第二个点或[阵列(A)/退出(E)/放弃(U)] <退出>：//按 Enter 键结束命令
命令：
COPY                                                //重复命令
选择对象：找到 1 个                                    //选择线段 B
选择对象：                                            //按 Enter 键
指定基点或 [位移(D)/模式(O)] <位移>：15<90              //输入复制的距离和方向
指定第二个点或[阵列(A)] <使用第一个点作为位移>：         //按 Enter 键结束命令
```

结果如图 12-7 所示。

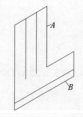

图12-7　绘制平行线

12.2.3　在轴测面内移动及复制对象

沿轴测轴移动及复制对象时，图形元素移动的方向平行于 30°、90° 或 150° 的方向

线，因此设定极轴追踪的增量角为 30°，并设置沿所有极轴角方向进行对象捕捉追踪，就能很方便地沿轴测轴方向进行移动和复制操作。

【练习12-4】：　在轴测面内移动及复制对象。打开素材文件"dwg\第 12 章\12-4.dwg"，如图 12-8 左图所示，使用 COPY、MOVE、TRIM 命令将左图修改为右图。

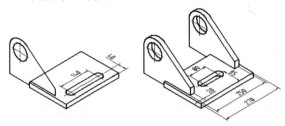

图12-8　在轴测面内移动及复制对象

1. 激活轴测投影模式，打开极轴追踪、对象捕捉及对象捕捉追踪功能。设置极轴追踪增量角为【30】，设定对象捕捉方式为【端点】【交点】，设置沿所有极轴角方向进行对象捕捉追踪。

2. 沿 30° 方向复制线框 A、B，如图 12-9 所示。

    命令：_copy
    选择对象：找到 10 个　　　　　　　　　　　　　//选择线框 A、B
    选择对象：　　　　　　　　　　　　　　　　　//按 Enter 键
    指定基点或 [位移(D)/模式(O)] <位移>：　　　//单击一点
    指定第二个点或[阵列(A)] <使用第一个点作为位移>：20
    　　　　　　　　　　　　　　　　　//沿 30° 方向追踪并输入追踪距离
    指定第二个点或 [阵列(A)/退出(E)/放弃(U)] <退出>：250
    　　　　　　　　　　　　　　　　　//沿 30° 方向追踪并输入追踪距离
    指定第二个点或 [阵列(A)/退出(E)/放弃(U)] <退出>：230
    　　　　　　　　　　　　　　　　　//沿 30° 方向追踪并输入追踪距离
    指定第二个点或 [阵列(A)/退出(E)/放弃(U)] <退出>：//按 Enter 键结束

    绘制线段 C、D、E、F 等，如图 12-9 左图所示。修剪多余的线条，结果如图 12-9 右图所示。

3. 沿 30° 方向移动椭圆弧 G 及线段 H，沿 −30° 方向移动椭圆弧 J 及线段 K，如图 12-10 左图所示，然后修剪多余的线条，结果如图 12-10 右图所示。

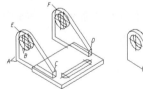

图12-9　复制对象、绘制线段及修剪对象　　　　　图12-10　移动对象及修剪对象

4. 将线框 L 沿 −90° 方向复制，结果如图 12-11 左图所示。修剪多余的线条，结果如图 12-11 右图所示。

5. 将图形 M（见图 12-11 右图）沿 150° 方向移动，调整中心线的长度，结果如图 12-12 所示。

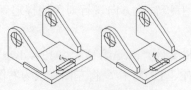

图12-11 复制及修剪对象

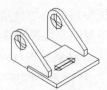

图12-12 移动对象并调整中心线的长度

12.2.4 绘制角的轴测投影

在轴测面内绘制角时，不能按角度的实际值进行绘制。因为在轴测投影图中，投影角度值与实际角度值是不一样的。这种情况下，应先确定角边上点的轴测投影，再将点连线，以获得角的轴测投影。

【练习12-5】：绘制角的轴测投影。

1. 打开素材文件"dwg\第 12 章\12-5.dwg"。

2. 打开极轴追踪、对象捕捉及对象捕捉追踪功能。设置极轴追踪增量角为【30】，设定对象捕捉方式为【端点】【交点】，设置沿所有极轴角方向进行对象捕捉追踪。

3. 绘制线段 B、C、D 等，如图 12-13 左图所示。

```
命令: _line
指定第一个点: 50                    //从点 A 沿 30°方向追踪并输入追踪距离
指定下一点或 [放弃(U)]: 80            //从点 A 沿-90°方向追踪并输入追踪距离
指定下一点或 [放弃(U)]:               //按 Enter 键结束命令
```

复制线段 B，再连线 C、D，最后修剪多余的线条，结果如图 12-13 右图所示。

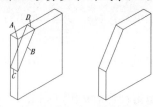

图12-13 绘制角的轴测投影

12.2.5 绘制圆的轴测投影

圆的轴测投影是椭圆，当圆位于不同轴测面内时，椭圆的长轴、短轴位置也将不同。手动绘制圆的轴测投影比较麻烦，但在 AutoCAD 中可以直接使用 ELLIPSE 命令的"等轴测圆(I)"选项进行绘制，该选项仅在轴测投影模式被激活的情况下才出现。

启动 ELLIPSE 命令，系统提示如下。

```
命令: _ellipse
指定椭圆轴的端点或 [圆弧(A)/中心点(C)/等轴测圆(I)]: I  //选择"等轴测圆(I)"选项
指定等轴测圆的圆心:                                    //指定圆心
指定等轴测圆的半径或 [直径(D)]:                        //输入圆半径
```

选择"等轴测圆(I)"选项，再根据提示指定椭圆中心并输入圆的半径值，系统会自动在当前轴测面中绘制出相应圆的轴测投影。

绘制圆的轴测投影时，首先要按 F5 键切换到合适的轴测面，使之与圆所在的平面对应起来，这样才能使椭圆看起来是在轴测面内，如图 12-14 左图所示，否则所绘椭圆的形状是不正确的，如图 12-14 右图所示，圆的实际位置在正方体的顶面，而所绘轴测投影却位于右轴测面内，轴测圆与正方体的投影就显得不匹配了。

绘制轴测图时经常要绘制线与线之间的圆滑过渡，此时过渡圆弧变为椭圆弧。绘制此椭圆弧的方法是在相应的位置绘制一个椭圆，然后使用 TRIM 命令修剪多余的线条，示例如图 12-15 所示。

  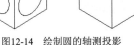

图12-14 绘制圆的轴测投影

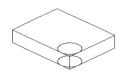 

图12-15 绘制过渡的椭圆弧

【练习12-6】： 在轴测图中绘制圆及过渡圆弧。

1. 打开素材文件 "dwg\第 12 章\12-6.dwg"。

2. 打开极轴追踪、对象捕捉及对象捕捉追踪功能。设置极轴追踪增量角为【30】，设定对象捕捉方式为【端点】【交点】，设置沿所有极轴角方向进行对象捕捉追踪。

3. 激活轴测投影模式，切换到顶轴测面，启动 ELLIPSE 命令，系统提示如下。

```
命令: _ellipse
指定椭圆轴的端点或 [圆弧(A)/中心点(C)/等轴测圆(I)]: i
                                   //选择"等轴测圆(I)"选项
指定等轴测圆的圆心: tt              //建立临时参考点
指定临时对象追踪点: 20
               //从点 A 沿 30°方向追踪并输入点 B 到点 A 的距离，如图 12-16 左图所示
指定等轴测圆的圆心: 20            //从点 B 沿 150°方向追踪并输入追踪距离
指定等轴测圆的半径或 [直径(D)]: 20   //输入圆的半径
命令:
ELLIPSE                          //重复命令
指定椭圆轴的端点或 [圆弧(A)/中心点(C)/等轴测圆(I)]: i
                                   //选择"等轴测圆(I)"选项
指定等轴测圆的圆心: tt            //建立临时参考点
指定临时对象追踪点: 50            //从点 A 沿 30°方向追踪并输入点 C 到点 A 的距离
指定等轴测圆的圆心: 60            //从点 C 沿 150°方向追踪并输入追踪距离
指定等轴测圆的半径或 [直径(D)]: 15   //输入圆的半径
```

结果如图 12-16 左图所示。修剪多余的线条，结果如图 12-16 右图所示。

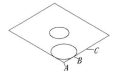 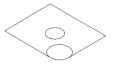

图12-16 在轴测图中绘制圆及过渡圆弧

12.2.6　绘制圆柱及球体的轴测投影

掌握圆的轴测投影画法后，圆柱体及球体的轴测投影就很好绘制了。

【**练习12-7**】：绘制圆柱体的轴测投影。

作图时分别绘制圆柱体顶面和底面的轴测投影，再作这两个椭圆的公切线就可以了。

命令：_line	//启动直线命令
指定第一个点：qua	//启动象限点捕捉
于	//捕捉椭圆 A 的象限点，如图 12-17 左图所示
指定下一点或 [放弃(U)]：qua	//启动象限点捕捉
于	//捕捉椭圆 B 的象限点
指定下一点或 [放弃(U)]：	//按 Enter 键结束
命令：	
LINE	//重复命令
指定第一个点：qua	//启动象限点捕捉
于	//捕捉椭圆 A 的象限点
指定下一点或 [放弃(U)]：qua	//启动象限点捕捉
于	//捕捉椭圆 B 的象限点
指定下一点或 [放弃(U)]：	//按 Enter 键结束

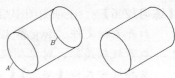

图12-17　绘制圆柱体的轴测投影

修剪多余的线条，结果如图 12-17 右图所示。

【**练习12-8**】：绘制球体的轴测投影。

球体轴测投影仍是一个圆，此时圆的直径是球体直径的 1.22 倍。为增强投影的立体感，应绘制轴测轴及 3 个轴测面上的椭圆（以双点画线表示）。

命令：_circle	
三点(3P)/两点(2P)/切点、切点、半径(T))：	//单击一点
指定圆的圆心或指定圆的半径或 [直径(D)]：D	//选择"直径(D)"选项
指定圆的直径：12.2	//输入直径值（所绘球体的直径为 10）
命令：<等轴测平面 右视>	//激活轴测投影模式，按 F5 键切换至右轴测面
命令：_ellipse	//绘制椭圆 A，如图 12-18 所示
指定椭圆轴的端点或[圆弧(A)/中心点(C)/等轴测圆(I)]：I	
	//选择"等轴测圆(I)"选项
指定等轴测圆的圆心：	//捕捉圆心
指定等轴测圆的半径或 [直径(D)]：5	//输入圆的半径
命令：<等轴测平面 左视>	//按 F5 键切换至左轴测面
命令：_ellipse	//绘制椭圆 B
指定椭圆轴的端点或[圆弧(A)/中心点(C)/等轴测圆(I)]：I	
	//选择"等轴测圆(I)"选项
指定等轴测圆的圆心：	//捕捉圆心
指定等轴测圆的半径或 [直径(D)]：5	//输入圆的半径
命令：<等轴测平面 俯视>	//按 F5 键切换至顶轴测面

命令: _ellipse   //绘制椭圆 C
指定椭圆轴的端点或[圆弧(A)/中心点(C)/等轴测圆(I)]: I
                                    //选择"等轴测圆(I)"选项
指定等轴测圆的圆心: //捕捉圆心
指定等轴测圆的半径或 [直径(D)]: 5   //输入圆的半径
修改线型,结果如图 12-18 所示。

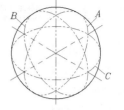

图12-18 绘制球体的轴测投影

12.2.7 绘制任意回转体的轴测投影

对于任意回转体,可以先将轴线分为若干段,然后以各分点为球心绘制一系列内切球,再对这些内切球作轴测投影,并绘制投影的包络线。

下面通过例子说明作图方法。

1. 使用 DDPTYPE 命令设定点的样式,然后使用 DIVIDE 命令将回转体轴线按适当的数目进行等分,结果如图 12-19 左图所示。
2. 在各等分点处绘制内切球的轴测投影。
3. 使用 SPLINE 命令和对象捕捉命令"TAN"绘制内切球投影的包络线,再删除多余的线条,结果如图 12-19 右图所示。

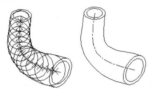

图12-19 绘制任意回转体的轴测投影

12.2.8 绘制正六棱柱的轴测投影

轴测图中一般不必绘制表示隐藏对象的虚线,因此绘制正六棱柱的轴测投影时,为了减少不必要的作图线,可以先从顶面开始作图,以下是绘制方法。

【练习12-9】: 绘制正六棱柱的视图,尺寸自定,如图 12-20 左图所示。根据视图绘制其轴测投影,结果如图 12-20 右图所示。

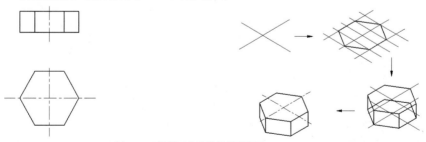

图12-20 绘制正六棱柱的轴测投影

1. 绘制顶面的定位线。
2. 使用 COPY 命令复制定位线,然后连线,形成顶面正六边形的轴测投影。
3. 将顶面向下复制,并连接对应顶点,然后修剪多余的线条。

271

12.2.9 在轴测面内阵列对象

在轴测面内矩形阵列对象实际上是沿 30°或 150°方向阵列对象，可以通过复制命令或沿路径阵列命令进行操作。若是创建环形阵列，则应先绘制正投影下的环形阵列，然后根据此阵列的相应尺寸绘制轴测投影。

【练习12-10】： 绘制图 12-21 所示的轴测图，此图包含了图形元素矩形阵列和环形阵列的轴测投影。

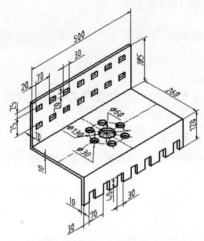

图12-21 在轴测投影模式下创建矩形阵列和环形阵列

1. 激活轴测投影模式，再打开极轴追踪、对象捕捉及对象捕捉追踪功能。设置极轴追踪增量角为【30】，设定对象捕捉方式为【端点】【圆心】【交点】，设置沿所有极轴角方向进行对象捕捉追踪。
2. 切换到左轴测面，绘制轴测投影 A，结果如图 12-22 所示。
3. 将图形 A 沿 30°方向复制，再连线 B、C 等，然后删除多余的线条，结果如图 12-23 所示。
4. 绘制矩形孔的轴测投影，结果如图 12-24 所示。

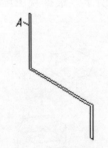
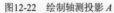

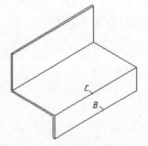

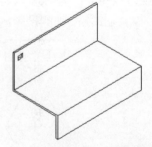

图12-22 绘制轴测投影 A　　　　　图12-23 复制对象及连线等　　　　　图12-24 绘制矩形孔的轴测投影

5. 使用复制命令沿 30°方向创建矩形孔 D 的矩形阵列，结果如图 12-25 所示。
6. 将 7 个矩形孔沿 -90°方向复制，结果如图 12-26 所示。
7. 绘制环形阵列的定位线，结果如图 12-27 所示。这些定位线可以根据正投影中环形阵列的定位线来确定。

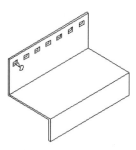

图12-25 创建矩形阵列

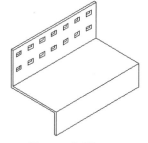

图12-26 复制矩形孔

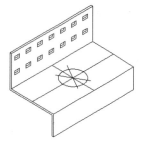

图12-27 绘制定位线

8. 绘制椭圆并修剪多余的线条，结果如图 12-28 所示。

9. 绘制矩形槽 *E*，再沿 30° 方向创建该槽的矩形阵列，然后修剪多余的线条，结果如图 12-29 所示。

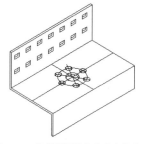

图12-28 绘制椭圆并修剪多余的线条

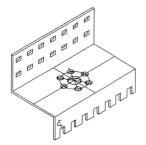

图12-29 绘制矩形槽 *E* 并创建其矩形阵列等

12.2.10 上机练习——绘制组合体正等轴测图

【练习12-11】： 根据平面视图绘制正等轴测图，如图 12-30 所示。

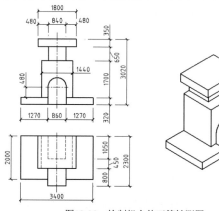

图12-30 绘制组合体正等轴测图

1. 激活轴测投影模式，打开极轴追踪、对象捕捉及对象捕捉追踪功能。设置极轴追踪增量角为【30】，设定对象捕捉方式为【端点】【中点】【交点】，设置沿所有极轴角进行对象捕捉追踪。

2. 设定绘图窗口的高度为 10000 个图形单位。

3. 按 F5 键，切换到顶轴测面，使用 LINE 命令绘制线框 *A*，结果如图 12-31 所示。

4. 将线框 *A* 复制到 *B* 处，再绘制连线 *C*、*D*、*E*，如图 12-32 左图所示。删除多余的线条，结果如图 12-32 右图所示。

图12-31　绘制线框 A

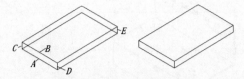

图12-32　复制对象及绘制连线等

5. 使用 LINE 命令绘制线框 F，再将此线框复制到 G 处，结果如图 12-33 所示。

6. 绘制连线 H、I 等，如图 12-34 左图所示。删除多余的线条，结果如图 12-34 右图所示。

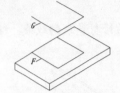

图12-33　绘制线框 F 并复制

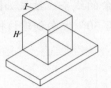
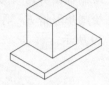

图12-34　绘制连线及删除多余的线条

7. 使用与步骤 5、6 相同的方法绘制对象 J，结果如图 12-35 所示。

8. 使用与步骤 5、6 相同的方法绘制对象 K，结果如图 12-36 所示。

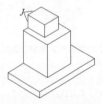

图12-35　绘制对象 J

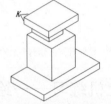

图12-36　绘制对象 K

9. 按 F5 键切换到右轴测面，使用 ELLIPSE、COPY、LINE 命令绘制对象 L，如图 12-37 左图所示。删除多余的线条，结果如图 12-37 右图所示。

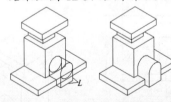

图12-37　绘制对象 L 并删除多余的线条

12.3　在轴测图中书写文本

为了使某个轴测面中的文本看起来像是在该轴测面内，就必须根据各轴测面的位置特点将文本倾斜某个角度，以使它们的外观与轴测图协调起来，否则立体感不好。图 12-38 所示是在轴测图的 3 个轴测面上采用适当倾斜角书写文本的示例。

轴测面上各文本的倾斜规律如下。

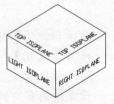

图12-38　轴测面上的文本

- 在左轴测面上，文本需采用 $-30°$ 的倾斜角。
- 在右轴测面上，文本需采用 $30°$ 的倾斜角。
- 在顶轴测面上，当文本平行于 x 轴时，需采用 $-30°$ 的倾斜角。

- 在顶轴测面上，当文本平行于 y 轴时，需采用 30° 的倾斜角。

由以上规律可以看出，各轴测面内的文本或倾斜 30° 或倾斜 - 30°，因此在轴测图中书写文本时，应事先建立倾斜角分别为 30° 和 - 30° 的两种文字样式，只要利用合适的文字样式控制文本的倾斜角度，就能够保证文字的外观看起来是正常的。

【练习12-12】：　创建倾角分别为 30° 和 - 30° 的两种文字样式，然后在各轴测面内书写文字。

1. 打开素材文件 "dwg\第 12 章\12-12.dwg"。

2. 单击【默认】选项卡中【注释】面板上的 按钮，打开【文字样式】对话框，如图 12-39 所示。

3. 单击 新建(N)... 按钮，建立名为 "样式-1" 的文字样式，在【字体名】下拉列表中将文字样式所连接的字体设定为【汉仪长仿宋体】，在【效果】分组框的【倾斜角度】文本框中输入数值 "30"，如图 12-39 所示。

4. 使用同样的方法建立倾斜角为 - 30° 的文字样式 "样式-2"。

5. 激活轴测投影模式，并切换至右轴测面。

命令：dt	//使用 TEXT 命令书写单行文本
TEXT	
指定文字的起点或 [对正(J)/样式(S)]：s	//选择 "样式(S)" 选项
输入样式名或 [?] <样式-2>：样式-1	//选择文字样式 "样式-1"
指定文字的起点或 [对正(J)/样式(S)]：	//选择适当的起始点 A，如图 12-40 所示
指定高度 <22.6472>：16	//输入文本的高度
指定文字的旋转角度 <0>：30	//指定单行文本的书写方向
输入文字：使用 STYLE1	//输入单行文字
输入文字：	//按 Enter 键结束命令

6. 按 F5 键切换至左轴测面。

命令：	
TEXT	//重复 TEXT 命令
指定文字的起点或 [对正(J)/样式(S)]：s	//选择 "样式(S)" 选项
输入样式名或 [?] <样式-1>：样式-2	//选择文字样式 "样式-2"
指定文字的起点或 [对正(J)/样式(S)]：	//选择适当的起始点 B
指定高度 <22.6472>：16	//输入文本的高度
指定文字的旋转角度 <0>：-30	//指定单行文本的书写方向
输入文字：使用 STYLE2	//输入单行文字
输入文字：	//按 Enter 键结束命令

7. 按 F5 键切换至顶轴测面。

命令：	
TEXT	//重复 TEXT 命令
指定文字的起点或 [对正(J)/样式(S)]：s	//选择 "样式(S)" 选项
输入样式名或 [?] <样式-2>：	//按 Enter 键采用 "样式-2"
指定文字的起点或 [对正(J)/样式(S)]：	//选择适当的起始点 D
指定高度 <16>：16	//输入文本的高度

指定文字的旋转角度 <330>: 30	//指定单行文本的书写方向
输入文字: 使用 STYLE2	//输入单行文字
输入文字:	//按 Enter 键结束命令
命令:	
TEXT	//重复 TEXT 命令
指定文字的起点或 [对正(J)/样式(S)]: s	//选择"样式(S)"选项
输入样式名或 [?] <样式-2>: 样式-1	//选择文字样式"样式-1"
指定文字的起点或 [对正(J)/样式(S)]:	//选择适当的起始点 C
指定高度 <16>:	//按 Enter 键指定文本高度
指定文字的旋转角度 <30>:-30	//指定单行文本的书写方向
输入文字: 使用 STYLE1	//输入单行文字
输入文字:	//按 Enter 键结束命令

结果如图 12-40 所示。

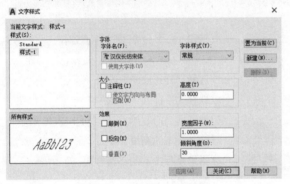

图12-39 【文字样式】对话框

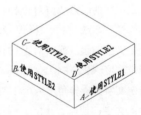

图12-40 书写文本

12.4 标注尺寸

当使用标注命令在轴测图中创建尺寸标注后，其外观看起来与轴测图本身不协调。为了让某个轴测面内的尺寸标注看起来像是在这个轴测面内，就需要将尺寸线、尺寸界线倾斜某个角度，使它们与相应的轴测轴平行。此外，标注文本也必须设置成倾斜某个角度的形式，才能使文本的外观也具有立体感。图 12-41 所示是标注的初始状态与调整外观后的比较。

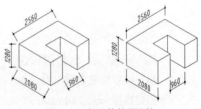

图12-41 标注的外观比较

在轴测图中标注尺寸时，一般采取以下步骤。

(1) 创建两种标注样式，这两种样式所控制的标注文本的倾斜角度分别是 30°和－30°。

(2) 由于在等轴测图中只有沿与轴测轴平行的方向进行测量才能得到真实的距离值，因此创建轴测图的尺寸标注时应使用 DIMALIGNED 命令（对齐尺寸），也可以采用集成标注命令 DIM。

(3) 标注完成后，利用 DIMEDIT 命令的"倾斜(O)"选项修改尺寸界线的倾斜角度，使尺寸界线的方向与轴测轴的方向一致，这样才能使标注的外观具有立体感。

【练习12-13】：　打开素材文件 "dwg\第 12 章\12-13.dwg"，标注此轴测图，结果如图 12-42 所示。

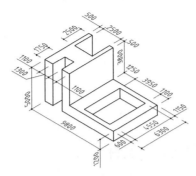

图12-42　标注尺寸

1.　建立倾斜角分别为 30° 和　30° 的两种文字样式，样式名分别为 "样式-1" 和 "样式-2"。这两个样式所连接的字体文件是【gbenor.shx】。

2.　创建两种标注样式，样式名分别为 "DIM-1" 和 "DIM-2"，其中 "DIM-1" 连接文字样式 "样式-1"，"DIM-2" 连接文字样式 "样式-2"。

3.　打开极轴追踪、对象捕捉及对象捕捉追踪功能。设置极轴追踪增量角为【30】，设定对象捕捉方式为【端点】【交点】，设置沿所有极轴角进行对象捕捉追踪。

4.　指定标注样式【DIM-1】为当前样式，然后使用对齐标注命令 DIMALIGNED 和连续标注命令 DIMCONTINUE 标注尺寸 "500""2500" 等，结果如图 12-43 所示。

5.　单击【注释】选项卡中【标注】面板上的 按钮，启动 DIMEDIT 命令，将尺寸界线倾斜到 30° 或 −30° 的方向，再利用关键点编辑方式调整标注文字及尺寸线的位置，结果如图 12-44 所示。

命令: _dimedit	//启动 DIMEDIT 命令,
输入标注编辑类型 [默认(H)/新建(N)/旋转(R)/倾斜(O)] <默认>:_o	
	//选择 "倾斜(O)" 选项
选择对象:总计 3 个	//选择尺寸 "500""2500""500"
选择对象:	//按 Enter 键
输入倾斜角度 (按 ENTER 表示无): 30	//输入尺寸界线的倾斜角度
命令: _dimedit	//重复命令
输入标注编辑类型 [默认(H)/新建(N)/旋转(R)/倾斜(O)] <默认>:_o	
	//选择 "倾斜(O)" 选项
选择对象:总计 3 个	//选择尺寸 "600""4550""1150"
选择对象:	//按 Enter 键
输入倾斜角度 (按 ENTER 表示无): -30	//输入尺寸界线的倾斜角度

6.　指定标注样式【DIM-2】为当前样式，单击【注释】选项卡中【标注】面板上的 按钮，选择尺寸 "600""4550""1150" 进行更新，结果如图 12-45 所示。

7.　使用类似的方法标注其余尺寸，结果如图 12-42 所示。

要点提示　有时也使用引线在轴测图中进行标注，但外观一般不能满足要求，此时可以使用 EXPLODE 命令将标注分解，然后分别调整引线和文本的位置。

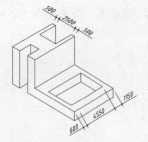

图12-43 标注尺寸"500""2500"等

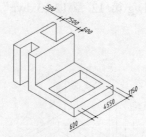

图12-44 修改尺寸界线的倾角等

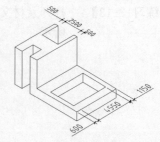

图12-45 更新尺寸标注

12.5 绘制正面斜等测投影图

前面介绍了正等轴测图的画法。在建筑图中，管网系统立体图及通风系统立体图常采用正面斜等测投影图，这种图的特点是平行于绘图区域中的图形，其斜等测投影图反映实形。斜等测图的画法与正等测图类似，这两种图沿3个轴测轴的轴测比例都为1，只是轴测轴方向不同，如图12-46所示。

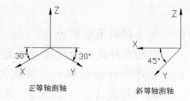

图12-46 轴测轴

系统没有提供斜等测投影模式，但用户只要在作图时激活极轴追踪、对象捕捉及对象捕捉追踪功能，并设定极轴追踪增量角为45°，就能很方便地绘制斜等轴测图。

【练习12-14】： 根据平面视图绘制斜等轴测图，如图12-47所示。

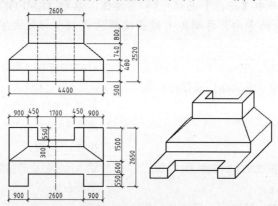

图12-47 绘制斜等轴测图

1. 激活轴测投影模式，打开极轴追踪、对象捕捉及对象捕捉追踪功能。设置极轴追踪增量角为【45】，设定对象捕捉方式为【端点】【交点】，设置沿所有极轴角进行对象捕捉追踪。
2. 设定绘图窗口的高度为10000个图形单位。
3. 使用LINE命令绘制线框A，将线框A向上复制到B处，再绘制连线C、D、E，如图12-48左图所示。删除多余的线条，结果如图12-48右图所示。
4. 使用LINE、COPY命令绘制对象F、G，如图12-49左图所示。删除多余的线条，结果如图12-49右图所示。

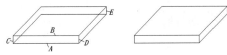

图12-48　绘制线框 *A*、*B* 等

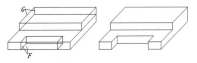

图12-49　绘制对象 *F*、*G* 并删除多余的线条

5. 使用 LINE、MOVE、COPY 命令绘制对象 *H*，如图 12-50 左图所示。删除多余的线条，结果如图 12-50 右图所示。

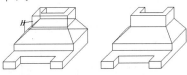

图12-50　绘制对象 *H* 并删除多余的线条

12.6　综合练习一——绘制送风管道斜等轴测图

【练习12-15】：　绘制送风管道正面斜等轴测图，如图 12-51 所示。

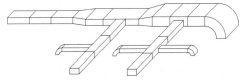

图12-51　绘制送风管道斜等轴测图

1. 激活轴测投影模式，打开极轴追踪、对象捕捉及对象捕捉追踪功能。设置极轴追踪增量角为【45】，设定对象捕捉方式为【端点】【中点】【交点】，设置沿所有极轴角进行对象捕捉追踪。

2. 设定绘图窗口的高度为 16000 个图形单位。

3. 使用 LINE 命令绘制一个 630×400 的矩形 *A*，再复制矩形并连线，如图 12-52 左图所示。删除多余的线条，结果如图 12-52 右图所示。

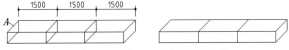

图12-52　绘制矩形 *A* 并复制、连线等

4. 绘制一个 1000×400 的矩形 *B*，再复制矩形并连线，如图 12-53 上图所示。删除多余的线条，结果如图 12-53 下图所示。

5. 使用类似的方法绘制轴测图的其余部分，请读者自己完成。作图所需的主要细节尺寸如图 12-54 所示，其他尺寸读者自定。

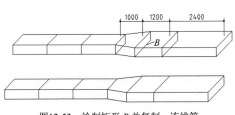

图12-53　绘制矩形 *B* 并复制、连线等

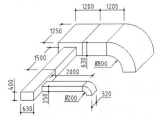

图12-54　主要细节尺寸

12.7　综合练习二——绘制组合体轴测图

【练习12-16】：　绘制图 12-55 所示的组合体轴测图。

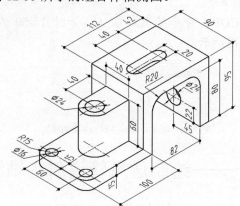

图12-55　绘制组合体轴测图（1）

1. 创建新图形文件。激活轴测投影模式，再打开极轴追踪、对象捕捉及对象捕捉追踪功能。设置极轴追踪增量角为【30】，设定对象捕捉方式为【端点】【圆心】【交点】，设置沿所有极轴角进行对象捕捉追踪。

2. 切换到右轴测面，然后使用 LINE 命令绘制线框 A，结果如图 12-56 所示。

3. 沿 150° 方向复制线框 A，然后绘制连线 B、C、D 等，如图 12-57 左图所示。修剪及删除多余的线条，结果如图 12-57 右图所示。

4. 绘制椭圆弧，如图 12-58 所示

  命令：_ellipse

  指定椭圆轴的端点或 [圆弧(A)/中心点(C)/等轴测圆(I)]：I

               //选择"等轴测圆(I)"选项

  指定等轴测圆的圆心：tt   //建立临时追踪参考点

  指定临时对象追踪点：20   //从点 E 向下追踪并输入追踪距离

  指定等轴测圆的圆心：20   //从点 F 沿-150° 方向追踪并输入追踪距离

  指定等轴测圆的半径或 [直径(D)]：20 //输入圆的半径

  命令：_copy   //复制对象

  选择对象：找到 1 个   //选择椭圆 G

  选择对象：   //按 Enter 键

  指定基点或 [位移(D)] <位移>：   //单击一点

  指定第二个点或 <使用第一个点作为位移>：42

               //沿-150° 方向追踪并输入追踪距离

  指定第二个点或 [退出(E)/放弃(U)] <退出>：//按 Enter 键结束

  结果如图 12-58 左图所示。修剪及删除多余的线条，结果如图 12-58 右图所示。

　绘制圆的轴测投影时，首先要利用 F5 键切换到合适的轴测面，使之与圆所在的平面对应起来，这样才能使椭圆看起来是在轴测面内，否则所绘椭圆的形状是不正确的。

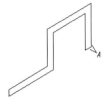

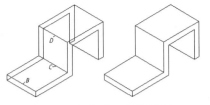

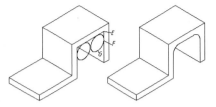

图12-56　绘制线框 *A*　　　　　图12-57　复制对象及绘制连线等　　　　　　　图12-58　绘制椭圆弧

5. 切换到顶轴测面，绘制椭圆，结果如图 12-59 所示。

6. 复制椭圆，再绘制切线 *K*，如图 12-60 左图所示。修剪及删除多余的线条，结果如图 12-60 右图所示。

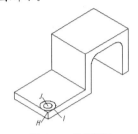

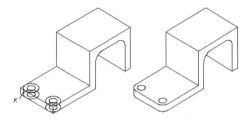

图12-59　绘制椭圆　　　　　　　　　　　图12-60　复制椭圆及绘制切线 *K* 等

7. 绘制定位线、椭圆及线段，结果如图 12-61 所示。

8. 复制椭圆及定位线，然后绘制线段 *L*、*M*、*N* 等，如图 12-62 左图所示。修剪及删除多余的线条，再调整定位线的长度，结果如图 12-62 右图所示。

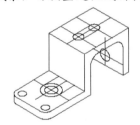

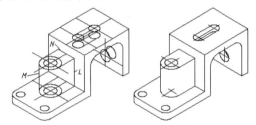

图12-61　绘制定位线、椭圆及线段　　　　　图12-62　复制对象及绘制线段等

【练习12-17】：　绘制组合体轴测图，如图 12-63 所示。

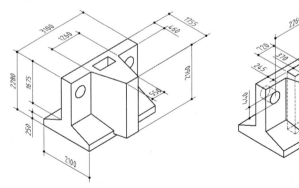

图12-63　绘制组合体轴测图（2）

【练习12-18】：　绘制组合体轴测图，如图 12-64 所示。

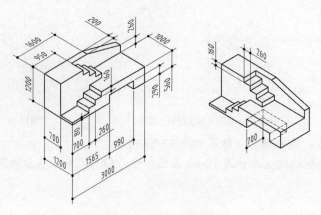

图12-64　绘制组合体轴测图（3）

12.8　综合训练三——绘制轴测剖视图

【练习12-19】：　绘制图 12-65 所示的轴测剖视图。

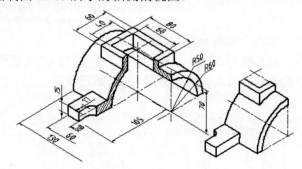

图12-65　绘制轴测剖视图

1. 创建新图形文件。
2. 激活轴测投影模式，再打开极轴追踪、对象捕捉及对象捕捉追踪功能。设置极轴追踪增量角为【30】，设定对象捕捉方式为【端点】【圆心】【交点】，设置沿所有极轴角方向进行对象捕捉追踪。
3. 切换到右轴测面，绘制定位线及半椭圆 A、B，结果如图 12-66 所示。
4. 沿 150° 方向复制半椭圆 A、B，再绘制线段 C、D 等，如图 12-67 左图所示。修剪多余的线条，结果如图 12-67 右图所示。
5. 绘制定位线及线框 E、F，结果如图 12-68 所示。

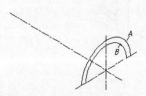

图12-66　绘制定位线及半椭圆

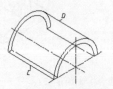

图12-67　复制对象及绘制线段等（1）

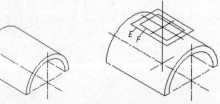

图12-68　绘制定位线及线框 E、F

6. 复制半椭圆 G、H，再绘制线段 J、K 等，如图 12-69 左图所示。修剪多余的线条，结果如图 12-69 右图所示。

7. 绘制线框 *L*，结果如图 12-70 所示。

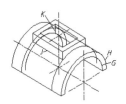 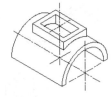 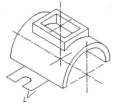

图12-69 复制对象及绘制线段等（2）　　　　　　　　　　　　　图12-70 绘制线框 *L*

8. 复制线框 *L* 及半椭圆，然后绘制线段 *M*、*N* 等，如图 12-71 左图所示。修剪多余的线条，结果如图 12-71 右图所示。

9. 绘制椭圆弧 *O*、*P* 及线段 *Q*、*R* 等，结果如图 12-72 所示。

10. 复制全部轴测图形，然后修剪多余的线条及填充剖面图案，结果如图 12-73 所示。

 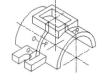

图12-71 复制对象及绘制线段等（3）　　　图12-72 绘制椭圆弧及线段　　　图12-73 修剪多余的线条及填充剖面图案等

 左轴测面内剖面图案的倾斜角度为 120°（与水平方向的夹角），右轴测面内剖面图案的倾斜角度为 60°。

12.9　习题

1. 使用 LINE、COPY、TRIM 等命令绘制图 12-74 所示的轴测图。
2. 使用 LINE、COPY、TRIM 等命令绘制图 12-75 所示的轴测图。

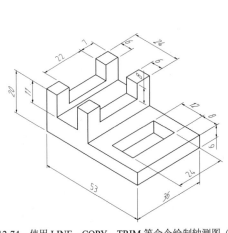 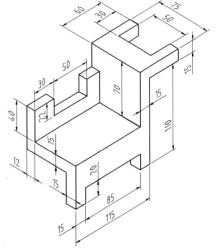

图12-74 使用 LINE、COPY、TRIM 等命令绘制轴测图（1）　　图12-75 使用 LINE、COPY、TRIM 等命令绘制轴测图（2）

3. 根据平面视图绘制正等轴测图及斜等轴测图，如图 12-76 所示。

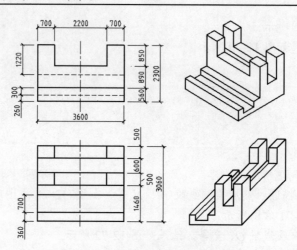

图12-76　绘制正等轴测图及斜等轴测图

第13章　打印图形

【学习目标】
- 了解从模型空间打印图形的过程。
- 学会选择打印设备及对当前打印设备的设置进行简单修改。
- 能够选择图纸幅面和设定打印区域。
- 能够设定打印比例、调整打印方向和打印位置。
- 掌握将多张图纸布置在一起打印的方法。
- 学会将当前图形输出为 DWF、DWFx 或 PDF 格式的文件的方法。

本章主要介绍从模型空间打印图形的过程，并讲解将多张图纸布置在一起打印的技巧等。

13.1　打印图形的过程

在模型空间中将工程图样布置在标准幅面的图框内，标注尺寸及书写文字后，就可以打印图形了。打印图形的主要过程如下。

(1) 指定打印设备，打印设备可以是 Windows 系统打印机也可以是 AutoCAD 中安装的打印机。

(2) 选择图纸幅面及打印份数。

(3) 设定要打印的内容。例如，可以指定将某矩形区域内的内容打印，或者将包含所有图形的最大矩形区域打印。

(4) 调整图形在图纸上的位置及方向。

(5) 选择打印样式，详见 13.2.2 小节。若不指定打印样式，则按对象的原有属性进行打印。

(6) 设定打印比例。

(7) 预览打印效果。

【练习13-1】：　从模型空间打印图形。

1. 打开素材文件 "dwg\第 13 章\13-1.dwg"。
2. 单击界面左上角的应用程序按钮Ａ，选择菜单命令【打印】/【管理绘图仪】，打开【Plotters】窗口，利用该窗口中的【添加绘图仪向导】配置一台绘图仪【DesignJet 450C C4716A.pc3】。
3. 单击快速访问工具栏上的🖶按钮，打开【打印-模型】对话框，如图 13-1 所示，在该对话框中完成以下设置。
   - 在【打印机/绘图仪】分组框的【名称】下拉列表中选择打印设备【DesignJet 450C C4716A.pc3】。

- 在【图纸尺寸】下拉列表中选择 A2 幅面的图纸。
- 在【打印份数】分组框的文本框中输入打印份数"1"。
- 在【打印范围】下拉列表中选择【范围】选项。
- 在【打印比例】分组框中设置打印比例为【1∶100】，或者勾选【布满图纸】复选框。
- 在【打印偏移】分组框中勾选【居中打印】复选框。
- 在【图形方向】分组框中选择图形的打印方向为【横向】。
- 在【打印样式表】分组框的下拉列表中选择【monochrome.ctb】选项。

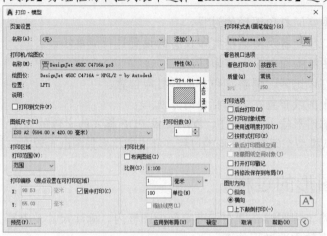

图13-1　【打印-模型】对话框

4. 单击 预览(P)... 按钮，预览打印效果，如图 13-2 所示。若满意，则单击 🖶 按钮开始打印，否则按 Esc 键返回【打印-模型】对话框，重新设定打印参数。

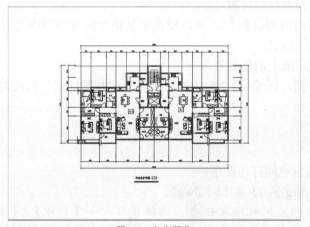

图13-2　打印预览

13.2　设置打印参数

在 AutoCAD 中，用户可以使用内部打印机或 Windows 系统打印机打印图形，并能方便地修改打印机设置及其他打印参数。单击快速访问工具栏上的 🖶 按钮，系统打开【打印-模型】对话框，如图 13-3 所示。在该对话框中用户可以配置打印设备、选择打印样式，还能设定图纸幅面、打印比例及打印区域等参数。下面介绍该对话框的主要功能。

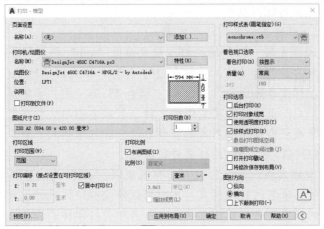

图13-3 【打印-模型】对话框

13.2.1 选择打印设备

在【打印机/绘图仪】分组框的【名称】下拉列表中，用户可以选择 Windows 系统打印机或 AutoCAD 内部打印机作为输出设备。注意，这两种打印机名称前的图标是不一样的。当选定某种打印机后，【名称】下拉列表下面将显示被选中设备的名称、连接端口及其他有关打印机的注释信息。

如果想修改当前打印机设置，可以单击 特性(R)... 按钮，打开【绘图仪配置编辑器】对话框，如图 13-4 所示。在该对话框中用户可以修改打印机端口及其他打印设置，如打印介质、图形、物理笔配置、自定义特性、校准及自定义图纸尺寸等。

图13-4 【绘图仪配置编辑器】对话框

【绘图仪配置编辑器】对话框中包含【常规】【端口】【设备和文档设置】3 个选项卡，各选项卡的功能介绍如下。

- 【常规】：该选项卡包含了打印机配置文件（".pc3" 文件）的基本信息，如配置文件名称、驱动程序信息、打印机端口等。用户可以在此选项卡的【说明】列表框中加入其他注释信息。
- 【端口】：通过此选项卡用户可以修改打印机与计算机的连接设置，如选定打印端口、指定打印到文件、后台打印等。
- 【设备和文档设置】：在该选项卡中用户可以指定图纸来源、尺寸和类型，并能修改颜色深度、打印分辨率等。

13.2.2 使用打印样式

在【打印样式表】分组框的下拉列表中选择打印样式，如图 13-5 所示。打印样式是对象的一种特性，同颜色和线型一样，用于修改打印图形的外观。若为某个图形对象选择了一种打印样式，则打印输出后，图形对象的外观便由该样式决定。系统提供了几百种打印样式，并将其组合成一系列打印样式表。

AutoCAD 中有以下两种类型的打印样式表。

- 颜色相关打印样式表：颜色相关打印样式表以 ".ctb" 为文件扩展名保存。该表以图形对象的颜色为基础，共包含 255 种打印样式，每种 ACI 颜色对应一个打印样式，样式名分别为 "颜色 1" "颜色 2" 等。用户不能添加或删除颜色相关的打印样式，也不能改变它们的名称。若当前图形文件与颜色相关打印样式表相连，则系统根据图形对象的颜色自动分配打印样式。用户不能选择其他打印样式，但可以对已分配的样式进行修改。

- 命名相关打印样式表：命名相关打印样式表以 ".stb" 为文件扩展名保存。该表包括一系列已命名的打印样式，用户可以修改打印样式的设置及其名称，还可以添加新的样式。若当前图形文件与命名相关打印样式表相连，则用户可以不考虑图形对象的颜色，直接给图形对象指定样式表中的任意一种打印样式。

【名称】下拉列表中包含了当前图形中的所有打印样式表，用户可以选择其中之一。若要修改打印样式，可以单击此下拉列表右侧的 按钮，打开【打印样式表编辑器】对话框，利用该对话框查看或修改当前打印样式表中的参数。

 单击界面左上角的应用程序按钮 ，选择菜单命令【打印】/【管理打印样式】，打开【Plot Styles】窗口，该窗口中包含打印样式文件及创建新打印样式的快捷按钮，单击此快捷按钮就能创建新打印样式。

AutoCAD 新建的图形位于 "颜色相关" 模式或 "命名相关" 模式下，这和创建图形时选择的样板文件有关。若采用无样板方式新建图形，则可以事先设定新图形的打印样式模式。执行 OPTIONS 命令，系统打开【选项】对话框，打开【打印和发布】选项卡，再单击 打印样式表设置(S)... 按钮，打开【打印样式表设置】对话框，如图 13-6 所示，通过该对话框可以设置新图形的默认打印样式模式。

图13-5 【打印样式表】分组框

图13-6 【打印样式表设置】对话框

13.2.3 选择图纸幅面

在【图纸尺寸】分组框的下拉列表中指定图纸幅面，如图 13-7 所示。该下拉列表中包含了选定打印设备可用的标准图纸尺寸。当选择某种幅面的图纸后，该列表右上角出现所选图纸及实际打印范围的预览图像（打印范围用阴影表示，可在【打印区域】分组框中设定)。将鼠标指针移到图像上面,在鼠标指针附近显示出精确的图纸尺寸及图纸上可打印区域的尺寸。

图13-7 【图纸尺寸】分组框

除了从【图纸尺寸】分组框的下拉列表中选择标准图纸,也可以创建自定义图纸,此时需修改所选打印设备的配置。

【**练习13-2**】: 创建自定义图纸。

1. 在【打印机/绘图仪】分组框中单击 特性(R)... 按钮,打开【绘图仪配置编辑器】对话框,在【设备和文档设置】选项卡中选择【自定义图纸尺寸】,如图 13-8 所示。
2. 单击 添加(A)... 按钮,打开【自定义图纸尺寸-开始】对话框,如图 13-9 所示。
3. 不断单击 下一步(N) 按钮,并根据系统提示设置图纸的参数,最后单击 完成(F) 按钮。
4. 返回【打印-模型】对话框,系统将在【图纸尺寸】分组框的下拉列表中显示自定义的图纸尺寸。

图13-8 【绘图仪配置编辑器】对话框

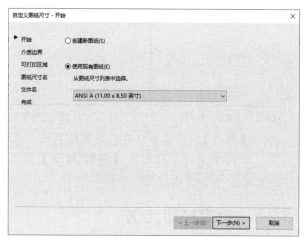

图13-9 【自定义图纸尺寸】对话框

13.2.4 设定打印区域

在【打印区域】分组框中设置要打印的图形范围,如图 13-10 所示。

图13-10 【打印区域】分组框

该分组框的【打印范围】下拉列表中包含 4 个选项,下面利用图 13-11 所示的图形讲解它们的功能。

 在【草图设置】对话框中取消勾选【显示超出界限的栅格】复选框,才会显示图 13-11 所示的栅格。

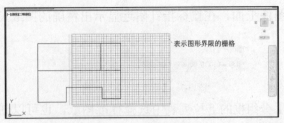

图13-11　设置打印区域

- 【图形界限】：从模型空间打印时，【打印范围】下拉列表中将列出【图形界限】选项。选择该选项，系统就把设定的图形界限范围（使用 LIMITS 命令设置图形界限）中的内容打印在图纸上，结果如图 13-12 所示。

  从图纸空间打印时，【打印范围】下拉列表中将列出【布局】选项。选择该选项，系统将打印虚拟图纸可打印区域内的所有内容。

- 【范围】：打印图样中的所有图形对象，结果如图 13-13 所示。

- 【显示】：打印整个图形窗口，结果如图 13-14 所示。

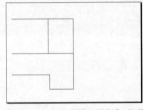

图13-12　应用【图形界限】选项

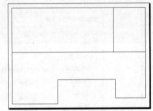

图13-13　应用【范围】选项

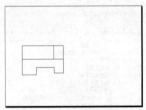

图13-14　应用【显示】选项

- 【窗口】：打印用户自己设定的区域。选择此选项后，系统提示指定打印区域的两个角点，同时在【打印-模型】对话框中显示 窗口(O)< 按钮，单击此按钮，可以重新设定打印区域。

13.2.5　设定打印比例

在【打印比例】分组框中设置打印比例，如图 13-15 所示。绘制阶段根据实物按 1∶1 比例绘图，打印阶段需依据图纸尺寸确定打印比例，该比例是图纸尺寸单位与图形单位的比值。当测量单位是 mm、打印比例设定为 1∶2 时，表示图纸上的 1mm 代表两个图形单位。

图13-15　【打印比例】分组框

【比例】下拉列表中包含了一系列标准缩放比例值。此外，还有【自定义】选项，该选项使用户可以自己指定打印比例。

从模型空间打印时，【打印比例】的默认设置是【布满图纸】，此时系统将缩放图形以充满所选定的图纸。

13.2.6　设定着色打印

"着色打印"用于指定着色图及渲染图的打印方式，并可设定它们的分辨率。在【打印-模型】对话框的【着色视口选项】分组框中设置着色打印方式，如图 13-16 所示。

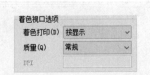

图13-16　【着色视口选项】分组框

【着色视口选项】分组框中包含以下 3 个选项。

(1)　【着色打印】下拉列表。

- 　【按显示】：按对象在屏幕上的显示进行打印。
- 　【传统线框】：按线框方式打印对象，不考虑其在屏幕上的显示情况。
- 　【传统隐藏】：打印对象时消除隐藏线，不考虑其在屏幕上的显示情况。
- 　【概念】【隐藏】【真实】【着色】【带边缘着色】【灰度】【勾画】【线框】【X 射线】：按视觉样式打印对象，不考虑其在屏幕上的显示方式。
- 　【渲染】：按渲染方式打印对象，不考虑其在屏幕上的显示方式。

(2)　【质量】下拉列表。

- 　【草稿】：将渲染及着色图按线框方式打印。
- 　【预览】：将渲染及着色图的打印分辨率设置为当前设备分辨率的 1/4，DPI 的最大值为 150。
- 　【常规】：将渲染及着色图的打印分辨率设置为当前设备分辨率的 1/2，DPI 的最大值为 300。
- 　【演示】：将渲染及着色图的打印分辨率设置为当前设备的分辨率，DPI 的最大值为 600。
- 　【最高】：将渲染及着色图的打印分辨率设置为当前设备的分辨率。
- 　【自定义】：将渲染及着色图的打印分辨率设置为【DPI】文本框中用户指定的分辨率，最大可以为当前设备的分辨率。

(3)　【DPI】文本框。

　　设定打印图像时每英寸的点数，最大值为当前打印设备分辨率的最大值。只有当【质量】下拉列表中选择了【自定义】选项后，此选项才可用。

13.2.7　调整图形打印方向和位置

　　图形在图纸上的打印方向通过【图形方向】分组框中的选项调整，如图 13-17 所示。该分组框中有一个图标，此图标表明了图纸的放置方向，图标中的字母方向代表图形打印在图纸上的方向。

　　【图形方向】分组框中包含以下 3 个选项。

- 　【纵向】：将图纸的短边放置在水平方向。
- 　【横向】：将图纸的长边放置在水平方向。
- 　【上下颠倒打印】：使图形颠倒打印，此选项可以与【纵向】和【横向】结合使用。

　　图形在图纸上的打印位置由【打印偏移】分组框中的选项确定，如图 13-18 所示。默认情况下，系统从图纸的左下角开始打印图形。打印原点处在图纸左下角，坐标是（0,0），用户可以在【打印偏移】分组框中设定新的打印原点，这样图形在图纸上将沿 x 轴和 y 轴移动。

图13-17　【图形方向】分组框

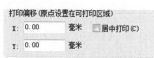

图13-18　【打印偏移】分组框

【打印偏移】分组框包含以下 3 个选项。

- 【居中打印】：在图纸的正中间打印图形（自动计算 x 和 y 的偏移值）。
- 【X】：指定打印原点在 x 方向的偏移值。
- 【Y】：指定打印原点在 y 方向的偏移值。

 如果不清楚打印机如何确定原点，可以试着改变一下打印原点的位置并预览打印结果，然后根据图形的移动距离推测原点位置。

13.2.8　预览打印效果

打印参数设置完成后，可以通过打印预览观察图形的打印效果，如果不合适可以重新调整，以免浪费图纸。

单击【打印-模型】对话框下面的 预览(P)... 按钮，可预览实际的打印效果。由于系统要重新生成图形，因此复杂图形需要耗费较多的时间。

预览时，鼠标指针变成 🔍 形状，利用它可以进行实时缩放操作。查看完毕后，按 Esc 键或 Enter 键，返回【打印-模型】对话框。

13.2.9　保存打印设置

选择打印设备并设置好打印参数（如图纸幅面、比例和方向等）后，可以将这些保存在页面设置中，以便以后使用。

【页面设置】分组框的【名称】下拉列表中显示了所有已命名的页面设置，若要保存当前的页面设置，就单击该列表右侧的 添加()... 按钮，打开【添加页面设置】对话框，如图 13-19 所示，在该对话框的【新页面设置名】文本框中输入页面名称，然后单击 确定(O) 按钮。

也可以从其他图形中输入已定义的页面设置。在【页面设置】分组框的【名称】下拉列表中选择【输入】选项，打开【从文件选择页面设置】对话框，选择并打开所需的图形文件后，打开【输入页面设置】对话框，如图 13-20 所示。该对话框显示了图形文件中包含的页面设置，选择其中之一，单击 确定(O) 按钮完成设置。

图13-19　【添加页面设置】对话框

图13-20　【输入页面设置】对话框

除了在【打印-模型】对话框中创建及修改页面设置，还可以通过【页面设置管理器】

完成这一任务。用鼠标右键单击绘图窗口左下角的 模型　布局1 按钮，在弹出的快捷菜单上选择【页面设置管理器】命令就能打开该管理器。

13.3　打印图形实例

前面几节介绍了有关打印方面的知识，下面通过一个实例演示打印图形的全过程。

【练习13-3】：打印图形。

1. 打开素材文件"dwg\第 13 章\13-3.dwg"。
2. 单击【输出】选项卡中【打印】面板上的🖶按钮，打开【打印-模型】对话框，如图13-21 所示。
3. 如果想使用以前创建的页面设置，就在【页面设置】分组框的【名称】下拉列表中选择它，或者从其他文件中输入。
4. 在【打印机/绘图仪】分组框的【名称】下拉列表中指定打印设备。若要修改打印机特性，可以单击下拉列表右侧的 特性(R)... 按钮，打开【绘图仪配置编辑器】对话框，通过该对话框可以修改打印机端口和介质类型，还可以自定义图纸大小。
5. 在【打印份数】分组框的文本框中输入打印份数。
6. 如果要将图形输出到文件，则应在【打印机/绘图仪】分组框中勾选【打印到文件】复选框。此后当用户单击【打印-模型】对话框中的 确定(0) 按钮时，系统就会打开【浏览打印文件】对话框，通过此对话框可以指定输出文件的名称及地址。
7. 在【打印-模型】对话框中做以下设置。
   - 在【图纸尺寸】分组框的下拉列表中选择 A3 幅面的图纸。
   - 在【打印范围】下拉列表中选择【范围】选项，并设置为【居中打印】。
   - 设定【打印比例】为【布满图纸】。
   - 设定【图形方向】为【横向】。
   - 在【打印样式表】分组框的下拉列表中选择打印样式【monochrome.ctb】。
8. 单击 预览(P)... 按钮，预览打印效果，如图 13-22 所示。若满意，则按 Esc 键返回【打印-模型】对话框，再单击 确定(0) 按钮开始打印。

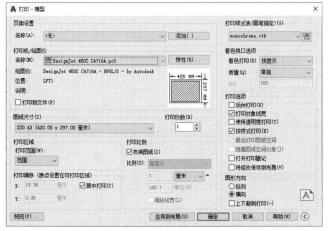

图13-21　【打印-模型】对话框

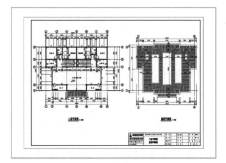

图13-22　预览打印效果

13.4　将多张图纸布置在一起打印

为了节省图纸，用户常需要将几张图纸布置在一起打印，示例如下。

【练习13-4】：　素材文件"dwg\第 13 章\13-4-A.dwg"和"13-4-B.dwg"都采用 A2 幅面的图
纸，绘图比例为 1∶100，现将它们布置在一起打印到 A1 幅面的图纸上。

1. 创建一个新文件。

2. 单击【插入】选项卡中【参照】面板上的 按钮，打开【选择参照文件】对话框，找到
图形文件"13-4-A.dwg"，单击 打开 按钮，打开【附着外部参照】对话框，利用该对话
框插入图形文件，插入时的缩放比例为 1∶1。

3. 使用 SCALE 命令缩放图形，缩放比例为 1∶100（图形的绘图比例）。

4. 使用与步骤 2 和步骤 3 相同的方法插入图形文件"13-4-B.dwg"，插入时的缩放比例
为 1∶1。插入图形后，使用 SCALE 命令缩放图形，缩放比例为 1∶100。

5. 使用 MOVE 命令调整图形的位置，让其组成 A1 幅面的图纸，结果如图 13-23 所示。

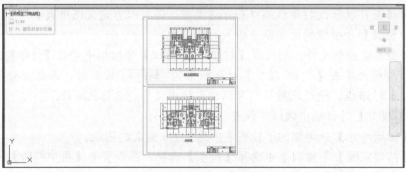

图13-23　组成 A1 幅面的图纸

6. 单击【输出】选项卡中【打印】面板上的 按钮，打开【打印-模型】对话框，如图
13-24 所示，在该对话框中做以下设置。

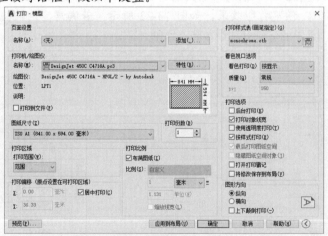

图13-24　【打印-模型】对话框

- 在【打印机/绘图仪】分组框的【名称】下拉列表中选择打印设备【DesignJet
450C C4716A.pc3】。

- 在【图纸尺寸】下拉列表中选择 A1 幅面的图纸。
- 在【打印样式表】分组框的下拉列表中选择打印样式【monochrome.ctb】。
- 在【打印区域】分组框的【打印范围】下拉列表中选择【范围】选项，并勾选【居中打印】复选框。
- 在【打印比例】分组框中勾选【布满图纸】复选框。
- 在【图形方向】分组框中选择【纵向】选项。

7. 单击 预览(P)... 按钮，预览打印效果，如图 13-25 所示。若满意，则单击 🖶 按钮开始打印。

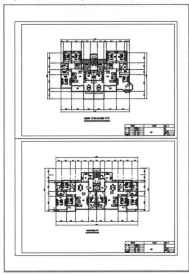

图13-25　打印预览

13.5　将当前图形输出为 DWF、DWFx 或 PDF 格式的文件

利用【输出】选项卡中【输出为 DWF/PDF】面板上的相关命令可以将当前图形保存为 DWF、DWFx 或 PDF 格式的文件，还可以将模型空间中的三维模型输出为 DWF 或 DWFx 文件。若将材质指定给了模型，则这些材质也将被输出。

【练习13-5】：将图形输出为 DWF 文件。

1. 打开【输出】选项卡，打开【输出为 DWF/PDF】面板中的【要输出的内容】下拉列表，选择【范围】选项。
2. 打开【页面设置】下拉列表，选择【当前】或【替代】选项。若选择后者，则弹出【页面设置替代】对话框，如图 13-26 所示，利用该对话框可以修改页面设置的一些参数。

图13-26　【页面设置替代】对话框

3. 单击【输出为 DWF/PDF】面板中 输出 按钮下方的三角形箭头，弹出下拉菜单，选择
【DWF】命令，打开【另存为 DWF】对话框，在该对话框中指定文件名和保存位置，
还可以利用 选项(O)... 及 页面设置替代(G)... 按钮更改输出的一些选项及部分页面设置
参数等。

13.6 习题

1. 打印图形时，一般应设置哪些打印参数？如何设置？
2. 打印图形的主要过程是什么？
3. 设置完打印参数后，应如何保存以便再次使用？
4. 从模型空间中打印时，怎样将不同绘图比例的图纸布置在一起打印？
5. 有哪两种类型的打印样式？它们的作用是什么？

第14章　三维建模

【学习目标】
- 学会如何观察三维模型。
- 掌握创建长方体、球体及圆柱体等三维基本实体的方法。
- 能够通过拉伸或旋转二维对象生成三维实体或曲面。
- 了解通过扫掠及放样形成三维实体或曲面的方法。
- 学会如何旋转、阵列及镜像三维对象。
- 能够拉伸及旋转实体表面。
- 掌握使用用户坐标系的方法。
- 可以利用布尔运算构建复杂的实体模型。

通过本章的学习，读者要掌握创建及编辑三维模型的主要命令，了解利用布尔运算构建复杂的实体模型的方法。

14.1　三维建模空间

创建三维模型时可以切换至 AutoCAD 的三维建模空间，切换方法为：单击状态栏上的 ⚙ ▾ 按钮，打开下拉列表，选择【三维建模】选项。默认情况下，三维建模空间包含【常用】【实体】【曲面】【网格】等选项卡。【常用】选项卡由【建模】【实体编辑】【坐标】【视图】等面板组成，如图14-1所示。部分面板的功能介绍如下。

图14-1　三维建模空间

- 【建模】面板：包含创建三维基本立体、回转体及其他曲面立体的按钮。
- 【实体编辑】面板：利用该面板中的按钮可以对实体表面进行拉伸、旋转等操作。
- 【坐标】面板：利用该面板中的按钮可以创建及管理用户坐标系（User

Coordinate System，UCS）。

- 【视图】面板：利用该面板中的按钮可以设定观察模型的方向，以形成不同的模型视图。

创建三维模型时，以"acad3D.dwt"或"acadiso3D.dwt"为样板进入三维建模空间。系统将绘图窗口的查看模式变为透视模式，图元的视觉样式变为"真实"，详见 14.2.4 小节。

14.2 观察三维模型

在三维建模过程中，常需要从不同的方向观察模型。系统提供了多种观察模型的方法，下面介绍常用的几种。

14.2.1 用标准视点观察三维模型

任何三维模型都可以从任意方向观察，进入三维建模空间，【常用】选项卡中【视图】面板的【恢复视图】下拉列表中提供了10 种标准视点，如图 14-2 所示。通过这些视点就能获得三维对象的 10 种视图，如前视图、后视图、左视图及东南等轴测图等。

图14-2 10 种标准视点

切换到标准视点的另一种快捷方法是利用绘图窗口左上角的【视图控件】下拉列表，该列表中也列出了 10 种标准视图，此外还能快速切换到平行投影模式或透视投影模式。

【练习14-1】： 下面通过图 14-3 所示的三维模型来演示标准视点生成的视图。

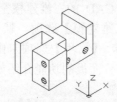

图14-3 用标准视点观察三维模型

1. 打开素材文件"dwg\第 14 章\14-1.dwg"，如图 14-3 所示。
2. 选择【视图控件】或【恢复视图】下拉列表中的【前视】选项，再启动消隐命令 HIDE，结果如图 14-4 所示，此图是三维模型的前视图。
3. 选择【视图控件】下拉列表中的【左视】选项，再启动消隐命令 HIDE，结果如图 14-5 所示，此图是三维模型的左视图。
4. 选择【视图控件】下拉列表中的【东南等轴测】选项，然后启动消隐命令 HIDE，结果如图 14-6 所示，此图是三维模型的东南等轴测图。

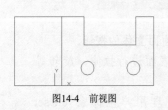

图14-4 前视图

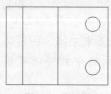

图14-5 左视图

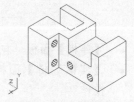

图14-6 东南等轴测图

14.2.2　消除隐藏线

启动 HIDE（简写 HI）命令，系统重新生成三维线框模型，且不显示隐藏线。

14.2.3　三维动态旋转

启动三维动态旋转命令后，可以通过按住鼠标左键并拖动鼠标的方法来旋转视图，常用的动态旋转功能如下。

- 受约束的动态旋转：限于水平动态观察和垂直动态观察，命令为 3DORBIT。单击【导航栏】上的 按钮，启动该命令。按住 Shift 键并单击鼠标滚轮也可以暂时启动该命令。
- 自由动态旋转：在任意方向上进行动态旋转，命令为 3DFORBIT。单击【导航栏】上的 按钮，启动该命令。同时按住 Shift 键和 Ctrl 键并单击鼠标滚轮也可以暂时启动该命令。

当用户仅想观察多个对象中的一个时，应先选中此对象，然后启动动态旋转命令，此时仅所选对象显示在绘图窗口中。若所选对象未处于绘图窗口的中心位置，可单击鼠标右键，在弹出的快捷菜单中选择【范围缩放】命令。

使用 3DFORBIT（自由动态旋转）命令激活交互式的动态视图，使用此命令时，可以事先选择模型中的全部对象或部分对象，系统围绕待观察的对象形成一个观察辅助圆，该圆被 4 个小圆分成 4 等份，如图 14-7 所示。辅助圆的圆心是观察目标点，按住鼠标左键并拖动鼠标，待观察的对象（或目标点）静止不动，而视点绕着三维对象旋转，视图在不断地转动。

鼠标指针移至辅助圆的不同位置，其形状将发生变化，不同形状的鼠标指针表明了当前视图的旋转方向。

图14-7　观察辅助圆

一、球形

鼠标指针位于辅助圆内时，变为 形状，此时可以假想一个球体把目标对象包裹起来。按住鼠标左键并拖动鼠标，可使球体沿鼠标拖动的方向旋转，模型视图也就随之旋转。

二、圆形

移动鼠标指针到辅助圆外，变为 形状。按住鼠标左键并将鼠标沿辅助圆拖动，可使三维视图旋转，旋转轴垂直于屏幕并过辅助圆心。

三、水平椭圆形

当把鼠标指针移动到左、右两个小圆的位置时，变为 形状。按住鼠标左键并拖动鼠标可使视图绕着一个铅垂轴线转动，此旋转轴线经过辅助圆心。

四、竖直椭圆形

当把鼠标指针移动到上、下两个小圆的位置时，变为 形状。按住鼠标左键并拖动鼠标可使视图绕着一个水平轴线转动，此旋转轴线经过辅助圆心。

当 3DFORBIT 命令被激活时，单击鼠标右键，弹出快捷菜单，如图 14-8 所示。此菜单中常用命令的功能介绍如下。

(1)　【缩放窗口】：单击两点以指定缩放窗口，系统将放大此窗口区域。

(2)　【范围缩放】：将图形对象充满整个绘图窗口。

(3)　【缩放上一个】：返回上一个视图。

(4)　【平行模式】：激活平行投影模式。

(5)　【透视模式】：激活透视投影模式，透视图与眼睛观察到的图像极为相似。

(6)　【重置视图】：将当前视图恢复到刚激活 3DFORBIT 命令时的视图。

(7)　【预设视图】：指定要使用的预定义视图，如左视图、俯视图等。

(8)　【命名视图】：选择要使用的命名视图。

(9)　【视觉样式】：用于改变模型在视口中的显示外观。

图14-8　快捷菜单

14.2.4　视觉样式——创建消隐图及着色图

视觉样式用于改变模型在视口中的显示外观，从而生成消隐图或着色图等。它是一组控制模型显示方式的设置，这些设置包括面设置、环境设置及边设置等。面设置用于控制视口中面的外观，环境设置用于控制阴影和背景，边设置用于控制如何显示边。当选中一种视觉样式时，系统在视口中按样式规定的形式显示模型。

AutoCAD 提供了以下 10 种默认的视觉样式。可单击绘图窗口左上角的【视觉样式】控件，利用下拉列表中的相关选项在不同的视觉样式之间切换。也可以在【常用】选项卡中【视图】面板的【视觉样式】下拉列表中进行设定。

- 【二维线框】：使用直线和曲线表示边界的方式显示对象，如图 14-9 所示。

- 【概念】：着色对象，效果缺乏真实感，但可以清晰地显示模型细节，如图 14-9 所示。

- 【隐藏】：用三维线框表示模型并隐藏不可见线条，如图 14-9 所示。

- 【真实】：对模型表面进行着色，显示已附着于对象的材质，如图 14-9 所示。

- 【着色】：将对象表面着色，着色的表面较光滑，如图 14-9 所示。

- 【带边缘着色】：用平滑着色和可见边显示对象，如图 14-9 所示。

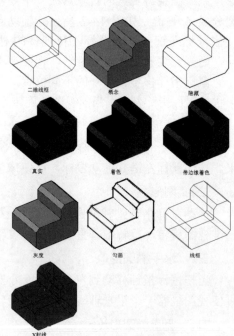

图14-9　各种视觉样式的效果

- 【灰度】：用平滑着色和单色灰度显示对象，如图 14-9 所示。

- 【勾画】：用线延伸和抖动边修改器显示手绘效果的对象，如图 14-9 所示。

- 【线框】：用直线和曲线表示模型，如图 14-9 所示。
- 【X 射线】：以局部透明度显示对象，如图 14-9 所示。

14.3　三维基本立体

AutoCAD 能生成长方体、球体、圆柱体、圆锥体、楔形体及圆环体等三维基本立体，【建模】面板提供了创建这些立体的按钮，表 14-1 列出了这些按钮的功能及操作时要输入的主要参数。

表 14-1　　　　　　　　　　　　创建三维基本立体的按钮

按钮	功能	输入参数
长方体	创建长方体	指定长方体的一个角点，再输入另一个"对角点"的相对坐标
圆柱体	创建圆柱体	指定圆柱体底面的中心点，再输入圆柱体的半径及高度
圆锥体	创建圆锥体及圆台	指定圆锥体底面的中心点，再输入圆锥体底面的半径及圆锥体高度 指定圆台底面的中心点，再输入圆台底面半径、顶面半径及圆台高度
球体	创建球体	指定球心，再输入球的半径
棱锥体	创建棱锥体及棱台	指定棱锥体底面边数及中心点，再输入棱锥体底面半径及棱锥体高度 指定棱台底面边数及中心点，再输入棱台底面半径、顶面半径及棱台高度
楔体	创建楔形体	指定楔形体的一个角点，再输入另一个"对角点"的相对坐标
圆环体	创建圆环体	指定圆环中心点，再输入圆环体半径及圆管半径

创建长方体或其他基本立体时，也可以通过单击一点设定参数的方式进行绘制。当系统提示输入相关数据时，移动鼠标指针到适当位置，单击一点，在此过程中，三维立体的外观将显示出来，以便于用户初步确定三维立体的形状。绘制完成后，可以使用 PR 命令显示三维立体的尺寸，方便对其进行修改。

【练习14-2】：　创建长方体及圆柱体。

1. 进入三维建模空间。打开绘图窗口左上角的【视图控件】下拉列表，选择【东南等轴测】选项，切换到东南等轴测视图。再通过【视觉样式控件】下拉列表设定当前模型的显示方式为【二维线框】。
2. 打开极轴追踪功能，启动画线命令，沿 z 轴方向绘制一条长度为 600 的线段。双击鼠标滚轮，使线段充满绘图窗口。
3. 单击【建模】面板上的 长方体 按钮，系统提示如下。

　　命令：_box
　　指定第一个角点或 [中心(C)]：　　　　　　//指定长方体角点 A，如图 14-10 左图所示
　　指定其他角点或 [立方体(C)/长度(L)]：@100,200,300
　　　　　　　　　　　　　　　　　　　　　//输入另一个角点 B 的相对坐标

结果如图 14-10 左图所示。

4. 单击【建模】面板上的 圆柱体 按钮，系统提示如下。

　　命令：_cylinder

指定底面的中心点或 [三点(3P)/两点(2P)/切点、切点、半径(T)/椭圆(E)]:

//指定圆柱体的底圆中心

指定底面半径或 [直径(D)] <80.0000>: 80　　　　　　　　　//输入圆柱体的半径

指定高度或 [两点(2P)/轴端点(A)] <300.0000>: 300　　　　//输入圆柱体的高度

5. 改变实体表面网格线的密度。

命令: isolines

输入 ISOLINES 的新值 <4>: 40　　　　　　　　//设置实体表面网格线的数量, 详见14.20节

启动 REGEN 命令, 或者选择菜单命令【视图】/【重生成】, 重新生成模型, 实体表面的网格线变得更加密集。

6. 控制实体消隐后表面网格线的密度。

命令: facetres

输入 FACETRES 的新值 <0.5000>: 5　　　　//设置实体消隐后的网格线密度, 详见14.20节

启动 HIDE 命令, 结果如图 14-10 所示。

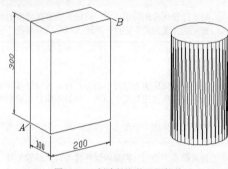

图14-10　创建长方体及圆柱体

14.4　多段体

使用 POLYSOLID 命令可以像绘制连续折线或多段线一样创建实体, 该实体称为多段体。多段体看起来是由矩形薄板及圆弧形薄板组成的, 板的高度和厚度可以设定。此外, 还可以利用该命令将已有的直线、圆弧及二维多段线等对象创建成多段体。

一、命令启动方法

- 菜单命令:【绘图】/【建模】/【多段体】。
- 面板:【常用】选项卡中【建模】面板上的 ⬚ 按钮。
- 命令: POLYSOLID (简写为 PSOLID)。

【练习14-3】: 创建多段体。

1. 打开素材文件 "dwg\第 14 章\14-3.dwg"。

2. 将坐标系绕 x 轴旋转 90°。选中坐标系, 将鼠标指针移动到 y 轴端部的关键点处, 在弹出的菜单中选择【绕 X 轴旋转】命令, 然后输入旋转角度 90°。

3. 打开极轴追踪、对象捕捉及对象捕捉追踪功能, 使用 POLYSOLID 命令创建实体。

命令: _Polysolid

指定起点或 [对象(O)/高度(H)/宽度(W)/对正(J)] <对象>: h　　//选择 "高度(H)" 选项

指定高度 <260.0000>: 260　　　　　　　　　　　　　　//输入多段体的高度

指定起点或 [对象(O)/高度(H)/宽度(W)/对正(J)] <对象>: w　　//选择"宽度(W)"选项

指定宽度 <30.0000>: 30　　　　　　　　　　　　　　//输入多段体的宽度

指定起点或 [对象(O)/高度(H)/宽度(W)/对正(J)] <对象>: j　　//选择"对正(J)"选项

输入对正方式 [左对正(L)/居中(C)/右对正(R)] <居中>: c　　//选择"居中(C)"选项

指定起点或 [对象(O)/高度(H)/宽度(W)/对正(J)] <对象>: mid //启用中点捕捉

于　　　　　　　　　　　　　　　//捕捉中点 A，如图 14-11 所示

指定下一个点或 [圆弧(A)/放弃(U)]: 100　　　　//向下追踪并输入追踪距离

指定下一个点或 [圆弧(A)/放弃(U)]: a　　　　　　//切换到圆弧模式

指定圆弧的端点或 [闭合(C)/方向(D)/直线(L)/第二个点(S)/放弃(U)]: 220

　　　　　　　　　　　　　　　//沿 x 轴方向追踪并输入追踪距离

指定圆弧的端点或 [闭合(C)/方向(D)/直线(L)/第二个点(S)/放弃(U)]: l

　　　　　　　　　　　　　　　//切换到直线模式

指定下一个点或 [圆弧(A)/闭合(C)/放弃(U)]: 150

　　　　　　　　　　　　　　　//向上追踪并输入追踪距离

指定下一个点或 [圆弧(A)/闭合(C)/放弃(U)]:　　　//按 Enter 键结束

结果如图 14-11 所示。

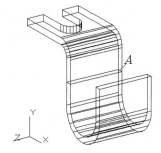

图14-11　创建多段体

二、　命令选项

- 对象(O): 将直线、圆弧、圆及二维多段线等转化为三维实体。
- 高度(H): 设定实体沿当前坐标系 z 轴方向的高度。
- 宽度(W): 指定实体的宽度。
- 对正(J): 设定鼠标指针在实体宽度方向的位置。该选项包含"圆弧"子选
  项，可以用于创建圆弧形多段体。

14.5　将二维对象拉伸成实体或曲面

EXTRUDE 命令可以用于拉伸二维对象生成三维实体或曲面，若拉伸闭合对象，则生成实体，否则生成曲面。操作时，可以指定拉伸高度及拉伸对象的锥角，还可以沿某直线或曲线路径进行拉伸。

拉伸时能选择的对象及路径如表 14-2 所示。

对象	路径
直线、圆弧、椭圆弧	直线、圆弧、椭圆弧
二维多段线	二维多段线、三维多段线
二维样条曲线	二维样条曲线、三维样条曲线
面域	螺旋线
实体上的平面、边，曲面的边	实体、曲面的边

要点提示 实体的面、边及顶点是实体的子对象，按住 Ctrl 键就能选择这些子对象。

一、命令启动方法

- 菜单命令：【绘图】/【建模】/【拉伸】。
- 面板：【常用】选项卡中【建模】面板上的 拉伸 按钮。
- 命令：EXTRUDE（简写为 EXT）。

【练习14-4】： 拉伸面域及多段线。

1. 打开素材文件"dwg\第 14 章\14-4.dwg"，使用 EXTRUDE 命令创建三维实体。
2. 将图形 A 创建成面域，再使用 JOIN 命令将连续线 B 编辑成一条多段线，如图 14-12（a）、（b）所示。
3. 使用 EXTRUDE 命令拉伸面域及多段线，形成实体和曲面。

```
命令：_extrude
选择要拉伸的对象或 [模式(MO)]: 找到 1 个                        //选择面域
选择要拉伸的对象或 [模式(MO)]:                                 //按 Enter 键
指定拉伸的高度或 [方向(D)/路径(P)/倾斜角(T)/表达式(E)] <262.2213>: 260
                                                          //输入拉伸高度

命令：
EXTRUDE                                                   //重复命令
选择要拉伸的对象或 [模式(MO)]: 找到 1 个                        //选择多段线
选择要拉伸的对象或 [模式(MO)]:                                 //按 Enter 键
指定拉伸的高度或 [方向(D)/路径(P)/倾斜角(T)/表达式(E)] <260.0000>: p
                                                          //选择"路径(P)"选项
选择拉伸路径或 [倾斜角(T)]:                                    //选择样条曲线 C
```

结果如图 14-12（c）、（d）所示。

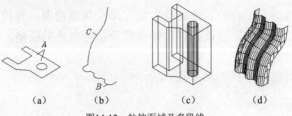

(a)   (b)   (c)   (d)

图14-12 拉伸面域及多段线

系统变量 SURFU 和 SURFV 用于控制曲面上素线（母线处于曲面上任意位置时的线条）的密度。选中曲面，启动 PROPERTIES 命令，该命令将列出这两个系统变量的值，修改它们，曲面上素线的数量就会发生变化。

二、命令选项

- 模式(MO)：控制拉伸对象是实体还是曲面。
- 指定拉伸的高度：如果输入正的拉伸高度，则对象沿 z 轴正向拉伸；若输入负的拉伸高度，则沿 z 轴负向拉伸。若对象不在坐标系 xy 平面内，将沿该对象所在平面的法线方向拉伸对象。
- 方向(D)：指定两点，两点的连线表明了拉伸的方向和距离。
- 路径(P)：沿指定路径拉伸对象，形成实体或曲面。拉伸时，路径被移动到轮廓的形心位置。路径不能与拉伸对象在同一个平面内，也不能是具有较大曲率的区域，否则有可能在拉伸过程中发生自相交。
- 倾斜角(T)：当系统提示"指定拉伸的倾斜角度："时，输入正的拉伸倾斜角，表示从基准对象逐渐变细地拉伸，而负的拉伸倾斜角则表示从基准对象逐渐变粗地拉伸，如图 14-13 所示。要注意拉伸倾斜角不能太大，若拉伸实体的截面在到达拉伸高度前已经变成一个点，那么系统将提示不能进行拉伸。

拉伸倾斜角为5°　　拉伸倾斜角为−5°

图14-13　指定拉伸倾斜角

- 表达式(E)：输入公式或方程式，以指定拉伸高度。

14.6　旋转二维对象生成三维实体或曲面

REVOLVE 命令可以用于旋转二维对象生成三维实体或曲面，若二维对象是闭合的，则生成实体，否则生成曲面。通过选择直线，指定两点或选定 x 轴、y 轴来确定旋转轴。

REVOLVE 命令可以旋转以下二维对象。

- 直线、圆弧、椭圆弧。
- 二维多段线、二维样条曲线。
- 面域、实体上的平面及边。
- 曲面的边。

一、命令启动方法

- 菜单命令：【绘图】/【建模】/【旋转】。
- 面板：【常用】选项卡中【建模】面板上的 旋转 按钮。
- 命令行：REVOLVE（简写为 REV）。

【练习14-5】：将二维对象旋转成三维实体。

打开素材文件"dwg\第 14 章\14-5.dwg"，使用 REVOLVE 命令创建三维实体。

```
命令：_revolve
选择要旋转的对象或 [模式(MO)]：找到 1 个
```

//选择要旋转的对象，该对象是面域，如图 14-14 左图所示

选择要旋转的对象或 [模式(MO)]: //按 Enter 键

指定轴起点或根据以下选项之一定义轴 [对象(O)/X/Y/Z] <对象>: //捕捉端点 *A*

指定轴端点: //捕捉端点 *B*

指定旋转角度或 [起点角度(ST)/反转(R)/表达式(EX)] <360>: st

//选择"起点角度(ST)"选项

指定起点角度 <0.0>: -30 //输入起点角度

指定旋转角度或[起点角度(ST)/表达式(EX)]<360>: 210 //输入旋转角度

启动 HIDE 命令，结果如图 14-14 右图所示。

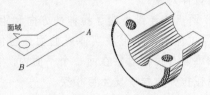

图14-14　将二维对象旋转成三维实体

若拾取两点以指定旋转轴，则轴的正向是从第一点指向第二点的方向，旋转角度的正方向按右手螺旋法则确定。

二、　命令选项

- 模式(MO)：控制是创建实体还是曲面。
- 对象(O)：选择直线或实体的线性边作为旋转轴，轴的正方向是从拾取点指向最远端点的方向。
- X、Y、Z：使用当前坐标系的 *x* 轴、*y* 轴、*z* 轴作为旋转轴。
- 起点角度(ST)：指定旋转起始位置与旋转对象所在平面的夹角，角度的正向以右手螺旋法则确定。
- 反转(R)：更改旋转方向，类似于输入负角度值。
- 表达式(EX)：输入公式或方程式，以指定旋转角度。

 使用 EXTRUDE、REVOLVE 命令时，如果要保留原始的线框对象，需设置系统变量 DELOBJ 等于 0。

14.7　通过扫掠创建三维实体或曲面

SWEEP 命令可以用于将平面轮廓沿二维路径或三维路径进行扫掠，以形成三维实体或曲面。若二维平面轮廓是闭合的，则生成实体，否则生成曲面。轮廓与路径可以处于同一平面内，系统扫掠时会自动将轮廓调整到与路径垂直的方向。默认情况下，轮廓形心与路径起始点对齐，但也可以指定轮廓的其他点作为扫掠对齐点。

扫掠时可以选择的对象及路径如表 14-3 所示。

表 14-3　扫掠时可以选择的轮廓及路径

对象	路径
直线、圆弧、椭圆弧	直线、圆弧、椭圆弧
二维多段线	二维多段线、三维多段线

续表

对象	路径
二维样条曲线	二维样条曲线、三维样条曲线
面域	螺旋线
实体上的平面、边，曲面的边	实体、曲面的边

一、　命令启动方法

- 菜单命令:【绘图】/【建模】/【扫掠】。
- 面板:【常用】选项卡中【建模】面板上的 扫掠 按钮。
- 命令: SWEEP。

【练习14-6】: 将面域沿路径扫掠。

1. 打开素材文件 "dwg\第 14 章\14-6.dwg"。
2. 使用 PEDIT 命令将路径曲线 A 编辑成一条多段线，如图 14-15 左图所示。
3. 使用 SWEEP 命令将面域沿路径扫掠。

```
命令: _sweep
选择要扫掠的对象或 [模式(MO)]: 找到 1 个          //选择轮廓面域，如图 14-15 左图所示
选择要扫掠的对象或 [模式(MO)]:                    //按 Enter 键
选择扫掠路径或 [对齐(A)/基点(B)/比例(S)/扭曲(T)]: b    //选择"基点(B)"选项
指定基点: end                                    //启用端点捕捉
于                                               //捕捉点 B
选择扫掠路径或 [对齐(A)/基点(B)/比例(S)/扭曲(T)]:      //选择路径曲线 A
```

启动 HIDE 命令，结果如图 14-15 右图所示。

图14-15　将面域沿路径扫掠

二、　命令选项

- 模式(MO): 控制是创建实体还是曲面。
- 对齐(A): 指定是否将轮廓面域调整到与路径垂直的方向或保持原有方向。默认情况下，系统将使轮廓面域与路径垂直。
- 基点(B): 指定扫掠时的基点，该点将与路径起始点对齐。
- 比例(S): 路径起始点处的轮廓缩放比例为 1:1，路径结束处的缩放比例为输入的值，中间轮廓面域沿路径连续变化。与选择点更近的路径端点是路径的起始点。
- 扭曲(T): 设定轮廓面域沿路径扫掠时的扭转角度，角度小于 360°。该选项包含"倾斜"子选项，该子选项可以使轮廓随三维路径自然倾斜。

14.8　通过放样创建三维实体或曲面

LOFT 命令可以用于对一组平面轮廓曲线进行放样，以形成三维实体或曲面。若所有轮

廓是闭合的，则生成实体，否则生成曲面，如图 14-16 所示。注意，放样时，轮廓线全部闭合或全部开放，不能使用既包含开放轮廓又包含闭合轮廓的选择集。

放样实体或曲面中间轮廓的形状可以利用放样路径进行控制，如图 14-16（a）所示，放样路径始于第一个轮廓所在的平面，终于最后一个轮廓所在的平面。导向曲线是另一种控制放样形状的方法，将轮廓上对应的点通过导向曲线连接起来，使轮廓线按预定的方式进行变化，如图 14-16（b）所示。轮廓的导向曲线可以有多条，每条导向曲线必须与各轮廓相交，始于第一个轮廓，终于最后一个轮廓。

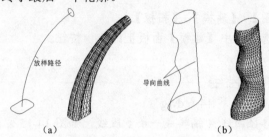

图14-16　通过放样创建三维对象

放样时可以选择的对象、路径及导向曲线如表 14-4 所示。

表 14-4　　　　　　　　　放样时可以选择的对象、路径及导向曲线

对象	路径及导向曲线
直线、圆弧、椭圆弧	直线、圆弧、椭圆弧
二维多段线、二维样条曲线	二维多段线、三维多段线
点对象、仅第一个或最后一个放样截面可以是点	二维样条曲线、三维样条曲线
实体及曲面的面、边	边子对象

一、命令启动方法

- 菜单命令：【绘图】/【建模】/【放样】。
- 面板：【常用】选项卡中【建模】面板上的 ⬢放样 按钮。
- 命令：LOFT。

【练习14-7】：练习放样操作。

1. 打开素材文件"dwg\第 14 章\14-7.dwg"。
2. 使用 JOIN 命令将线条 A、D、E 编辑成多段线，如图 14-17（a）和图 14-17（b）所示。
3. 使用 LOFT 命令在轮廓 B、C 之间放样，路径曲线是 A。

　　命令：_loft
　　按放样次序选择横截面或 [点(PO)/合并多条边(J)/模式(MO)]:总计 2 个
　　　　　　　　　　　　　　　　　　//选择轮廓 B、C，如图 14-17（a）所示
　　按放样次序选择横截面或 [点(PO)/合并多条边(J)/模式(MO)]:　//按 Enter 键
　　输入选项 [导向(G)/路径(P)/仅横截面(C)/设置(S)] <仅横截面>: P
　　　　　　　　　　　　　　　　　　//选择"路径(P)"选项
　　选择路径轮廓:　　　　　　　　　　//选择路径曲线 A
　　结果如图 14-17（c）所示。

4. 使用 LOFT 命令在轮廓 *F*、*G*、*H*、*I*、*J* 之间放样，导向曲线是 *D*、*E*，如图 14-17
（b）所示。

> 命令：_loft
> 按放样次序选择横截面或 [点(PO)/合并多条边(J)/模式(MO)]:总计 5 个
> //选择轮廓 *F*、*G*、*H*、*I*、*J*，如图 14-17（b）所示
> 按放样次序选择横截面或 [点(PO)/合并多条边(J)/模式(MO)]:　　//按 Enter 键
> 输入选项 [导向(G)/路径(P)/仅横截面(C)/设置(S)] <仅横截面>: G
> //选择"导向(G)"选项
> 选择导向轮廓或[合并多条边(J)]:总计 2 个　　//导向曲线是 *D*、*E*

结果如图 14-17（d）所示。

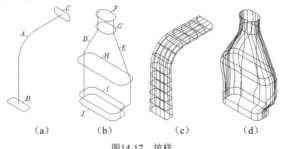

图14-17　放样

5. 选中放样对象，出现箭头关键点，单击它，弹出下拉菜单，利用菜单中的相关命令设定各截面处放样面的切线方向。

二、　命令选项

- **点(PO)**：如果选择"点(PO)"选项，还必须选择闭合曲线。
- **合并多条边(J)**：将多个端点相交的曲线合并为一个横截面。
- **模式(MO)**：控制是创建实体还是曲面。
- **导向(G)**：利用连接各个轮廓的导向曲线控制放样实体或曲面的截面形状。
- **路径(P)**：指定放样实体或曲面的路径，路径要与各个轮廓截面相交。
- **仅横截面(C)**：在不选择导向或路径的情况下，创建放样对象。
- **设置(S)**：选择此选项，打开【放样设置】对话框，如图 14-18 所示，可通过该对话框控制放样对象表面的变化。

图14-18　【放样设置】对话框

【放样设置】对话框中各选项的功能介绍如下。

- **【直纹】**：各轮廓线之间是直纹面。
- **【平滑拟合】**：用平滑曲面连接各轮廓线。
- **【法线指向】**：用于设定放样对象表面与各轮廓截面是否垂直。
- **【拔模斜度】**：设定放样对象表面在起始位置及终止位置处的切线方向与轮廓所在截面的夹角，该角度对放样对象的影响范围由幅值决定，该值控制在横截面处曲面沿拔模斜度方向实际分布的长度。

14.9 利用平面或曲面切割实体

SLICE 命令可以利用平面或曲面切割实体，被切割的实体可以保留一半或都保留，保留部分将保留原实体的图层和颜色特性。方法是先定义切割平面，然后选择需要的部分，可以通过 3 点来定义切割平面，也可以指定当前坐标系的 *xy* 平面、*yz* 平面、*zx* 平面作为切割平面。

一、 命令启动方法

- 菜单命令：【修改】/【三维操作】/【剖切】。
- 面板：【常用】选项卡中【实体编辑】面板上的 按钮。
- 命令：SLICE（简写为 SL）。

【练习14-8】：切割实体。

打开素材文件"dwg\第 14 章\14-8.dwg"，使用 SLICE 命令切割实体。

命令: _slice	
选择要剖切的对象: 找到 1 个	//选择实体
选择要剖切的对象:	//按 Enter 键
指定切面的起点或 [平面对象(O)/曲面(S)/Z 轴(Z)/视图(V)/xy(XY)/yz(YZ)/zx(ZX)/	
三点(3)] <三点>:	//按 Enter 键，利用 3 点定义切割平面
指定平面上的第一个点: end	//启用端点捕捉
于	//捕捉端点 *A*，如图 14-19 左图所示
指定平面上的第二个点: mid	//启用中点捕捉
于	//捕捉中点 *B*
指定平面上的第三个点: mid	//启用中点捕捉
于	//捕捉中点 *C*
在所需的侧面上指定点或 [保留两个侧面(B)] <保留两个侧面>:	//在要保留的一侧单击一点
命令:	
SLICE	//重复命令
选择要剖切的对象: 找到 1 个	//选择实体
选择要剖切的对象:	//按 Enter 键
指定切面的起点或 [平面对象(O)/曲面(S)/Z 轴(Z)/视图(V)/xy(XY)/yz(YZ)/zx(ZX)/	
三点(3)] <三点>: s	//选择"曲面(S)"选项
选择曲面:	//选择曲面
选择要保留的实体或 [保留两个侧面(B)] <保留两个侧面>:	//在要保留的一侧单击一点

删除曲面后的结果如图 14-19 右图所示。

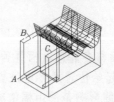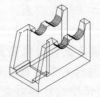

图14-19 切割实体

二、 命令选项

- 平面对象(O)：用圆、椭圆、圆弧或椭圆弧、二维样条曲线或二维多段线等对象所在的平面作为切割平面。
- 曲面(S)：指定曲面作为切割面。
- Z 轴(Z)：通过指定切割平面的法线方向来确定切割平面。
- 视图(V)：切割平面与当前视图的平面平行。
- xy(XY)、yz(YZ)、zx(ZX)：用坐标平面 *xy*、*yz*、*zx* 切割实体。

14.10 绘制螺旋线、涡状线及弹簧

HELIX 命令用于创建螺旋线、涡状线，这些曲线可以用作扫掠路径及拉伸路径，从而形成复杂的三维实体。首先使用 HELIX 命令绘制螺旋线，再使用 SWEEP 命令将圆沿螺旋线扫掠就创建出弹簧的实体模型。

一、 命令启动方法

- 菜单命令：【绘图】/【螺旋】。
- 面板：【常用】选项卡中【绘图】面板上的 按钮。
- 命令：HELIX。

【练习14-9】： 绘制螺旋线及弹簧。

1. 打开素材文件 "dwg\第 14 章\14-9.dwg"。
2. 使用 HELIX 命令绘制螺旋线。

```
命令： _Helix
指定底面的中心点：                                    //指定螺旋线底面的中心点
指定底面半径或 [直径(D)] <40.0000>: 40               //输入螺旋线的半径
指定顶面半径或 [直径(D)] <40.0000>:                  //按 Enter 键
指定螺旋高度或 [轴端点(A)/圈数(T)/圈高(H)/扭曲(W)] <100.0000>: h
                                                    //选择"圈高(H)"选项
指定圈间距 <20.0000>: 20                             //输入螺距
指定螺旋高度或 [轴端点(A)/圈数(T)/圈高(H)/扭曲(W)] <100.0000>: 100
                                                    //输入螺旋线的高度
```

结果如图 14-20 左图所示。

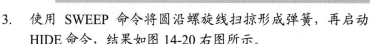 若输入螺旋线的高度为 0，则形成涡状线。

3. 使用 SWEEP 命令将圆沿螺旋线扫掠形成弹簧，再启动 HIDE 命令，结果如图 14-20 右图所示。

图14-20　绘制螺旋线及弹簧

二、 命令选项

- 轴端点(A)：指定螺旋轴端点的位置。螺旋轴的长度及方向代表了螺旋线的高度及倾斜方向。
- 圈数(T)：输入螺旋线的圈数，数值小于 500。
- 圈高(H)：输入螺旋线的螺距。

- 扭曲(W)：按顺时针或逆时针方向绘制螺旋线，以第二种方式绘制的螺旋线是右旋的。

14.11　三维移动

可以使用 MOVE 命令在三维空间中移动对象，其操作方式与在二维空间中一样，只不过当通过输入距离的方式来移动对象时，必须输入沿 x 轴、y 轴、z 轴方向的距离。

AutoCAD 提供了专门用来在三维空间中移动对象的命令 3DMOVE，该命令还能移动实体的面、边及顶点等子对象（按住 Ctrl 键可以选择子对象）。3DMOVE 命令的操作方式与 MOVE 命令类似，但前者使用起来更形象、直观。

在三维空间中移动对象也可以利用移动小控件完成。

命令启动方法

- 菜单命令：【修改】/【三维操作】/【三维移动】。
- 面板：【常用】选项卡中【修改】面板上的 按钮。
- 命令：3DMOVE（简写为 3M）。

【练习14-10】：　三维移动。

1. 打开素材文件 "dwg\第 14 章\14-10.dwg"。
2. 进入三维建模空间，启动 3DMOVE 命令，将对象 A 由基点 B 移动到第二点 C，再通过输入距离的方式移动对象 D，移动距离为 "40，－50"，结果如图 14-21 右图所示。
3. 重复命令，选择对象 E，按 Enter 键，系统显示移动控件，该控件 3 个轴的方向与当前坐标轴的方向一致，如图 14-22 左图所示。
4. 将鼠标指针悬停在小控件的 y 轴上，直至其变为黄色并显示出移动辅助线，单击确认，物体的移动方向被约束到与轴的方向一致。
5. 若将鼠标指针移动到两轴之间的矩形边上，直至矩形变成黄色，则表明移动操作被限制在矩形所在的平面内。
6. 向左下方移动鼠标指针，物体随之移动，输入移动距离 "50"，结果如图 14-22 右图所示。也可以通过单击一点的方式来移动对象。

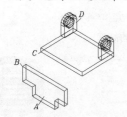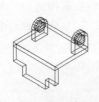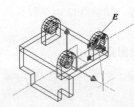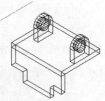

图14-21　指定两点或距离移动对象　　　　　　　　　图14-22　利用移动控件移动对象

若想沿任意方向移动对象，可以按以下方式操作。

(1) 将模型的显示方式切换为三维线框模式，启动 3DMOVE 命令，选择对象，系统显示移动控件。

(2) 用鼠标右键单击该控件，利用快捷菜单中的【自定义小控件】命令调整控件的位置，使控件的 x 轴与移动方向重合。

(3) 激活控件移动模式，移动模型。

14.12　三维旋转

使用 ROTATE 命令仅能使对象在 xy 平面内旋转，即旋转轴只能是 z 轴。3DROTATE 命令是 ROTATE 命令的 3D 版本，该命令能使对象在三维空间中绕任意轴旋转。此外，3DROTATE 命令还能旋转实体的表面（按住 Ctrl 键可选择实体表面）。下面介绍该命令的用法。

在三维空间中旋转对象也可以利用旋转小控件来完成。

命令启动方法

- 菜单命令:【修改】/【三维操作】/【三维旋转】。
- 面板:【常用】选项卡中【修改】面板上的 按钮。
- 命令: 3DROTATE（简写为 3R）。

【练习14-11】:　三维旋转。

1. 打开素材文件 "dwg\第 14 章\14-11.dwg"。
2. 启动 3DROTATE 命令，选择要旋转的对象，按 Enter 键，系统显示附着在鼠标指针上的旋转控件，该控件中包含 3 个表示旋转方向的辅助圆。
3. 移动鼠标指针到点 A 处，捕捉该点，旋转控件就被放置在此点，如图 14-23 左图所示。
4. 将鼠标指针移动到圆 B 处，悬停鼠标指针直至辅助圆变为黄色，同时出现以圆为回转方向的回转轴，单击确认。回转轴与当前坐标系的坐标轴是平行的，且轴的正方向与坐标轴的正方向一致。

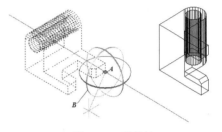

图14-23　三维旋转

5. 输入回转角度 "-90°"，结果如图 14-23 右图所示。若输入 "90°"，则反向旋转。
6. 也可以单击一点设定旋转起始点，再移动鼠标指针单击一点指定旋转终止位置。采用这种方式时，可以打开极轴追踪功能，这样就能很方便地确定两个处于正交方向上的点，从而使对象旋转 90°。

使用 3DROTATE 命令时，控件回转轴与世界坐标系的坐标轴是平行的。若想指定某条线段为旋转轴，应先将 UCS 的某条轴与线段重合，然后设定旋转控件与 UCS 对齐，并将控件放置在该线段的端点处。

可以使用关键点编辑方式使 UCS 的某条轴与线段重合，或者选择 UCS 命令的 "z 轴" 选项使 z 轴与线段对齐。此时，若 z 轴作为旋转轴，则可以使用二维编辑命令 ROTATE 旋转三维对象。

14.13　三维缩放

二维对象缩放命令 SCALE 也可以用于缩放三维对象，但只能进行整体缩放。3DSCALE 命令是 SCALE 命令的 3D 版本，其用法与二维缩放命令类似，只是在操作过程中需指定缩放轴。对于三维网格模型及其子对象，该命令可以分别沿一个、两个或 3 个坐标轴方向进行缩放；对于三维实体、曲面模型及其子对象（面、边）则只能整体缩放。

使用 3DSCALE 命令时，系统将显示缩放小控件，可以直接利用小控件完成缩放操作。

命令启动方法

- 面板：【常用】选项卡中【修改】面板上的△按钮。
- 命令：3DSCALE。

14.14　三维阵列

3DARRAY 命令是二维 ARRAY 命令的 3D 版本，通过该命令，用户可以在三维空间中创建对象的矩形阵列或环形阵列。利用二维阵列命令阵列三维对象的操作过程参见 4.2 节，此时需输入层数、层间距或指定旋转轴。

命令启动方法

- 菜单命令：【修改】/【三维操作】/【三维阵列】。
- 命令：3DARRAY。

【练习14-12】：　三维阵列。

打开素材文件"dwg\第 14 章\14-12.dwg"，使用 3DARRAY 命令创建矩形阵列及环形阵列。

```
命令：_3darray
选择对象：找到 1 个                    //选择要阵列的对象，如图 14-24 左图所示
选择对象：                             //按 Enter 键
输入阵列类型 [矩形(R)/环形(P)] <矩形>： //指定矩形阵列
输入行数 (---) <1>: 2                  //输入行数，行的方向平行于 x 轴
输入列数 (|||) <1>: 3                  //输入列数，列的方向平行于 y 轴
输入层数 (...) <1>: 3                  //指定层数，层数表示沿 z 轴方向的分布数目
指定行间距 (---): 50                   //输入行间距，如果输入负值，阵列方向就沿 x 轴反方向
指定列间距 (|||): 80                   //输入列间距，如果输入负值，阵列方向就沿 y 轴反方向
指定层间距 (...): 120                  //输入层间距，如果输入负值，阵列方向就沿 z 轴反方向
```

启动 HIDE 命令，结果如图 14-24 所示。

如果选择"环形(P)"选项，就能建立环形阵列，此时系统提示如下。

```
输入阵列中的项目数目：6                //输入环形阵列的数目
指定要填充的角度 (+=逆时针，-=顺时针) <360>:
        //输入环形阵列的角度，可以输入正值或负值，角度正方向由右手螺旋法则确定
旋转阵列对象? [是(Y)/否(N)]<是>：      //按 Enter 键，则阵列的同时还旋转对象
指定阵列的中心点：                     //指定旋转轴的第一点 A，如图 14-25 所示
指定旋转轴上的第二点：                 //指定旋转轴的第二点 B
```

启动 HIDE 命令，结果如图 14-25 所示。

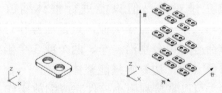

图14-24　矩形阵列

图14-25　环形阵列

从第一个指定点指向第二个指定点，沿该方向伸出右手大拇指，则其他 4 个手指的弯曲方向就是旋转角的正方向。

14.15　三维镜像

如果镜像线是当前 UCS 平面内的直线，则使用常见的 MIRROR 命令就可以对三维对象进行镜像复制。但若想以某个平面作为镜像平面来创建三维对象的镜像复制，就必须使用 MIRROR3D 命令。如图 14-26 所示，把点 A、B、C 定义的平面作为镜像平面，对实体进行镜像复制。

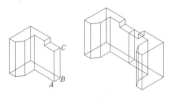

图14-26　三维镜像

一、命令启动方法

- 菜单命令：【修改】/【三维操作】/【三维镜像】。
- 面板：【常用】选项卡中【修改】面板上的 按钮。
- 命令：MIRROR3D。

【练习14-13】　三维镜像。

打开素材文件"dwg\第 14 章\14-13.dwg"，使用 MIRROR3D 命令创建对象的三维镜像。

命令：_mirror3d	
选择对象：找到 1 个	//选择要镜像的对象
选择对象：	//按 Enter 键
指定镜像平面 (三点) 的第一个点或	
[对象(O)/最近的(L)/Z 轴(Z)/视图(V)/XY 平面(XY)/YZ 平面(YZ)/ZX 平面(ZX)/三点	
(3)]<三点>：	//利用 3 点指定镜像平面，捕捉第一点 A，如图 14-26 左图所示
在镜像平面上指定第二点：	//捕捉第二点 B
在镜像平面上指定第三点：	//捕捉第三点 C
是否删除源对象？[是(Y)/否(N)] <否>：	//按 Enter 键不删除源对象

结果如图 14-26 右图所示。

二、命令选项

- 对象(O)：以圆、圆弧、椭圆及二维多段线等二维对象所在的平面作为镜像平面。
- 最近的(L)：指定上一次执行 MIRROR3D 命令时使用的镜像平面作为当前镜像平面。
- Z 轴(Z)：在三维空间中指定两个点，镜像平面将垂直于两点的连线，并通过第一个选择点。
- 视图(V)：镜像平面平行于当前视图，并通过用户的拾取点。
- XY 平面(XY)、YZ 平面(YZ)、ZX 平面(ZX)：镜像平面平行于 xy 平面、yz 平面或 zx 平面，并通过用户的拾取点。

14.16　三维对齐

3DALIGN 命令在三维建模中非常有用，通过该命令，可以指定源对象与目标对象的对齐点，从而使源对象与目标对象对齐。例如，使用 3DALIGN 命令让对象 M（源对象）某平面上的 3 点与对象 *N*（目标对象）某平面上的 3 点对齐，操作完成后，*M*、*N* 两个对象将重合在一起，如图 14-27 所示。

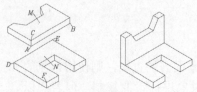

图14-27　三维对齐

命令启动方法

- 菜单命令:【修改】/【三维操作】/【三维对齐】。
- 面板:【常用】选项卡中【修改】面板上的 按钮。
- 命令: 3DALIGN（简写为 3AL）。

【练习14-14】: 三维对齐。

打开素材文件 "dwg\第 14 章\14-14.dwg"，使用 3DALIGN 命令对齐三维对象。

命令: _3dalign	
选择对象: 找到 1 个	//选择要对齐的对象 *M*
选择对象:	//按 Enter 键
指定基点或 [复制(C)]:	//捕捉源对象上的第一点 *A*，如图 14-27 左图所示
指定第二个点或 [继续(C)] <C>:	//捕捉源对象上的第二点 *B*
指定第三个点或 [继续(C)] <C>:	//捕捉源对象上的第三点 *C*
指定第一个目标点:	//捕捉目标对象上的第一点 *D*
指定第二个目标点或 [退出(X)] <X>:	//捕捉目标对象上的第二点 *E*
指定第三个目标点或 [退出(X)] <X>:	//捕捉目标对象上的第三点 *F*

结果如图 14-27 右图所示。

使用 3DALIGN 命令时，用户不必指定所有的 3 对对齐点。下面说明提供不同数量的对齐点时，系统如何移动源对象。

- 如果仅指定一对对齐点，那么系统就把源对象由第一个源点移动到第一个目标点处。
- 若指定两对对齐点，则系统移动源对象后，将使两个源点的连线与两个目标点的连线重合，并让第一个源点与第一个目标点也重合。
- 如果指定 3 对对齐点，那么命令结束后，3 个源点定义的平面将与 3 个目标点定义的平面重合。选择的第一个源点要移动到第一个目标点的位置，前两个源点的连线与前两个目标点的连线重合。第 3 个目标点的选择顺序若与第 3 个源点的选择顺序一致，则两个对象平行对齐，否则相对对齐。

14.17　三维倒圆角

FILLET 命令可以用于给实心体的棱边倒圆角，该命令对表面模型不适用。在三维空间中使用此命令与在二维空间中使用有所不同，用户不必事先设定圆角的半径，系统会提示用户进行设定。

一、 命令启动方法

- 菜单命令:【修改】/【圆角】。
- 面板:【常用】选项卡中【修改】面板上的 按钮。
- 命令: FILLET（简写为 F）。

倒圆角的另一个命令是 FILLETEDGE，其用法与 FILLET 命令类似。单击【实体】选项卡中【实体编辑】面板上的 按钮，启动该命令，选择要倒圆角的多条边，再设定圆角半径即可。操作时，该命令会显示圆角半径关键点，拖动关键点改变半径值，系统立刻显示圆角效果。

【练习14-15】: 三维倒圆角。

打开素材文件 "dwg\第 14 章\14-15.dwg"，使用 FILLET 命令给三维对象倒圆角。

```
命令: _fillet
选择第一个对象或 [放弃(U)/多段线(P)/半径(R)/修剪(T)/多个(M)]:
                                        //选择棱边 A，如图 14-28 左图所示
输入圆角半径或 [表达式(E)]<10.0000>:15          //输入圆角半径
选择边或 [链(C)/环(L)/半径(R)]:               //选择棱边 B
选择边或 [链(C)/环(L)/半径(R)]:               //选择棱边 C
选择边或 [链(C)/环(L)/半径(R)]:               //按 Enter 键结束
```

结果如图 14-28 右图所示。

 要点提示 对交于一点的几条棱边倒圆角时，若各边的圆角半径相等，则在交点处产生光滑的球面过渡。

图14-28　三维倒圆角

二、 命令选项

- 选择边: 可以连续选择实体的倒圆角边。
- 链(C): 如果各棱边是相切的关系，则选择其中一条边，这些棱边都将被选中。
- 环(L): 可以一次性选中基面内的所有棱边。
- 半径(R): 可以为随后选择的棱边重新设定圆角半径。

14.18 三维倒角

倒角命令 CHAMFER 只能用于实体，而对表面模型不适用。在对三维对象应用此命令时，系统的提示顺序与对二维对象倒角时的顺序不同。

一、 命令启动方法

- 菜单命令:【修改】/【倒角】。
- 面板:【常用】选项卡中【修改】面板上的 按钮。
- 命令: CHAMFER（简写为 CHA）。

倒角的另一个命令是 CHAMFEREDGE，其用法与 CHAMFER 命令类似。单击【实体】选项卡中【实体编辑】面板上的 按钮，启动该命令，选择同一面内要倒角的多条边，再设定基面及另一面内的倒角距离即可。操作时，该命令会在基面及另一面内显示倒角关键点，拖动关键点改变倒角距离值，系统立刻显示倒角效果。

【练习14-16】：　三维倒角。

打开素材文件"dwg\第 14 章\14-16.dwg"，使用 CHAMFER 命令给三维对象倒角。

```
命令：_chamfer
选择第一条直线或 [放弃(U)/多段线(P)/距离(D)/角度(A)/修剪(T)/方式(E)/多个(M)]：
                                        //选择棱边 E，如图 14-29 左图所示
基面选择...                             //平面 A 高亮显示
输入曲面选择选项 [下一个(N)/当前(OK)] <当前>：n
                          //选择"下一个(N)"选项，指定平面 B 为倒角基面
输入曲面选择选项 [下一个(N)/当前(OK)] <当前>：  //按 Enter 键
指定基面倒角距离或 [表达式(E)]：15          //输入基面内的倒角距离
指定其他曲面倒角距离或 [表达式(E)] 10       //输入另一个平面内的倒角距离
选择边或 [环(L)]：                      //选择棱边 E
选择边或 [环(L)]：                      //选择棱边 F
选择边或 [环(L)]：                      //选择棱边 G
选择边或 [环(L)]：                      //选择棱边 H
选择边或 [环(L)]：          //按 Enter 键结束
```

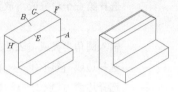

图14-29　三维倒角

结果如图 14-29 右图所示。

实体的棱边是两个面的交线，当第一次选择棱边时，系统将高亮显示其中一个面，这个面代表倒角基面，用户也可以通过选择"下一个(N)"选项使另一个面成为倒角基面。

二、命令选项

- 选择边：选择基面内要倒角的棱边。
- 环(L)：可以一次性选中基面内的所有棱边。

14.19　编辑实心体的面、边、体

除了能对实体进行倒角、阵列、镜像及旋转等操作外，还能编辑实体模型的表面。常用的表面编辑功能主要包括拉伸面、旋转面、抽壳、压印等。

14.19.1　拉伸面

AutoCAD 可以根据指定的距离拉伸面或将面沿某条路径进行拉伸，拉伸时，如果是输入拉伸距离值，那么还可以输入锥角，这样将使拉伸所形成的实体锥化。图 14-30 所示的是将实体面按指定的距离、锥角及沿路径进行拉伸的结果。

当用户输入距离来拉伸面时，面将沿其法线方向移动。若指定路径进行拉伸，则系统形成拉伸实体的方式会依据不同性质的路径（如直线、多段线、圆弧和样条曲线等）而各有特点。

【练习14-17】：　拉伸面。

1. 打开素材文件"dwg\第 14 章\14-17.dwg"，使用 SOLIDEDIT 命令拉伸实体表面。
2. 单击【实体编辑】面板上的 按钮，系统主要提示如下。

命令：_solidedit

选择面或 [放弃(U)/删除(R)]：找到一个面 　　//选择实体表面 A，如图 14-30 左上图所示

选择面或 [放弃(U)/删除(R)/全部(ALL)]： 　　//按 Enter 键

指定拉伸高度或 [路径(P)]：50 　　　　　　//输入拉伸的距离

指定拉伸的倾斜角度 <0>：5 　　　　　　　//输入拉伸的锥角

结果如图 14-30 右上图所示。

选择要拉伸的实体表面后，系统提示"指定拉伸高度或 [路径(P)]:"，各选项的功能介绍如下。

- 指定拉伸高度：输入拉伸距离及锥角来拉伸面。规定每个面的外法线方向是正方向，当输入的拉伸距离是正值时，面将沿其外法线方向移动，否则将向相反方向移动。指定拉伸距离后，系统会提示输入锥角，若输入正的锥角，则面向实体内部锥化，否则面向实体外部锥化，如图 14-31 所示。

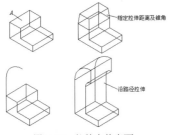

图14-30　拉伸实体表面　　　　　　　　　图14-31　拉伸并锥化面

如果用户指定的拉伸距离及锥角都较大，可能使面在到达指定的高度前就已经缩小成一个点，这时系统将提示拉伸操作失败。

- 路径(P)：沿着一条指定的路径拉伸实体表面。拉伸路径可以是直线、圆弧、多段线及二维样条曲线等，作为路径的对象不能与要拉伸的表面共面，也应避免路径曲线的某些局部区域有较高的曲率，否则可能使新形成的实体在路径曲率较高处出现自相交的情况，从而导致拉伸失败。

拉伸路径的一个端点一般应在要拉伸的面内，否则系统将把路径移动到面轮廓的中心。拉伸面时，面从初始位置开始沿路径运动，直至路径终点结束，在终点位置被拉伸的面与路径是垂直的。

如果拉伸的路径是二维样条曲线，拉伸完成后，在路径起始点和终止点处，被拉伸的面都将与路径垂直。若路径中相邻两条线段是非平滑过渡的，则系统沿着每一条线段拉伸面后，将把相邻两段实体缝合在其夹角的平分处。

可以选择 PEDIT 命令的"合并(J)"选项将当前 UCS 平面内的连续几段线条连接成多段线，这样就可以将其定义为拉伸路径了。

14.19.2　旋转面

通过旋转实体的表面就可以改变面的倾斜角度，或者将一些结构特征（如孔、槽等）旋转到新的方位。如图 14-32 所

图14-32　旋转面

示，将面 *A* 的倾斜角修改为 120°，并把槽旋转 90°。

旋转面时，用户可以通过拾取两点选择某条直线或设定旋转轴平行于坐标轴等方法来指定旋转轴。另外，应注意确定旋转轴的正方向。

【练习14-18】：　旋转面。

打开素材文件"dwg\第 14 章\14-18.dwg"，使用 SOLIDEDIT 命令旋转实体表面。

单击【实体编辑】面板上的 按钮，系统主要提示如下。

```
命令: _solidedit
选择面或 [放弃(U)/删除(R)]: 找到一个面          //选择表面 A，如图 14-32 左图所示
选择面或 [放弃(U)/删除(R)/全部(ALL)]:           //按 Enter 键
指定轴点或 [经过对象的轴(A)/视图(V)/X 轴(X)/Y 轴(Y)/Z 轴(Z)] <两点>:
                                                //捕捉旋转轴上的第一点 D
在旋转轴上指定第二个点:                          //捕捉旋转轴上的第二点 E
指定旋转角度或 [参照(R)]: -30                    //输入旋转角度
```

结果如图 14-32 右图所示。

旋转实体表面命令的选项功能介绍如下。

- 两点：指定两点来确定旋转轴，轴的正方向为第一个选择点指向第二个选择点的方向。
- 经过对象的轴(A)：通过图形对象来定义旋转轴。若选择直线，则所选直线即旋转轴；若选择圆或圆弧，则旋转轴通过圆心且垂直于圆或圆弧所在的平面。
- 视图(V)：旋转轴垂直于当前视图，并通过拾取点。
- X 轴(X)、Y 轴(Y)、Z 轴(Z)：旋转轴平行于 x 轴、y 轴或 z 轴，并通过拾取点。旋转轴的正方向与坐标轴的正方向一致。
- 指定旋转角度：输入正的或负的旋转角，旋转角的正方向由右手螺旋法则确定。
- 参照(R)：该选项允许用户指定旋转的起始参考角和终止参考角，这两个角度的差值就是实际的旋转角，此选项常用来使实体表面从当前位置旋转到另一指定的方位。

14.19.3　抽壳

可以利用抽壳的方法将一个实心体模型创建成一个空心的薄壳。使用抽壳功能时，要先指定壳体的厚度，然后把现有的实体表面偏移指定的厚度值，以形成新的表面，这样原来的实体就变为一个薄壳体。如果指定正的厚度值，则系统在实体内部创建新面，否则在实体外部创建新面。另外，在抽壳操作过程中还能将实体的某些面去除，以形成薄壳体的开口，图 14-33 所示是把实体进行抽壳并去除其顶面。

图14-33　抽壳

【练习14-19】：　抽壳。

打开素材文件"dwg\第 14 章\14-19.dwg"，使用 SOLIDEDIT 命令创建一个薄壳体。

单击【实体编辑】面板上的 按钮，系统主要提示如下。

```
选择三维实体:                                   //选择要抽壳的对象
```

删除面或 [放弃(U)/添加(A)/全部(ALL)]: 找到一个面, 已删除 1 个

                     //选择要删除的表面 *A*, 如图 14-33 左图所示

删除面或 [放弃(U)/添加(A)/全部(ALL)]:   //按 Enter 键

输入抽壳偏移距离: 10   //输入壳体厚度

结果如图 14-33 右图所示。

14.19.4 压印

压印可以把圆、直线、多段线、样条曲线、面域及实心体等对象压印到三维实体上, 使其成为实体的一部分。被压印的几何对象在实体表面内或与实体表面相交, 压印操作才能成功。压印时, 系统将创建新的表面, 该表面以被压印的几何图形及实体的棱边作为边界, 可以对生成的新面进行拉伸、复制、锥化等操作。图14-34 所示为将圆压印在三维实体上, 并将新生成的面向上拉伸的结果。

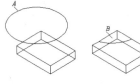

图14-34 压印

【练习14-20】:   压印。

1.   打开素材文件 "dwg\第 14 章\14-20.dwg"。

2.   单击【实体编辑】面板上的□按钮, 系统主要提示如下。

选择三维实体或曲面: //选择实体模型

选择要压印的对象: //选择圆 *A*, 如图 14-34 左图所示

是否删除源对象 [是(Y)/否(N)] <N>: y   //删除圆 *A*

选择要压印的对象: //按 Enter 键结束

结果如图 14-34 中图所示。

3.   单击▉按钮, 系统主要提示如下。

选择面或 [放弃(U)/删除(R)]: 找到一个面   //选择表面 *B*, 如图 14-34 中图所示

选择面或 [放弃(U)/删除(R)/全部(ALL)]:   //按 Enter 键

指定拉伸高度或 [路径(P)]: 10   //输入拉伸高度

指定拉伸的倾斜角度 <0>:   //按 Enter 键结束

结果如图 14-34 右图所示。

14.20 与实体显示有关的系统变量

与实体显示有关的系统变量有 ISOLINES、FACETRES、DISPSILH, 下面分别对它们进行介绍。

- 系统变量 ISOLINES: 用于设定实体表面网格线的数量, 如图 14-35 所示。
- 系统变量 FACETRES: 用于设置实体消隐或渲染后的表面网格密度, 此变量值的范围为 0.01~10.0, 值越大表明网格越密, 消隐或渲染后的表面越光滑, 如图 14-36 所示。
- 系统变量 DISPSILH: 用于控制消隐时是否显示实体表面的网格线, 若此变量值为 0, 则显示网格线; 若为 1, 则不显示网格线, 如图 14-37 所示。

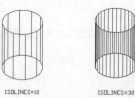
ISOLINES=10   ISOLINES=30

图14-35 ISOLINES 变量

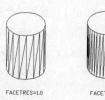
FACETRES=1.0   FACETRES=10.0

图14-36 FACETRES 变量

DISPSILH=0   DISPSILH=1

图14-37 DISPSILH 变量

14.21 用户坐标系

默认情况下，AutoCAD 的坐标系统是世界坐标系，该坐标系是一个固定坐标系。用户也可以在三维空间中建立用户坐标系（UCS），该坐标系是一个可变动的坐标系，坐标轴的正向按右手螺旋法则确定。三维绘图时，用户坐标系特别有用，因为用户可以在任意位置、沿任意方向建立 UCS，从而使三维绘图变得更加容易。

在 AutoCAD 中，多数二维命令只能在当前坐标系的 xy 平面或与 xy 平面平行的平面内执行。若想在三维空间的某平面内使用二维命令，则应在此平面的位置创建新的 UCS。

UCS 图标是一个可以被选中的对象，选中它，出现关键点，激活关键点后就可以移动或旋转坐标系。也可以先将鼠标指针悬停在关键点上，弹出快捷菜单，利用菜单中的命令调整坐标系，如图 14-38 所示。

图14-38 UCS 图标对象

打开极轴追踪、对象捕捉及对象捕捉追踪功能，激活坐标轴的关键点，移动鼠标指针，可以很方便地将坐标轴从一个追踪方向调整到另一个追踪方向。

【练习14-21】： 利用 UCS 命令或关键点编辑方式在三维空间中调整坐标系。

1. 打开素材文件 "dwg\第 14 章\14-21.dwg"。

2. 改变坐标原点。单击【常用】选项卡中【坐标】面板上的 按钮，或者键入 UCS 命令，系统提示如下。

   命令: _ucs

   指定 UCS 的原点或 [面(F)/命名(NA)/对象(OB)/上一个(P)/视图(V)/世界(W)/X/Y/Z/Z

   轴(ZA)] <世界>:   //捕捉 A 点，如图 14-39 所示

   指定 X 轴上的点或 <接受>:   //按 Enter 键

   结果如图 14-39 所示。

3. 将 UCS 绕 x 轴旋转 90°。

   命令: _ucs

   指定 UCS 的原点或 [面(F)/命名(NA)/对象(OB)/上一个(P)/视图(V)/世界(W)/X/Y/Z/Z

   轴(ZA)] <世界>: x   //选择"X"选项

   指定绕 X 轴的旋转角度 <90>: 90   //输入旋转角度

   结果如图 14-40 所示。

4. 利用 3 点定义新坐标系。

> 命令：_ucs
>
> 指定 UCS 的原点或 [面(F)/命名(NA)/对象(OB)/上一个(P)/视图(V)/世界(W)/X/Y/Z/Z
> 轴(ZA)] <世界>：end 于　　　　　　　　　　//捕捉点 B，如图 14-41 所示
>
> 指定 X 轴上的点：end 于　　　　　　　　　　//捕捉点 C
>
> 指定 XY 平面上的点：end 于　　　　　　　　//捕捉点 D

结果如图 14-41 所示。

5. 选中坐标系图标，利用关键点编辑方式移动坐标系及调整坐标轴的方向。

图14-39 改变坐标原点

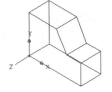

图14-40 将坐标系统 x 轴旋转

图14-41 利用 3 点定义坐标系

　　除了使用 UCS 命令改变坐标系外，也可以打开动态 UCS 功能，使 UCS 的 xy 平面在绘图过程中自动与某平面对齐。按 F6 键或单击状态栏上的 按钮，就可以打开动态 UCS 功能。启动二维绘图命令或三维绘图命令，将鼠标指针移动到要绘图的实体面，该实体面亮显，表明 UCS 的 xy 平面临时与实体面对齐，绘制的对象将处于此面内。绘图完成后，UCS 又返回原来的状态。

命令选项

- 指定 UCS 的原点：将原坐标系平移到指定的原点处，新坐标系的坐标轴与原坐标系坐标轴的方向相同。
- 面(F)：根据所选实体的平面建立 UCS。坐标系的 xy 平面与实体平面重合，x 轴将与距离选择点处最近的一条边对齐，如图 14-42 左图所示。
- 命名(NA)：命名保存或恢复经常使用的 UCS。
- 对象(OB)：根据所选对象确定用户坐标系，对象所在平面将是坐标系的 xy 平面。
- 上一个(P)：恢复前一个用户坐标系。系统保存了最近使用的 10 个坐标系，重复选择该选项可以逐个返回以前的坐标系。
- 视图(V)：该选项使新坐标系的 xy 平面与屏幕平行，但坐标原点不动。
- 世界(W)：返回世界坐标系。
- X/Y/Z：将坐标系统 x 轴、y 轴或 z 轴旋转某个角度，角度的正方向由右手螺旋法则确定。
- Z 轴(ZA)：通过指定新坐标系的原点及 z 轴正方向上的一点来建立新坐标系，如图 14-42 右图所示。

图14-42 建立新坐标系

14.22 利用布尔运算构建复杂实体模型

前面已经学习了如何生成三维基本实体及如何由二维对象转换得到三维实体。将这些简单实体放在一起，然后进行布尔运算就能构建复杂的三维实体模型。

布尔运算包括并集、差集、交集。

（1）并集操作：使用 UNION 命令将两个或多个实体合并在一起形成新的单一实体，操作对象既可以是相交的，也可以是分离开的。

【练习14-22】：　并集操作。

打开素材文件"dwg\第 14 章\14-22.dwg"，使用 UNION 命令进行并集运算。单击【实体编辑】面板上的██按钮或选择菜单命令【修改】/【实体编辑】/【并集】，系统提示如下。

　　命令：_union
　　选择对象：找到 2 个　　　　　//选择圆柱体及长方体，如图 14-43 左图所示
　　选择对象：　　　　　　　　　//按 Enter 键结束

结果如图 14-43 右图所示。

（2）差集操作：使用 SUBTRACT 命令将实体构成的一个选择集从另一个选择集中减去。操作时，首先选择被减对象，构成第一选择集，然后选择要减去的对象，构成第二选择集，操作结果是第一选择集减去第二选择集后形成的新对象。

【练习14-23】：　差集操作。

打开素材文件"dwg\第 14 章\14-23.dwg"，使用 SUBTRACT 命令进行差集运算。单击【实体编辑】面板上的██按钮或选择菜单命令【修改】/【实体编辑】/【差集】，系统提示如下。

　　命令：_subtract
　　选择要从中减去的实体、曲面和面域...
　　选择对象：找到 1 个　　　　　//选择长方体，如图 14-44 左图所示
　　选择对象：　　　　　　　　　//按 Enter 键
　　选择要减去的实体、曲面和面域...
　　选择对象：找到 1 个　　　　　//选择圆柱体
　　选择对象：　　　　　　　　　//按 Enter 键结束

结果如图 14-44 右图所示。

（3）交集操作：使用 INTERSECT 命令可以创建由两个或多个实体重叠部分构成的新实体。

【练习14-24】：　交集操作。

打开素材文件"dwg\第 14 章\14-24.dwg"，使用 INTERSECT 命令进行交集运算。单击【实体编辑】面板上的██按钮或选择菜单命令【修改】/【实体编辑】/【交集】，系统提示如下。

　　命令：_intersect
　　选择对象：　　　　　　　　　//选择圆柱体和长方体，如图 14-45 左图所示
　　选择对象：　　　　　　　　　//按 Enter 键

结果如图 14-45 右图所示。

图14-43　并集操作　　　　　　　图14-44　差集操作　　　　　　　图14-45　交集操作

【练习14-25】：　绘制图 14-46 所示组合体的实体模型。

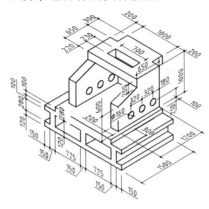

图14-46　创建实体模型

1.　创建一个新图形。

2.　选择【视图控件】下拉列表中的【东南等轴测】选项，切换到东南等轴测视图。将坐标系绕 x 轴旋转 90°，在 xy 平面内绘制二维图形，再把此图形创建成面域，如图 14-47 左图所示。拉伸面域形成实体模型，结果如图 14-47 右图所示。

3.　将坐标系绕 y 轴旋转 90°，在 xy 平面内绘制二维图形，再把此图形创建成面域，如图 14-48 左图所示。拉伸面域形成实体模型，结果如图 14-48 右图所示。

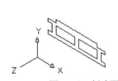  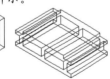

图14-47　创建面域并拉伸（1）　　　　　　　　　图14-48　创建面域并拉伸（2）

4.　使用 MOVE 命令将新建的实体模型移动到正确的位置，再复制，然后对所有的实体模型执行"并"运算，结果如图 14-49 所示。

5.　创建 3 个圆柱体，圆柱体的高度均为 1600，如图 14-50 左图所示。利用"差"运算将圆柱体从模型中去除，结果如图 14-50 右图所示。

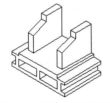 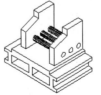 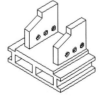

图14-49　执行"并"运算　　　　　　　图14-50　创建圆柱体并执行"差"运算

6.　返回世界坐标系，在 xy 平面内绘制二维图形，再把此图形创建成面域，如图 14-51 左

325

图所示。拉伸面域形成的实体模型，结果如图 14-51 右图所示。

7. 使用 MOVE 命令将新建的实体模型移动到正确的位置，再对所有的实体模型执行"并"运算，结果如图 14-52 所示。

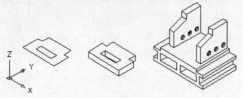

图14-51　创建面域并拉伸（3）

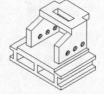

图14-52　移动实体模型并执行"并"运算

14.23　实体建模综合练习

【练习14-26】：　绘制图 14-53 所示组合体的实体模型。先将组合体分解成简单的实体，然后分别创建这些实体，并移动到正确的位置，最后通过布尔运算形成完整的实体模型。

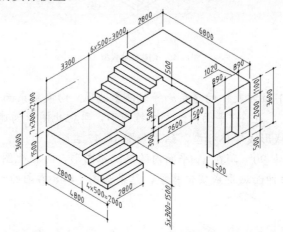

图14-53　创建实体模型（1）

【练习14-27】：　绘制图 14-54 所示的实体模型。

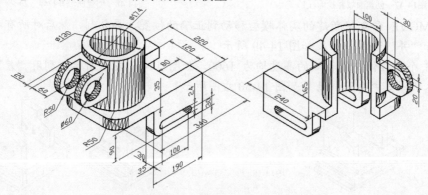

图14-54　创建实体模型（2）

主要作图步骤如图 14-55 所示。

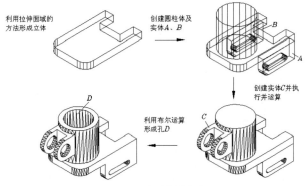

图14-55　主要作图步骤

14.24　习题

1. 绘制图 14-56 所示立体的实心体模型。
2. 绘制图 14-57 所示立体的实心体模型。

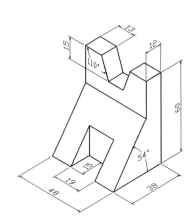

图14-56　创建实心体模型（1）

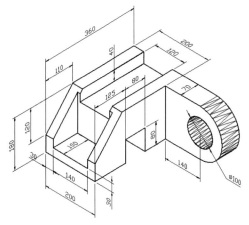

图14-57　创建实心体模型（2）

3. 绘制图 14-58 所示立体的实心体模型。

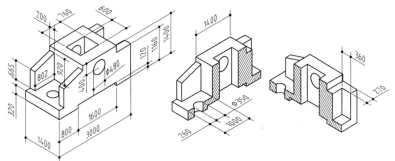

图14-58　创建实心体模型（3）